国家自然科学基金面上项目(51674252,51974300)资助
国家自然科学基金青年科学基金项目(51604187,51604186)资助
江苏省"六大人才高峰"高层次人才选拔资助项目(GDZB-027)资助

煤体瓦斯吸附解吸动力学特征及其应用

姜海纳　王　亮　徐乐华　著

中国矿业大学出版社
·徐州·

内 容 提 要

本书在简要介绍煤层的生成与赋存特征、煤的分类及其物理性质、煤的化学组成的基础上，对煤层瓦斯的吸附动力学模型、解吸动力学模型、吸附解吸动力学影响因素、吸附解吸特征的应用等方面的内容进行了系统阐述。

本书可供高等院校安全工程、煤层气工程、采矿工程等相关专业师生使用，也可供煤炭企业技术人员和科研院所相关研究人员参考使用。

图书在版编目(CIP)数据

煤体瓦斯吸附解吸动力学特征及其应用 / 姜海纳，王亮，徐乐华著. —徐州：中国矿业大学出版社，2020.10

ISBN 978-7-5646-4653-0

Ⅰ. ①煤… Ⅱ. ①姜… ②王… ③徐… Ⅲ. ①煤层瓦斯—吸附动力学—研究 Ⅳ. ①TD712

中国版本图书馆 CIP 数据核字(2020)第 206803 号

书　　名　煤体瓦斯吸附解吸动力学特征及其应用
著　　者　姜海纳　王　亮　徐乐华
责任编辑　何　戈
出版发行　中国矿业大学出版社有限责任公司
　　　　　　（江苏省徐州市解放南路　邮编 221008）
营销热线　(0516)83884103　83885105
出版服务　(0516)83995789　83884920
网　　址　http://www.cumtp.com　**E-mail**:cumtpvip@cumtp.com
印　　刷　江苏淮阴新华印务有限公司
开　　本　787 mm×1092 mm　1/16　**印张** 16.75　**字数** 315 千字
版次印次　2020 年 10 月第 1 版　2020 年 10 月第 1 次印刷
定　　价　58.00 元
（图书出现印装质量问题，本社负责调换）

前　言

能源是实现现代化的动力和基础，目前我国最主要的能源依然是煤炭。根据《能源发展战略行动计划(2014—2020)》，到2020年年末，非化石能源占一次能源消费比重达到15%，天然气消费比重达10%以上，煤炭消费比重控制在62%以内，但煤炭在我国的能源主体地位不会变化。在煤矿领域，多年来各种灾害事故频发，尤其是煤与瓦斯突出事故，造成了极大的经济损失，制约着我国煤矿安全高效生产。在我国所有国有重点煤矿中，煤与瓦斯突出矿井约占矿井总数的17.6%，且随着开采强度和深度的加大，矿井每年以20～50 m的速度向深部延伸，矿井地质条件更加复杂，瓦斯含量、瓦斯压力、地应力等随之增加，煤与瓦斯突出灾害发生的可能性及强度均增大。近年来，我国煤与瓦斯突出事故时有发生，如贵州省六盘水市盘州市梓木戛煤矿"8·6"、吉林省吉煤集团通化矿业(集团)公司松树镇煤矿"3·6"、贵州盘南煤炭开发有限责任公司响水煤矿"11·24"及湖北巴东县辛家煤矿有限责任公司"12·5"等重大煤与瓦斯突出事故。为遏制煤与瓦斯突出事故的发生，国家煤矿安全监察局以两个"四位一体"综合防突措施为主要内容，集中整治煤与瓦斯突出防治工作中存在的问题，防止不具备防治能力的煤矿冒险组织生产，推动不具备防治能力的煤与瓦斯突出矿井淘汰退出，督促煤矿企业进一步提高煤与瓦斯突出防治能力。同时，全面实施瓦斯"零超限"、煤层"零突出"目标管理，推动《防治煤与瓦斯突出细则》宣贯落实。"十三五"以来整顿关闭淘汰落后煤矿工作取得明显成效，煤矿安全生产保障能力逐步提高，煤矿安全生产形势持续稳步好转，截至2019年年底，煤炭行业已连续三年没有发生特别重大事故。但我们应该认识到，我国煤与瓦斯突出的防治工作仍然存在很多不足，2019年全国煤矿仍发生死亡事故170起，死亡316人，其中瓦斯事故死亡人数占37.3%，"一通三防"工作依然薄弱，需要从源头上科学防控以及开发应急救援相关技术及设备等多个方面进行防治。

瓦斯作为诱导煤与瓦斯突出发生的主因之一，主要以吸附态形式存在于煤孔隙中，储量巨大，我国埋深2 000 m以浅煤层气地质资源储量约为36万亿m^3。在原始煤体中，吸附态瓦斯与游离态瓦斯处于动态平衡，但在煤炭开采过程中的矿压作用下，大量吸附态瓦斯转变为游离瓦斯进入采掘工作面，多种因素导致破碎的煤与瓦斯由煤体内突然向采掘空间大量喷出，发生煤与瓦斯突出灾害。研究煤对瓦斯的吸附/解吸特性及其动力学特征，可了解煤层中瓦斯运移与聚集的规律，准确预测瓦斯的吸附量，对提高煤层瓦斯采收率以及提高预防瓦斯浓度超限工作效率有十分重要的实际应用价值，并为矿井的瓦斯防治工作提供指导意义。

本书共计7章，分别为绪论、煤粉基础物化参数、破碎过程中煤体孔隙损伤演化特征、煤孔内瓦斯运移微观理论模型、煤颗粒内瓦斯运移宏观模型、基于瓦斯吸附/解吸实验结果的宏微观模型验证以及孔隙损伤特性在煤与瓦斯突出方面的作用。

由于水平有限，且时间仓促，书中难免有不妥之处，敬请读者批评指正。

作　者
2020年9月

目　录

1 绪　论

1.1 煤的成因

1.1.1 成煤物质

成煤物质指能变为煤的物质。随着煤岩学的发展，人们利用显微镜在用煤制成的薄片中观察到许多原始植物的细胞结构和其他残骸，证实成煤的主要物质为植物（高等植物、低等植物、微生物）。根据植物门类在地史上的分布，成煤植物从低等菌藻植物到高级被子植物分为菌藻植物、裸蕨植物、蕨类和种子植物、裸子植物、被子植物五种（图 1-1）。

植物的有机组分可通过参与泥炭化作用而形成煤，各类植物及同一植物不同部分的有机组分存在差异（表 1-1），使得煤具有高度复杂性[1]。低等植物有机组分主要有蛋白质、碳水化合物和脂类化合物；而高等植物的有机组分则以纤维素、半纤维素和木质素为主，成煤植物种类的差异将直接影响其分解和转化，最终影响煤的组成和性质等。

表 1-1　植物的主要有机组分含量[1]

植物		碳水化合物/%	木质素/%	蛋白质/%	脂类化合物/%
细菌		12～28	0	50～80	5～20
绿藻		30～40	0	40～50	10～20
苔藓		30～50	10	15～20	8～10
蕨类		50～60	20～30	10～15	3～5
草类		50～70	20～30	5～10	5～10
松柏及阔叶树		60～70	20～30	1～7	1～3
木本植物的不同部分	木质部	60～75	20～30	1	2～3
	叶	65	20	8	5～8
	木栓	60	10	2	25～30
	孢粉质	5	0	5	90
	原生质	20	0	70	10

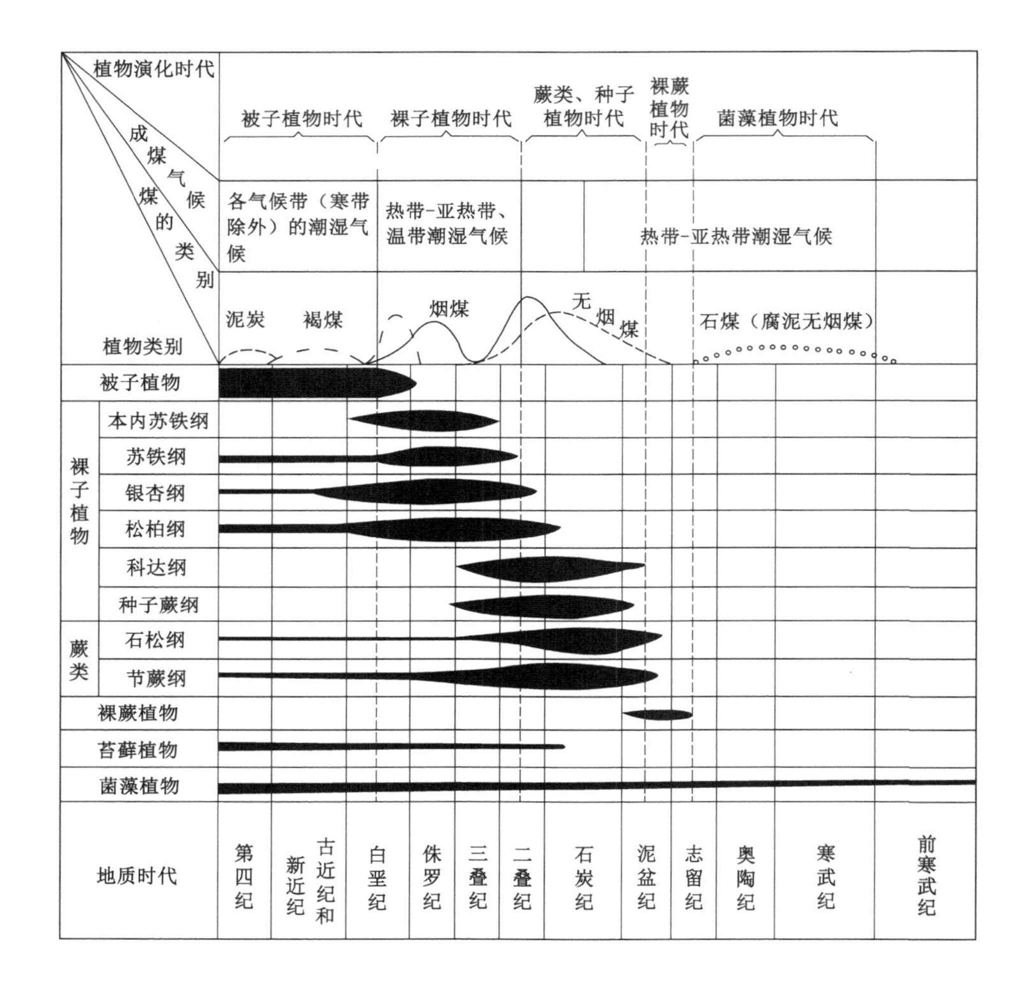

图 1-1　地史上主要植物群分布[1]

若成煤的原始物质主要是植物的根、茎等木质纤维组织，则煤的氢含量较低；若成煤的原始物质主要由含脂类化合物较多的角质层、木栓层、树脂、孢粉所组成，则煤的氢含量较高（表 1-2）；若成煤的原始物质是藻类，则煤的氢含量更高。

据成煤植物种类可将煤分为三大类、四小类：腐植煤、腐泥煤、腐植腐泥煤、残植煤（表 1-3）。

表 1-2 成煤植物各种物质的元素组成[1]

成煤植物	元素组成/%			
	C	H	O	N
浮游植物	45	7	45	3
细菌	48	7.5	32.5	12
陆生植物	54	6	37	2.75
纤维素	44.4	6.2	49.4	—
木质素	62	6.1	31.9	—
蛋白质	53	7	23	16
脂肪	77.5	12	10.5	—
蜡质	81	13.5	5.5	—
角质	61.5	9.1	9.4	—
树脂	80	10.5	9	—
孢粉质	59.3	8.2	32.5	—
鞣质	51.3	4.3	44.4	—

表 1-3 煤的成因、分类及其依据[1]

<table>
<tr><th>大类</th><th>原始物质</th><th>小类</th><th>主要原始植物组分</th><th colspan="2">堆积环境</th><th>微生物的活动</th><th>氧的供给</th><th>转变条件</th><th>相</th></tr>
<tr><td rowspan="3">腐植类</td><td rowspan="3">高等植物</td><td>腐植煤</td><td>木质纤维组织、角质层、树脂等</td><td rowspan="4">以低位泥炭沼泽为主</td><td>滞水</td><td>厌氧细菌</td><td>不充分</td><td>凝胶化作用，有时为沥青化作用</td><td>覆水沼泽</td></tr>
<tr><td rowspan="2">残植煤</td><td rowspan="2">角质层、树脂、孢子、花粉等稳定组分</td><td rowspan="2">活水</td><td>厌氧细菌和喜氧细菌</td><td>开始充分</td><td>丝炭化作用、残植化作用</td><td>潮湿森林沼泽</td></tr>
<tr><td>喜氧细菌</td><td>充分</td><td>残植化作用</td><td>活水沼泽</td></tr>
<tr><td>腐植腐泥类</td><td>高等植物和低等植物</td><td>腐植腐泥煤</td><td>藻类、高等植物组织残体、孢子和角质层</td><td>与湖泊有关的滞水环境</td><td>厌氧细菌</td><td>不充分甚至缺乏</td><td>沥青化作用和凝胶化作用</td><td></td></tr>
<tr><td>腐泥类</td><td>低等植物</td><td>腐泥煤</td><td>藻类的转变产物</td><td colspan="2">湖泊、沼泽中的开阔水体、潟湖</td><td>厌氧细菌</td><td>完全缺乏</td><td>沥青化作用</td><td>滞留开阔水体（湖泊、潟湖、海湾）</td></tr>
</table>

(1) 腐植煤:由高等植物形成的煤称为腐植煤。腐植煤因为植物的部分木质纤维组织、角质层、树脂等在成煤过程中,产生大量的腐植酸这一中间产物而得名。它在自然界分布最广,储量最大,绝大多数腐植煤都是由植物中的木质素和纤维素等形成的。

(2) 腐泥煤:由低等植物和少量浮游生物形成的煤称为腐泥煤。如元古代一直到早泥盆世,是菌藻类低等植物时代,形成了以低等植物为成煤原始物质的腐泥煤,如藻煤、胶泥煤、油页岩等。其中,藻煤主要由藻类生成;胶泥煤是无结构的腐泥煤,植物成分分解彻底,几乎完全由基质组成,这种煤数量很少;油页岩是一种含矿物质高的腐泥煤,胶泥煤中的矿物质含量大于40%即称为油页岩。

(3) 腐植腐泥煤:成煤的原始物质中既有高等植物也有低等植物的煤称为腐植腐泥煤,如烛煤。

(4) 残植煤:腐植煤中以角质层、树脂、孢子、花粉等稳定组分为主的煤称残植煤。

由于储量、用途及习惯上的原因,除非特别指明,人们通常讲的煤,就是指主要由木质素、纤维素等形成的腐植煤。

1.1.2 成煤条件

煤的形成受多种地质因素综合作用影响,造成了自然界煤在时间及空间上的不均衡分布。植物成煤的四个必要条件为:植物条件、气候条件、地理条件及地壳运动条件。

(1) 植物条件

煤由植物遗体转变而成,植物的大量繁殖是成煤的先决条件。如图1-1所示,前寒武纪至志留纪低等植物菌藻类发育,这个时代有石煤形成。志留纪末首次出现陆生高等植物,而植物的大量繁殖是从石炭纪开始的,特别是石炭-二叠纪、三叠-白垩纪及古近纪,植物生长繁茂,种类繁多,森林广布,对成煤十分有利。伴随植物界的飞跃,出现了地史上重要的聚煤期,即石炭-二叠纪聚煤期、三叠-白垩纪聚煤期及古近纪聚煤期。

(2) 气候条件

温暖、潮湿的气候条件是成煤的最有利条件之一。寒冷干旱气候条件下,植物生长慢,微生物活动弱,植物遗体分解缓慢;高温气候条件下,植物生长快,但植物遗体分解快速,从而破坏了泥炭的大量堆积,故温度过高或过低均不利于形成煤。此外,煤炭的形成还与湿度有关,当年降水量大于年蒸发量时,才有可能发生成煤作用。一般认为温度与湿度相较,湿度对成煤更为重要,无论是热带、温带或寒带,只要有足够的湿度都有可能发生成煤作用。

(3) 自然地理条件

此处的自然地理条件是指成煤场所。植物的广泛分布和大量繁殖、植物遗体保存等适宜的自然地理环境，是形成分布面积较广煤层的必要条件，而成煤最佳自然地理环境为积水沼泽。

(4) 地壳运动条件

成煤作用与地壳沉降息息相关。煤层的形成需要有很厚的泥炭层，而泥炭层的堆积和保存与地壳的升降运动有关。泥炭层的堆积，需要地壳不断缓慢地沉降，而泥炭层的保存则需要地壳大幅度快速沉降，以便在泥炭层之上很快沉积顶板岩层，后经煤变质作用，泥炭层转变为煤层。

综上所述，植物、气候、地理、地壳运动都是成煤的必要条件，缺一不可。其中地壳运动是主导因素，起控制作用，它在地域上可以影响一定范围内的海进海退和海岸线的迁移，影响地理景观的变化；在局部可以影响聚煤盆地的微地貌和水文条件，同时控制了沉积与补偿的关系和沉积厚度以及含煤性的变化。

1.1.3 成煤作用过程

自然界不断堆积的植物遗体，经过漫长且极其复杂的生物化学与物理化学作用，逐步转变为煤的一系列演变过程，称为成煤作用。不同成煤作用条件下形成的煤在组分构成及元素组成上各具特色，决定了煤自身的特征[1]。腐植煤成煤作用过程大致分为两个阶段：第一阶段为植物遗体的泥炭化作用阶段；第二阶段为泥炭逐步转变为褐煤、烟煤和无烟煤的煤化作用阶段，其中煤化作用阶段又可划分为成岩作用和变质作用两个连续的过程。泥炭向褐煤的转化称为成岩作用过程，褐煤向烟煤、无烟煤的转化称为变质作用过程。泥炭化作用阶段决定了煤中矿物质的种类、数量以及赋存嵌布形态，也决定了煤中硫的含量和形态，还决定了煤岩组成；煤化作用阶段主要决定了煤有机质的演化，即煤化程度。

1.1.3.1 泥炭化作用过程

泥炭化作用是指植物遗体在泥炭沼泽中，经过生物化学作用演变成泥炭的过程，植物中所有的有机组分和泥炭沼泽的微生物均参与成煤作用，也称为成煤过程的第一大阶段。在泥炭化过程中，有机组分的变化是十分复杂的，一般认为，泥炭化作用主要包括凝胶化作用、丝炭化作用、残植化作用和腐泥化作用。

(1) 凝胶化作用：指在弱氧化及还原环境的厌氧细菌参与下，植物的主要组成部分经分解合成作用，形成以腐植酸和沥青质为主要成分的胶体物质的过程。其作用程度不同，凝胶化显微组分(腐植组)的形态及细胞结构保存程度亦存在差异，凝胶化作用既改变了植物遗体的物理、化学性质，也为泥炭-软褐煤中显微组分的形成奠定基础。

(2) 丝炭化作用：植物的纤维素和木质素组织在微生物作用下脱氢、脱水和相对地增碳，而形成丝炭化物质；或由于“森林火”或“霉烂”引起的早期碳化而形成相对高碳、低氢、高芳构化、高反射率丝炭化物质的作用过程称为丝炭化作用。当植物木质纤维素组织在经受生物化学凝胶化作用后，沼泽转为氧化环境则发生丝炭化作用。

(3) 残植化作用：如果长时间不间断地有流动水、新鲜氧气的供给和充分的微生物活动，使凝胶化和丝炭化作用的产物均被充分地分解破坏并被带走，稳定组分大量集中的过程叫残植化作用，它是泥炭化作用中的一种特殊情况。残植化作用的产物经过煤化作用后成为残植煤。

(4) 腐泥化作用：低等植物转变为腐泥的全过程称作腐泥化作用。它也是在微生物参与下发生的一种生物化学作用。腐泥形成所需的原始物质主要是生活在水面上的藻类，且主要形成于停滞缺氧的还原“水盆”中，是腐泥煤(或油页岩)的前身。生物化学腐泥化作用导致腐泥中的藻类组分定型。

1.1.3.2 煤化作用过程

泥炭或腐泥转变为褐煤、烟煤、无烟煤、超无烟煤的物理化学过程称为煤化作用，这是成煤作用的第二大阶段。煤化作用包括成岩作用和变质作用两个连续的作用阶段。

(1) 成岩作用阶段：泥炭在上覆泥沙等沉积物的压力作用下，被压紧、脱水、胶结，趋于致密，同时，其内有机质分子结构和化学成分发生变化，是产生增碳，失氢氧、腐植酸，游离纤维素消失等化学变化及显微组分开始形成的成岩变化，泥炭变为褐煤一般是在地下浅处 200～400 m 之间进行的。腐泥形成后，经成岩作用转变为腐泥褐煤。

(2) 变质作用阶段：成岩后的褐煤，在温度和压力的作用下，其分子结构、物理性质、化学性质等均发生重大变化，增碳作用、失氢氧能力进一步增强，腐植复合物不断发生聚合反应，芳香化程度不断提高，分子排列逐渐规则化，腐植酸完全消失。煤变质程度不断提高，由褐煤转变成烟煤、无烟煤的地球化学作用称为煤的变质作用。研究表明，在烟煤和无烟煤阶段，煤化作用出现过四次跃变，使煤的化学及光学性质发生明显变化。

第一次煤化作用跃变出现在长焰煤阶段。从长焰煤到肥煤阶段碳含量和发热量明显增高，水分含量继续降低。

第二次煤化作用跃变出现在焦煤阶段。在该阶段，煤的许多性质出现拐点，如发热量、可塑性、焦化流动性、耐磨性、黏结性和脆度、内生裂隙等出现最大值，水分、相对密度、硬度、密度等出现最小值。

第三、第四次煤化作用跃变出现在无烟煤阶段。在该阶段，腐植复合物芳香化和环聚合的强度极大增加，富氧的侧链完全脱落，导致氢含量急剧降低，有大量甲烷逸出；同时，由于分子排列的定向化和石墨化，煤反射率与光学异向性极大增强。

综上所述，煤化过程中一系列物理、化学的变化取决于分子内部结构的演变，表现为腐植类化合物的稠核芳香系统逐渐增大、紧密并趋于规则化，侧链及官能团不断减少，侧链由长变短，碳元素不断富集；煤的基本结构单元的碳原子数、芳香环及非芳香环数和分子量均逐渐增加。

1.2 煤的分类及性质

1.2.1 煤的分类

我国的煤炭分类，根据煤的煤化程度和工艺性能指标先把煤划分成大类，然后再根据煤的性质和用途的不同，把大类进一步细分[2]。中国从低变质程度的褐煤到高变质程度的无烟煤都有储存。

在极其漫长的地质演变过程中，煤田受到多种地质因素的作用；成煤年代、成煤原始物质、还原程度及成因类型上的差异，再加上各种变质作用并存，使得我国煤炭种类多样化[3]。

1.2.1.1 常见分类

首先，按照煤挥发分含量的多少可将煤分为褐煤、烟煤和无烟煤；对于褐煤和无烟煤，再按其各自的煤化程度和工业利用的特点分别分为 2、3 小类；烟煤按挥发分(V_{daf})>10%～20%、>20%～28%、>28%～37%和>37%的 4 个分段分为低、中、中高及高挥发分烟煤。关于烟煤的黏结性，则按照黏结指数 G 来进行区分：0～5 为不黏结和微黏结煤；>5～20 为弱黏结煤；>20～50 为中等偏弱黏结煤；>50～65 为中等偏强黏结煤；>65 则为强黏结煤。对于强黏结煤，又把其中胶质层最大厚度 Y>25 mm 或奥亚膨胀度 b>150%（对于 V_{daf}>28%的烟煤，b>220%）的煤称为特强黏结煤。在煤类的命名上，考虑到新旧分类的延续性，仍保留气煤、肥煤、焦煤、瘦煤、贫煤、弱黏煤、不黏煤和长焰煤 8 个分类。

在烟煤类中，对于 G>85 的煤，则需要再测定胶质层最大厚度 Y 或奥亚膨胀度 b 来区分肥煤、气肥煤与其他烟煤类。

当 Y>25 mm 时，若 V_{daf}>37%，则划分为气肥煤，若 V_{daf}<37%，则划分为肥煤。若 Y<25 mm，则按其 V_{daf} 的大小而划分为相应的其他烟煤类。若 V_{daf}>37%，则应划分为气煤类。若 V_{daf}>28%～37%，则应划分为 1/3 焦煤。若 V_{daf}在 28%以下，则应划分为焦煤类。

这里需要指出的是，对 G 值大于 100 的煤，尤其是矿井或煤层若干样品的平均 G 值在 100 以上时，则一般可不测 Y 值而确定为肥煤或气肥煤类。

在我国的煤炭分类标准中还规定，对 G 值大于 85 的烟煤，如果不测 Y 值，

也可用奥亚膨胀度 b(%)来确定肥煤、气煤与其他烟煤类的界限，即对 V_{daf}＜28%的煤，暂定 b＞150%的为肥煤；对 V_{daf}＞28%的煤，暂定 b＞220%的为肥煤(当 V_{daf}＜37%时)或气肥煤(当 V_{daf}＞37%时)。当按 b 划分的煤类与按 Y 划分的煤类有矛盾时，则以 Y 确定的煤类为准。因而在确定新分类的强黏结性煤的牌号时，可只测 Y 值而暂不测 b 值。煤的种类划分见表 1-4。

表 1-4　煤的种类划分[2]

类别	缩写	分类指标					
		V_{daf}/%	GRL	Y/mm	b/%	PM/%	$Q_{gr,maf}$ /(MJ·kg^{-1})
无烟煤	WY	≤10.0					
贫煤	PM	＞10.0～20.0	≤5				
贫瘦煤	PS	＞10.0～20.0	＞5～20				
瘦煤	SM	＞10.0～20.0	＞20～65				
焦煤	JM	＞20.0～28.0 ＞10.0～28.0	＞50～65 ＞65	≤25.0	≤150		
肥煤	FM	＞10.0～37.0	＞85	＞25	＞150		
1/3 焦煤	1/3JM	＞28.0～37.0	＞65	≤25.0	≤220		
气肥煤	QF	＞37.0	＞85	＞25.0	＞220		
气煤	QM	＞28.0～37.0 ＞37.0	＞50～65 ＞35～65	≤25.0	≤220		
1/2 中黏煤	1/2ZN	＞20.0～37.0	＞30～50				
弱黏煤	RN	＞20.0～37.0	＞5～30				
不黏煤	BN	＞20.0～37.0	≤5				
长焰煤	CY	＞37.0	＜5～35			＞50	
褐煤	HM	＞37.0 ＞37.0				≤30 ＞30～50	≤24

1.2.1.2　构造分类

煤体结构经过变形和变质作用的过程后，使得煤体分为构造煤和原生结构煤。

构造煤是煤层在构造应力作用下，发生成分、结构和构造的变化，引起煤层破坏、粉化、增厚、减薄等变形作用和煤的降解、缩聚等变质作用的产物。构造煤的宏观结构常见碎裂结构、碎粒结构、粉粒结构、糜棱结构等，对应的构造煤命名为碎裂煤、碎粒煤、粉粒煤和糜棱煤。不同煤样结构特征的宏观描述见表1-5。

表1-5　不同煤样结构特征的宏观描述[2]

构造煤类型	描述
原生结构煤	条带状结构明显，原生构造清晰可见；有擦痕，块状结构，坚硬
碎裂煤	条带状结构可见，层状构造保存完整；多向裂隙切割，无明显位移，扁平块状，较硬
碎粒煤	原生结构基本被破坏，不同方向的小裂隙发育，碎粒结构、块状结构。手拭具有一定硬度，捏则成碎块
糜棱煤	原生结构完全消失，具有糜棱构造；颗粒定向排列，手拭易捏成粉末状

原生结构煤是指保留了原生沉积结构、构造特征的煤层，原生结构煤的煤岩成分、结构、构造、内生裂隙清晰可辨。原生结构煤的结构是指煤岩组分的形态和大小所表现的特征，反映了成煤原始物质的性质、成分及其变化。原生结构煤的结构与构造是反映成煤原始物质及其聚积和转变等特征的标志，是煤的重要原生特征。煤化程度增高，煤各种组分的肉眼鉴定标志逐渐消失，至高变质阶段，煤的成分趋于一致，煤的宏观结构也逐渐趋于均一。最常见的煤的宏观结构有下列几种。

(1) 条带状结构

宏观煤岩成分(镜煤、亮煤、暗煤和丝炭)多呈各种形状的条带，在煤层中相互交替地出现而形成条带状结构。按条带的宽窄又可分为细条带状结构(宽度为1～3 mm)、中条带状结构(宽度为3～5 mm)和宽条带状结构(宽度大于5 mm)。条带状结构在中变质烟煤中表现最为明显，尤其是在半亮型煤和半暗型煤中最常见；褐煤和无烟煤中条带状结构不明显。

(2) 线理状结构

线理状结构是指镜煤、暗煤及黏土矿物等呈厚度小于1 mm的线理断续分布在煤层各部位形成的结构。根据线理的间距，线理状结构又分为密集线理状和稀疏线理状两种。在半暗型煤中常见到线理状结构。

(3) 透镜状结构

透镜状结构是条带状结构的一种特殊类型，而且二者常伴生，多以大小不等的镜煤、丝炭及黏土矿物、黄铁矿等的透镜体连续或不连续地散布在暗煤或亮煤中，呈透镜状结构。常见于半暗型煤、暗淡型煤中。

(4) 均一状结构

该结构的煤成分较为单一,组成均匀的结构。镜煤的均一状结构较典型,某些腐泥煤、腐植煤和无烟煤有时也有均一状结构。

(5) 木质结构

木质结构是植物茎部原生的木质结构在煤中的反映。这种结构的煤在外观上清楚地保留了植物木质组织的痕迹,有时还可见到保存完整的已经煤化的树干和树桩。木质结构在褐煤中比较常见,如我国山东、山西俗称的柴煤或者是柴炭,就是以木质结构特别清晰而得名。

(6) 粒状结构

该结构的煤表面较粗糙,肉眼可清楚地见到颗粒状。这种结构多由煤中散布着的大量稳定组分或矿物质组成,为某些暗煤或暗淡型煤所特有,如淮南某些暗淡型煤含有大量小孢子和木栓体。

(7) 纤维状结构

纤维状结构是植物茎部组织经过丝炭化作用转变而成的一种结构,其特点是沿着一个方向延伸并呈细长纤维状和疏松孔状。丝炭就是典型的纤维状结构。

(8) 叶片状结构

该结构的煤断面上具纤细的页理及被其分成极薄的薄片,使其外观呈现纸片状、叶片状。这种结构主要由于煤炭中顺层分布有大量的角质体和木栓体所致,如我国云南禄劝角质层的残植煤就具有叶片状结构,它可以像纸张一样一张一张地分开。

1.2.1.3 宏观煤岩成分

宏观煤岩成分是肉眼能分辨的煤的基本单位,它包括丝炭、镜煤、亮煤和暗煤四种成分,其中丝炭和镜煤为简单的煤岩成分,亮煤和暗煤则为复杂的煤岩成分。

(1) 丝炭

丝炭的颜色为暗黑色,外观似木炭,是简单的煤岩成分,具有明显的纤维状结构和丝绢光泽,疏松多孔,性脆易碎,易染指。若丝炭的细胞腔被矿物质充填,变得致密坚硬,相对密度增大,则称之为矿化丝炭。丝炭在煤层中多沿层理呈透镜状分布,厚度一般为 1～2 mm,有时也能形成不连续的薄层。煤层中丝炭的数量不多,但较易识别。

(2) 镜煤

镜煤也是简单煤岩成分。它是煤中颜色最深、光泽最强的成分,多呈黑色,结构致密均一,呈贝壳状、眼球状断口,内生裂隙最为发育,性脆,易碎成棱角状小块。在煤层中，它多呈厚度为几毫米到 2 cm 的透镜状分布于暗煤或亮煤之中，很少单独构成煤层。

(3) 亮煤

亮煤是最常见的煤岩成分，光泽较强，仅次于镜煤，较脆易碎，内生裂隙较为发育，相对密度较小，结构比较均一，呈贝壳状断口。亮煤可单独组成较厚的煤分层，也可呈透镜状分布。

(4) 暗煤

暗煤的颜色为灰黑色，光泽暗淡，致密坚硬，断口粗糙，内生裂隙不发育，相对密度较大，韧性较强。暗煤在煤层中普遍发育，可单独构成煤层或煤分层。

1.2.1.4 宏观煤岩类型

宏观煤岩类型是指用肉眼观察时，根据同一煤化程度煤的平均光泽强度、煤岩成分的数量比例及组合情况，划分的煤的岩石类型。煤岩类型可分为光亮型煤、半亮型煤、半暗型煤和暗淡型煤等四种。

(1) 光亮型煤

光亮型煤主要由光泽很强的亮煤和镜煤组成，有时也夹有暗煤和丝炭的透镜体或薄层，组成较为均一；条带结构不明显，内生裂隙发育，脆度较大，机械强度小，容易破碎，常见贝壳状断口。

(2) 半亮型煤

半亮型煤主要由亮煤、镜煤和暗煤或丝炭组成，平均光泽强度较光亮型煤稍弱；条带结构明显，内生裂隙发育，常具有棱角状或阶梯状断口，性较脆，比较易碎。半亮型煤是最常见的煤岩类型。

(3) 半暗型煤

半暗型煤由暗煤和亮煤组成，常以暗煤为主，有时夹有镜煤和丝炭的线理、细条带和透镜体，光泽较暗淡，相对密度、硬度和韧性都较大；条带结构明显，内生裂隙不甚发育，多见粒状断口。当亮煤矿物质含量增加而光泽减弱时也可成为半暗型煤。

(4) 暗淡型煤

暗淡型煤主要由暗煤组成，有时有少量镜煤、丝炭或矸石透镜体，光泽暗淡；煤质坚硬致密，层理构造不明显，通常呈块状，韧性大，相对密度大，内生裂隙不发育，断口多为棱角状、参差状。

1.2.2 煤的物理性质

煤的种类不同，其物理性质存在差异，见表 1-6、表 1-7。

表 1-6 煤的物理性质(一)[2]

种类		颜色	条痕色	光泽	硬度	
					刻划硬度	显微硬度/(kg/mm²)
无烟煤		灰黑色带古铜色、钢灰色	灰黑色、钢灰色或黑色	似金属光泽	接近 4	5 500～12 800
烟煤	贫煤	黑色,有时带灰色	黑色	金属光泽	2.5～3.5	3 200～3 800
	贫瘦煤					
	瘦煤	黑色		强玻璃光泽		3 000
	焦煤		黑色带褐色			3 000
	肥煤			光亮的玻璃光泽		3 000
	1/3 焦煤				2～2.5	
	气肥煤		褐黑色	似玻璃光泽		
	气煤					3 000
	1/2 中黏煤			强玻璃光泽		
	弱黏煤		深褐色、黑褐色			
	不黏煤	褐黑色、黑色略带褐色		沥青光泽		
	长焰煤					
褐煤		褐色、深褐色、黑褐色	浅褐色、深褐色	暗淡的沥青光泽	1.5～2	2 000

表 1-7 煤的物理性质(二)[3]

种类		脆度	韧性	挥发分	黏结性	结焦性
无烟煤		最小	最大	最低	无	
烟煤	贫煤			低	无	无法结焦
	贫瘦煤	大	最小	低	较差	低于瘦煤
	瘦煤					单独炼焦时,大部分能结焦
	焦煤					单独炼焦时产生的胶质体热稳定性好
	肥煤					单独炼焦时能生成熔融性良好的焦炭
	1/3 焦煤				强	单独炼焦时能生成强度较高的焦炭

表 1-7(续)

<table>
<tr><th colspan="2">种类</th><th>脆度</th><th>韧性</th><th>挥发分</th><th>黏结性</th><th>结焦性</th></tr>
<tr><td rowspan="6">烟煤</td><td>气肥煤</td><td rowspan="6">小</td><td rowspan="6">有一定的韧性</td><td>高</td><td>强</td><td>单独炼焦时能生成强度较高的焦炭</td></tr>
<tr><td>气煤</td><td>较高</td><td></td><td>单独炼焦时,焦炭有较多的纵裂纹,易碎</td></tr>
<tr><td>1/2 中黏煤</td><td></td><td>介于气煤和弱黏煤之间</td><td></td></tr>
<tr><td>弱黏煤</td><td>范围较宽</td><td>介于不黏煤和中黏煤之间</td><td></td></tr>
<tr><td>不黏煤</td><td></td><td>无</td><td></td></tr>
<tr><td>长焰煤</td><td>较高</td><td></td><td>一般不结焦</td></tr>
<tr><td colspan="2">褐煤</td><td></td><td></td><td>最高</td><td></td><td></td></tr>
</table>

1.2.3 煤的密度

1.2.3.1 煤的视相对密度

煤的视相对密度(ARD)是估算煤炭资源储量、研究煤的物理特性与变质程度关系的一项重要指标,也是计算煤的孔隙率、煤层气资源量的基准。在应用《煤的视相对密度测定方法》(GB/T 6949—2010)规定来测定煤中的视相对密度时,发现这种方法有较大的局限性,即对 10～13 mm 粒度范围内组成均匀、代表性好的煤样,其测试结果与理论值较吻合;而对于灰分、煤岩组成及矿物质含量分布不均匀的煤样,测得的结果与理论值偏差较大,有时会出现视相对密度测定值大于或等于其真相对密度测定值的情况。分析其原因是所取的煤样代表性较差且粒度较大,在煤样的制备中各环节规范操作与否及测定中是否严格控制温度等都是影响测定结果的重要因素。可采用减小煤样粒度的措施来提高煤样的代表性和消除对煤视相对密度测定值的影响。

郑得文[4]、司书芳等[5]在探讨煤样粒度对煤的视相对密度测定影响的过程中,依据《煤样的制备方法》(GB 474—2008)分别按 4～6 mm、6～10 mm、10～13 mm 共 3 种粒度制备了 5 组煤样。采用《煤的视相对密度测定方法》测定煤样的视相对密度,分别称取 3 种粒度具有代表性的空气干燥专用煤样,表面用蜡涂封后,以十二烷基硫酸钠溶液为浸润剂,测出涂蜡煤粒所排开同体积水溶液的质量,计算涂蜡煤粒的视相对密度,减去蜡的密度后,求出在 20 ℃时煤样的视相对密度。每组 4～6 mm 的煤样测试 4～5 次,6～10 mm 和 10～13 mm 的煤样测试 15 次。分别计算了各组不同粒度测值的平均值和标准差。分析对比各组不同粒度的平均值,发现前 4 组不同粒度的视相对密度平均值都比较接近,最大误差为 0.03;第 5 组测值较高,不同粒度平均值相差较大,最大误差为 0.11,但是各组平均值都有一个共同规律,即 4～6 mm 的平均值最小,10～13 mm 平均值最大,6～10 mm 平均值位于中间。此外,4～6 mm 与 6～10 mm 平均值更为接近,尤其是第 5 组数据表现更为明显。由此可见,4～6 mm 与 6～10 mm 的测值要比 10～13 mm 测值准确一些,6～10 mm 测值的准确性最好。分析对比各组不同粒度的标准差,发现 4～6 mm 和 6～10 mm 粒度的标准差均小于 10～13 mm 的标准差,多数情况下 4～6 mm 的标准差最小。这说明细粒煤样测值的离散度最小,重复性最好;中粒煤样测值的离散度中等,重复性中等;粗粒煤样测值的离散度最大,重复性最差。因此,煤样粒度是控制视相对密度测值准确性的重要因素,即粒度越大,测值的准确度和重复性越差。深入观察研究发现,不同粒径煤样的均匀性与代表性不同是影响测值的重要因素,在同等数量煤样的条件下,粗粒煤的代表性与均匀性差,而细粒煤的代表性与均匀性好。鉴于以上原因,建议采用粒度为 6～10 mm 的煤样测试煤的视相对密度。虽然粒度为 4～6 mm煤样的代表性与均匀性更好一些,但因煤样粒度小,煤粒在涂蜡过程中,有时会发生崩解破裂,还会产生粘蜡屑现象,从而影响测值的可靠性。

1.2.3.2 煤的真相对密度

煤的真相对密度是指 20 ℃时,煤样(不包括煤的内外孔隙)的质量与同温度、同体积水的质量之比,是表征煤物理特性的指标。它在研究煤样的煤化程度、选定煤在减灰时的重液分选密度时均有重要作用,同时,也是计算煤层平均质量的重要指标之一。煤样的真相对密度取决于煤样的变质程度、煤岩组成和煤样中矿物质的特征及其含量。

煤样的真相对密度测试严格按照《煤的真相对密度测定方法》(GB/T 217—2008)进行,即把煤样浸入盛满烷基硫酸钠溶液的比重瓶中,使烷基硫酸钠溶液浸入煤样中,排出煤样中吸附的气体,同时会有与煤样同体积的烷基硫酸钠溶液排出来,根据排出溶液的质量和密度算出排出溶液的体积,根据体积和煤样重量算出煤样的真相对密度[6]。

煤样真相对密度的测定是一项规范性很强的实验,不仅受仪器设备及浸润剂的影响,还会因人为操作的随意性而产生误差。所以,测定时应严格按国家标准进行操作,详细了解影响因素和掌握应注意事项,把握好各个细小环节,这样才能得到准确的测定结果。

霍西煤田的不同密度煤样常微量元素地球化学特征的研究表明微量元素 Li,Bi,Tl,Sb,As,Mo,Ph,Cd,U,Th 和 Hf 等的含量随密度增加均呈现不同程度的递增趋势;Be 含量变化相对稳定,略显递减倾向;W 表现为先增后减。微量元素含量随密度增加而变化不同的趋势表明,煤样中不同微量元素的赋存载体具有明显差异,甚至同一常量元素在煤中的赋存形态也不唯一。

1.2.4 煤的坚固性系数

煤的坚固性是由煤的性质决定的，反映了煤样抵抗外力破坏的能力大小，用坚固性系数 f 表示。我国现行煤的坚固性系数测定标准 GB/T 23561.12—2010 规定采用落锤法测定坚固性系数 f 值。有研究者在落锤法的基础上提出采用落锤夯捣后煤样的筛分模数来计算坚固性系数。煤样坚固性系数与其筛分模数增量的倒数呈线性关系。通过对不同坚固性系数的煤屑加载破坏实验的实验数据进行分析和研究，得出在相同的加压过程中，煤的坚固性系数越小，越容易粉碎，煤屑整体的变形量则越大，通过煤体的压缩量来计算煤的坚固性系数，在此基础上研制了煤的坚固性系数测定仪。前人对 f 值的测定方法做了很多研究与改进，并通过控制变量的方法研究了不同单一影响因素与 f 值之间的关系。然而，f 值作为煤体的本身特性，在保证实验影响因素一致的前提下，关于各种自然影响因素对 f 值的综合影响的研究并不多。20 世纪 80 年代，国外的一些学者利用回弹仪对不同类型的岩石进行了实验，其中包括部分煤系岩石，通过大量实验研究，确定了岩石单轴抗压强度与回弹值之间的关系，即回弹值越大则岩石的表面强度越大，抗塑性变形的能力也越强。现行煤的坚固性系数测定方法耗时，操作过程烦琐，根据普氏的理论，煤的坚固性系数与抗压强度之间存在相关性，则坚固性系数必与回弹值大小存在某种关系。

本书坚固性系数测试方法：

现行的落锤法是以新表面积为依据的，材料破碎时损耗的功与材料破碎后试样增加的新表面积成正比，通过测定在固定冲击破碎功的情况下煤粉碎至某一粒度的量来计算 f。该方法使用 2.4 kg 的重锤，在 0.6 m 的高处坠落，试样被夯捣数次后，用 0.5 mm 以下的粉末量来表示岩石坚固性。坚固性系数计算见式(1-1)：

$$f=\frac{20n}{l} \tag{1-1}$$

式中 n——每份试样冲击次数；

l——每组煤样筛下的煤粉的高度。

1.2.5 煤的破碎程度

本书通过对大量煤矿的所有可采煤层井下煤壁和手标本观察的研究，本着实用和易于鉴别的原则，将煤的宏观破坏类型分为两类、四型、七种，并且在大量煤岩光片显微镜观测的基础上，对煤的显微破坏类型进行了划分。人们常用的碎裂煤、碎粒煤、糜棱煤和鳞片煤等术语是引用的构造岩分类名称。它们所描述的结构只有在显微镜下才能准确识别，而且分布局限性很大，甚至在同一块光片中能出现多种结构，所以本书没有用这些术语而是用某一分层的平均破碎程度级别来进行划分和命名。根据研究目的和掌握资料的详细程度的不同，生产上应用时可只划分到"型"，本书从以下两个方面对破坏的显微结构和类型进行了划分和命名。

1.2.5.1 破坏煤样宏观类型及特征

在井下，揭露的煤壁上不同破坏类型的分层界线明显。近于平行煤层顶底面，大部分无斜切层理的断层面和明显的褶皱，在有些断层附近或变形强烈的倒转翼，可见煤层揉皱和流动现象，有时可见明显的断层面由斜切层理逐渐变为平行层理而消失，在断层面附近发育很薄的软煤。

将整个煤层柱状粗略划分成不同破坏类型分层，在每一分层采集煤块样，即手标本，再将每块手标本做详细的规划。根据煤的断口和节理面光泽、结构构造、节理发育情况、裂隙密度和总体破碎程度等特征进行重新划分并命名。

1.2.5.2 破坏煤样显微类型及特征

将所采集的手标本进行宏观观测和描述后，选择有代表性的样品制成光片进行显微镜观测，但由于破坏煤样比较破碎，制样难度较大，有些Ⅲ或Ⅳ型破坏煤样必须在现场用三面封闭、一面开口的铁皮盒敲入煤壁，然后取下、塞紧、加盖并用胶布缠紧才能保持原来的结构，在切制光片时还要注意方向，一般每个标本切制平行和垂直层理、节理或片理两个光片，构造复杂时切制三个相互垂直的切片。

1.2.6 煤的孔隙结构

1.2.6.1 煤孔隙结构测定方法

目前，煤孔隙结构特征的研究方法主要有压汞法、吸附法、小角散射法、二维图像分析法、三维图像分析法、分形法等六种方法[7]。

压汞法主要用来研究孔径 7.5 nm 以上孔隙的孔容和孔径分布等特征参数，对于更小的孔隙其测量结果会与实际情况出现偏差，由于汞必须侵入孔隙中而需要更大的压力，高压必定会导致煤样结构的破坏变形，从而造成煤体孔隙的局部坍塌，造成孔隙变大。压汞法测量比较准确、快速且易于分析，对于细小的孔喉分布也能够进行准确的测量，进汞压力越高其所测量的孔喉就越小。宋播艺等[8]利用压汞法研究了热变质作用对煤中孔隙发育特征的影响并得到了岩浆侵入会使煤孔隙粗糙度增加，孔隙吸附能力增强，粒内孔分布范围增大，还会使煤中出现大量的新生孔隙且主要集中在小孔径段的结论。

吸附法有很多种，如低温液氮吸附法、氦气吸附法、二氧化碳吸附法等。其中，低温液氮吸附法比较常用，它是利用液氮的吸附-凝聚原理对煤孔隙的比表面积和孔径分布等特征参数进行测量。低温液氮吸附法测量的孔隙孔径最小为 0.6 nm，最大为 100～150 nm。郎伟伟等[9]利用低温液氮吸附实验来分析研究变形煤的孔隙特征及其分形特征，并得到过渡孔和微孔是煤层气吸附发生的主要场所、微孔在其中起着重要作用的结论。

小角散射法主要有小角 X 射线散射(SAXS)和小角中子散射(SANS)两种。小角 X 射线散射方法对多孔材料孔隙结构的研究十分有效，其适用范围广，无论是干燥煤样还是湿润煤样，是开口孔隙还是闭口孔隙，均能适用。小角中子散射方法通过分析长波长中子在小角度范围内的散射强度(一般小于 2°)来分析测量煤孔隙的结构特征。散射法可测量几纳米到几百纳米的煤孔隙，其能够测量的特征参数有孔隙度、孔径分布、表面积等。宋晓夏等[10]采用小角 X 射线散射(SAXS)对重庆中梁山南矿不同类型构造煤的孔径、孔体积和比表面积等参数的变化规律进行了分析。其 SAXS 研究结果表明，随着煤的变形程度增强，X 射线散射强度增大，煤中微孔比例增加，最可几孔径减小，孔隙表面分形维数增大。王博文等[11]为研究灰分对煤孔隙结构的影响，采用小角 X 射线散射(SAXS)定量解析了 4 个低挥发分烟煤脱灰前后的散射曲线和孔隙参数的变化规律。研究表明，所有煤样灰分主要位于散射矢量 1.0～2.0 nm^{-1}(对应孔隙尺寸 3～6 nm)区间；煤样的特征函数曲线呈正偏离，与未脱灰分煤样相比脱灰分煤样孔隙数量、孔体积、孔比表面积和孔表面分形维数增大，微孔比例增加，平均孔径和最可几孔径下降，并且得到了 SAXS 能够有效地表征煤中孔隙分布的结论。

二维图像分析法也有很多种，如光学显微镜法、扫描电镜法(SEM)、原子力显微镜法(AFM)等。光学显微镜法操作简便、准确性高且能够做出一些简单的定量分析，但其放大倍数最多到几千倍，能够得到的孔隙结构信息有限。扫描电镜法的扫描电镜分辨率能够达到 0.5 nm 左右，与光学显微镜相比有较高的放大倍数且最高可达 30 万倍，一般多用于过渡孔及更大孔径孔的孔隙结构的分析。它能够清晰地看到煤样的细微结构且图像十分立体，当扫描电镜与 X 射线能谱配合使用后，在观察到煤体的微观结构的同时还能对煤样进行元素分析。但是扫描电镜法也具有局限性，对于液体、特殊环境下的某些现象扫描电镜法无法进行观察且其必须在真空中对煤样进行观察，否则电子在到达煤样之前就会被介质吸收，无法进行观察。原子力显微镜法的横向分辨率和纵向分辨率可达到 0.1 nm和 0.01 nm，能够清晰地分辨出单个原子且能够实时地得到在实空间中表面的三维图像，一般用于表面结构研究，实时观测的性能对于表面扩散等动态过程的研究有很大的帮助。它能够观察到的不是体相或整个表面的平均性质，而是单个原子层的表面缺陷、表面重构、表面吸附体的形态和位置等局部表面结构，可对煤样的硬度、粗糙度、磁场力、电场力、温度分布和材料表面组成等物理特性进行测量，适用于真空、气体或液体等多种环境，但只能在微米尺度范围进行扫描，对较大样品表面进行扫描非常困难。郝琦[12]利用电子扫描技术对不同煤化阶段煤的显微孔隙做了系统研究，观察到了不同牌号煤和煤的各种显微组分，发现了煤中有气孔发育，并按成因将煤的显微孔隙划分了类别。

三维图像分析法目前主要有两种技术。一种是核磁共振成像技术(NMRI)，它利用受检煤样各种组成成分和结构特征的不同弛豫过程，根据观测信号的强度变化，利用带有核磁性的原子与外磁场的相互作用引起的共振现象进行实验和检测。大量实验数据表明，该技术所测特征参数和其他常规方法基本一致。第二种技术是X-CT岩心扫描三维成像技术，它的原理是利用X射线计算机层析(CT)对煤样进行三维成像，能直观地描述岩石微观孔隙结构特征和流体运动特征，其空间分辨率可达到几微米。张晓辉等[13]通过显微CT切片结合扫描电子显微镜图像，直接对不同煤样结构煤的孔隙类型和显微构造进行了观测，并对构造变形对煤孔隙结构的影响做出了分析。实验结果指出，不同煤样结构煤的孔隙直径一般小于5 μm，但后期构造应力改变了煤的孔隙结构。

分形概念是1975年Mandelbort(曼德布罗特)首先提出的，分形几何一般被用来研究自然界中没有特征长度但有自相似性的形体和现象。分形法利用分形理论来获取煤岩破碎程度分布和煤中孔隙、裂隙分布的近似定量信息，可用来评价煤层气的吸附-解吸、扩散、渗流及煤层有效渗透率。分形维数与煤变质程度有良好的相关性，随煤级的增加，分形维数呈线性趋势逐渐减小。高尚等[14]利用分形理论对比分析了园子沟、窑街和卧龙湖的三种不同变质程度硬煤的孔隙结构特征。实验结果指出，园子沟、窑街和卧龙湖的三种不同变质程度的硬煤均含有丰富的开放孔隙特征，且随着煤样变质程度的加深其孔隙度呈现高-低-高的变化规律。

目前，任何一种单独的研究方法都不能够对所有的孔隙结构特征进行分析，每一种方法均有其局限性，故现阶段大部分学者都会使用两种或多种研究方法结合的方式来对煤孔隙结构进行综合性的研究分析。

郑庆荣等[15]利用压汞法和小角X射线散射技术对韩城煤矿煤样孔隙结构做了研究，研究结果指出，构造变形对煤孔隙结构会造成明显影响。强烈的构造变形会使煤孔隙结构特征参数升高，如煤孔隙度、孔体积和孔比表面积等。刘长江等[16]通过压汞法和低温液氮吸附法在二氧化碳地质埋藏深度对高阶煤孔隙结构的影响方面进行了探究，研究表明：二氧化碳地质埋藏深度对煤孔隙结构特征参数均有影响；埋藏过程中温度压力的增大对水-二氧化碳-煤的地球化学反应效应的影响是非线性的，且存在一个对煤孔隙结构特征参数特别是对微孔孔容和比表面积影响最大的深度范围。赵兴龙等[17]通过镜质组反射率测试、压汞实验和低温液氮吸附实验等手段研究指出煤的孔隙度随煤级的升高呈现出高-低-高的变化规律。

(1) 直接法

① 小角X射线散射法

小角X射线散射是指用X射线照射到样品时,由于样品内部的结构原因,X射线透过样品之后在很小角度(一般小于5°)内散开的现象。通过对小角散射图像或者散射曲线的分析可获得散射体(粒子、孔隙等)的取向、形状等统计几何结构信息。与电镜、气体吸附等其他物理手段相比,SAXS具有样品适用范围广泛(固体、液体、气体均可测量)、制样简单、开孔和闭孔均可探测到、可得到样品的统计结构信息、可开展原位动态测量等明显的优势,广泛应用于多种物质热点前沿科学领域的研究。特别是高强度、高准直性同步辐射光源的应用,大大缩短了样品曝光测试时间,提高了效率、灵敏度、时间和空间分辨率,为开展时间分辨测量和弱散射体系(如液体和半流体样品)测量提供了优越的条件。虽然近年来SAXS发展势头强劲,但总体上SAXS理论和方法还不完善,制约着SAXS的应用。加强SAXS方法研究,对于促进研究人员认识和掌控物质在纳米尺度上的结构具有重要意义。

② 小角中子散射法

小角中子散射是一种用来探测物质微观结构的先进的实验技术。散射技术用傅里叶空间来测量物质的密度分布或涨落,而对于大多数结构,一些具体数据可被换算出来。所以通常它被用来测量复杂流体内颗粒的大小、形状及其分布,这些流体包括胶体、高分子溶液、表面活化剂组合、微悬浮液等。

小角中子散射是通过分析长波长中子(0.2~2 nm)在小角度范围(一般在2°以下)内的散射强度来研究大小在几纳米到几百纳米范围内的物质结构的一种专门的测量技术。因此,小角中子散射技术可对聚合物、生物大分子及胶体溶液等进行原位检测。此技术可用于测量溶液中被分析物的形状、大小以及粒子间的相互作用,不要求被测样品具有晶型结构。

③ 显微CT法

显微技术是一种应用射线成像原理的扫描技术,与传统的孔隙结构研究方法相比,具有快速、无损和深入煤岩内部结构等特点。根据目前系统空间分辨率水平,该方法可精细评价煤中孔径大于1 μm的孔隙结构[18]。

CT技术通过计算机图像重建,使指定层面上不同密度(与衰减系数有关)的材料信息以高分辨率的数字图像显示出来。物质对射线的吸收与物质的成分和密度有关。其测量原理本质上是射线通过均匀介质时,射线强度与物质密度之间呈指数型衰减。

④ 扫描电镜法

扫描电镜的原理是电子在加速电压(1～50 kV)的作用下,形成具有一定能量的电子束,电子束轰击固体样品表面时会从样品表面激发出二次电子、背散射电子、特性 X 射线等信息,这些信息分别被检测系统和扫描系统收集、处理,使其转变为各种图像[19],并输送到显示器上,以供观察、分析和照相等。

对于煤储层,扫描电镜既解决了物理测试方法无法直接观察孔隙的问题,也弥补了光学显微镜焦深小、分辨能力低的不足。

(2) 间接法

① 压汞法

自从 Ritter(里特)和 Drake(德列克)两位科学家提出了高压测量技术使得压汞法得到逐步完善后,在时间的推移和技术的不断完善下,压汞法已经应用于多个学科的研究领域[20]。

汞是一种非润湿相液体,若非润湿相液体要进入多孔物质内,则要对其施加外压力。通常,将汞的进入体积作为外在压力的函数,如此即可得出在相应压力下压入样品中的汞的多少。一般情况下,若孔径越小,那么汞进入其内部所需要的外在压力就越大。该方法直接明了,操作十分简便,可对多孔材料的孔径大小和孔隙体积等特征参数进行测量。同时,依据相应计算公式可得出压力对应的孔容等数据。

压汞实验研究具有快捷、经济、易操作和成果丰富等特征,使得压汞实验在研究煤储层孔隙结构和可采性方面得到了广泛应用,并以此对煤储层进行了分类和可采性评价[21]。

② 低温液氮吸附法

在低温液氮吸附法中,测定煤的孔隙分布利用的是美国麦克公司生产的 ASAP2020 型比表面积分析仪及孔径分布测定仪,在温度和压力恒定的情况下,气体在固体表面达到吸附平衡,吸附量是相对压力(平衡压力 p 与饱和蒸气压力 p_0 的比值)的函数。测得不同相对压力下的吸附量即可得出吸附-解吸曲线。按 BET(多分子层吸附)理论模型计算出比表面积,再利用 BJH(孔径分布)理论模型计算孔隙体积及孔径分布。

1.2.6.2 孔隙结构表征

煤孔隙结构是指中孔隙和喉道的集合形状、大小分布及其相互连通关系[22-23]。一般采用煤孔隙的孔径结构、比表面积、比孔容、孔隙度、孔径分布及中值孔径等来表征。

孔容是单位质量煤样中所含孔隙的容积,单位为 mL/g。比表面积是单位质量煤样中所含有的孔隙内表面积,单位是 m^2/g。不同孔径段的比表面积、孔容可以反映孔隙结构的重要信息。中值孔径也是直接表征孔隙结构的一个参数，中值孔径是指 1/2 孔容或比表面积对应的平均孔径大小，前者称孔容中值孔径，后者称比表面积中值孔径。孔容、孔比表面积与孔隙率等结构参数的测定大多采用压汞法、液氮吸附法，或者是两种方法相结合。压汞法主要测定的是 0.1～100 μm 孔径的孔隙，液氮吸附法主要测定的是 2～100 nm 孔径的孔隙。

1.2.6.3　孔隙分类标准

煤是一种复杂的多孔性固体，煤的孔隙结构会直接影响到煤的各种性质。因此，对煤的孔隙的研究就愈发显得重要。而在研究的时候，对孔隙制定统一的分类标准则是首要任务。

目前，国内外学者按其成因和孔隙的形态等特征来划分孔隙。有国外学者依据成因将煤孔隙分为分子间孔、煤植体孔、热成因孔和裂缝孔四种类型。1986 年，我国学者郝琦[12]在采用电子扫描技术对煤显微孔隙及气孔成因进行研究时按孔隙成因将孔隙划分为气孔、植物组织孔、溶蚀孔、矿物铸模孔、晶间孔、原生粒间孔六类。1996 年，朱兴珊[23]在研究煤孔隙特征对煤层气抽放影响时将煤的孔隙分为变质气孔、植物组织孔、颗粒间孔、胶体收缩孔、层间孔和矿物溶孔六类。2001 年，张慧[24]立足于煤的岩石结构和构造，以煤的变质、变形特征为基础，通过大量的扫描电镜观察结果为主要依据，将煤孔隙分为原生孔、变质孔、外生孔和矿物质孔四大类，胞腔孔、屑间孔、链间孔、气孔、角砾孔、碎粒孔、摩擦孔、铸模孔、溶蚀孔和晶间孔共 10 小类(具体分类情况见表 1-8)。截至目前，这是国内学者接受比较广泛的分类方法。

表 1-8　煤孔隙成因及分类[24]

类型		成因简述
原生孔	胞腔孔	成煤植物本身具有的细胞结构孔
	屑间孔	镜屑体、惰屑体和壳屑体等碎屑颗粒之间的孔
变质孔	链间孔	凝胶化物质在变质作用下缩聚而形成的链之间的孔
	气孔	煤变质作用过程中由生气和聚气作用而形成的孔
外生孔	角砾孔	煤受构造应力破坏而形成的角砾之间的孔
	碎粒孔	煤受构造应力破坏而形成的碎粒之间的孔
	摩擦孔	压应力作用下由面与面之间摩擦而形成的孔
矿物质孔	铸模孔	煤中矿物质在有机质中因硬度的差异而铸成的印坑
	溶蚀孔	可溶性矿物质在长期气、水作用下受溶蚀而形成的孔
	晶间孔	矿物晶粒之间的孔

按照孔隙大小的分类方法也不尽相同。1965 年，苏联学者霍多特[25]按照空间尺度对孔隙大小进行了分类，这种十进制的分类方法目前在国内得到了众多学者的认同，并且广泛应用于目前国内的煤炭工业界。1966 年，国际组织 IUPAC(国际纯粹与应用化学联合会)也依据孔径的大小对煤孔隙类型进行了划分。2015 年，IUPAC 对这个分类方法又进行了细分和补充，补充了纳米孔、超微孔和极微孔的分类。1972 年，国外学者将煤孔隙划分又给予了新的定义。1991 年，我国的学者吴俊等[26]在经过分析与研究后提出了新的划分标准。1993 年，刘常洪[27]在研究甲烷与孔隙之间的关系以及不同类型煤的压汞曲线形态的时候，将煤的孔隙大小分为四类：微孔、过渡孔、中孔和大孔。2005 年，琚宜文等[28-29]等在做了大量的实验、研究与分析之后，提出了新的分类方案。以上总结的煤的孔径分类的标准汇总见表 1-9。

表 1-9　煤样孔径分类标准汇总表[28-29]

分类方案	微孔/nm	小孔/nm	中孔/nm	大孔/nm
霍多特	<10	10～100	100～1 000	>1 000
IUPAC	<2	2～50	—	>50
Gan 等[57]	<1.2	1.2～30	—	>30
吴俊等	<10	10～100	100～1 000	1 000～15 000
刘常洪	<10	10～100	100～7 500	>7 500
琚宜文等	<15	15～100	100～5 000	5 000～20 000

还有许多学者基于其研究内容的不同对煤孔隙类型进行了不同的划分。如 2005 年，傅雪海等[30]在进行压汞实验后，总结所得数据，将煤孔隙分为扩散孔隙(孔径小于 65 nm)和渗流孔隙(孔径大于 65 nm)这两种类型。桑树勋等[31]在研究煤孔隙结构与煤吸附气体的固气作用时根据煤体孔隙中气体分子的不同行为将孔隙分为渗流孔隙、凝聚-吸附孔隙、吸附孔隙和吸收孔隙四种类别。

依据煤孔隙的形态分类。许多学者根据压汞实验的退汞曲线或低温液氮吸附实验的吸附曲线的形态特征对煤体孔隙进行分类。陈萍等[32]在使用低温液氮吸附法研究煤孔隙特征时将煤孔隙划分为开放型透气性Ⅰ型孔、一端封闭的不透气性Ⅱ型孔、细颈瓶形Ⅲ型孔。赵志根等[33]使用低温氮吸附法测试煤的微孔隙时根据液氮吸附回线的形态特征将煤孔隙分为一端封闭孔、开放型孔和墨水瓶形孔。

1.3 煤矿瓦斯成因

现有研究普遍认为瓦斯与煤的形成同步，且贯穿于成煤过程始终，但瓦斯的大量生成及保存，是在煤的变质作用阶段。成煤后期的地质构造运动，使已生成的瓦斯发生运移和变化，现存煤层中赋存的瓦斯，只占原始瓦斯的一小部分，故煤中瓦斯的原始含量与成煤物质、成煤环境、煤岩组成、围岩性质、成煤阶段（泥炭化作用阶段、煤化作用阶段）等均有关系。瓦斯生成的阶段主要为以下两种。

① 泥炭化作用阶段

泥炭化作用阶段是成煤的第一阶段，有机质分解为瓦斯，此阶段瓦斯生成量大，然而由于成煤物质埋藏浅，甚至暴露在表面，而致使瓦斯逸散到大气中。

② 煤化作用阶段

煤化作用阶段是成煤的第二阶段，煤的物理性质、化学性质进一步发生变化，从泥炭到褐煤、烟煤再到无烟煤，其分子组成变化如下：

$$C_{16}H_{18}O_5(\text{泥炭})\longrightarrow C_{57}H_{56}O_{10}(\text{褐煤})+CO_2+CH_4+H_2O$$

$$C_{57}H_{56}O_{10}(\text{褐煤})\longrightarrow C_{54}H_{42}O_5(\text{烟煤})+CO_2+CH_4+H_2O$$

$$C_{54}H_{42}O_5(\text{烟煤})\longrightarrow C_{15}H_{14}O(\text{半无烟煤})+CO_2+CH_4+H_2O$$

$$C_{15}H_{14}O(\text{半无烟煤})\longrightarrow C_{13}H_4(\text{无烟煤})+CH_4+H_2O$$

由上述反应可知，煤化作用各阶段均有瓦斯生成（CH_4 和 CO_2 是瓦斯的主要成分），瓦斯成分随煤阶而变化，除 CH_4 作为主要产物外，还伴随有 CO_2 和 H_2O 等产出。

1.4 煤层瓦斯成分

矿井瓦斯成分复杂，其化学组分可分为两大类：烃类气体（CH_4 及其同系物）和非烃类气体（CO_2、N_2、H_2、CO、H_2S 和稀有气体 He、Ar 等）。CH_4、CO_2、N_2 是瓦斯的主要成分，其中 CH_4 含量最高，CO_2 和 N_2 含量较低，CO 和稀有气体含量甚微。

① 烃类气体

瓦斯的主要成分是 CH_4，其他烃类气体含量极少。在同一煤阶中，通常是烃类气体含量随埋深的增大而增加，重烃气主要分布于未受风化的煤层中。此外，重烃含量与煤变质程度有关，通常中变质程度煤的重烃含量高，低、高变质程度煤的重烃含量低。

② 非烃类气体

煤层瓦斯中非烃类气体含量通常小于20%,其中 N_2 含量约占2/3,CO_2 易溶于水故其含量受地下水活动影响较大,含量约占1/3。此外,N_2 和 CO_2 含量亦受煤层埋深和煤变质程度影响。一般而言,越靠近地表,N_2 和 CO_2 的含量越高;煤变质程度越深,N_2 和 CO_2 的含量越低。

1.5 煤与瓦斯突出致灾机理

瓦斯是一种清洁能源,主要以吸附态存在于煤孔隙中,储量巨大,我国埋深2 000 m以浅煤层气地质资源量约36万亿 m^3;然而瓦斯又是诱导煤与瓦斯突出的主因之一,煤体中高压瓦斯易导致煤壁失稳突出,在极短时间内对煤体进行破碎并抛出,故突出发生后在远离突出点最前方有大量手捻无粒感煤粉(图1-2出自贵州马场煤矿"3·12"突出现场报告),说明煤体在突出发生时存在强烈粉化现象。同时,突出发生时瓦斯浓度在短时间内急剧上升(图1-3出自贵州马场煤矿"3·12"突出现场报告),说明煤体在短时间内释放大量瓦斯,为失稳煤体的抛出提供了足够动力,使得突出过程快速连续发展。近年来,随开采强度和深度的加大,矿井地质条件更加复杂,瓦斯含量、瓦斯压力、地应力等随之增加,煤与瓦斯突出灾害发生的可能性及强度均增大,引出了更深层次的科学和技术问题。

图1-2　贵州马场煤矿"3·12"突出现场堆积煤粉

为掌握突出规律,有效防治突出灾害,国内外学者采用突出案例分析、现场观测、数值模拟分析、实验室模拟突出等方法进行了大量研究工作,发现煤与瓦斯突出与构造作用密切相关,虽然并非所有构造煤(本书亦称"碎煤")均会引发煤与瓦斯突出,但现有资料表明煤与瓦斯突出发生时均有构造煤。杨治国等[34]从地质构造、构造煤及瓦斯三方面分析了超化煤矿突出原因,表明在地质构造带及其附近应力较集中、瓦斯局部富集,形成瓦斯突出区。赵文峰等[35]对四川省

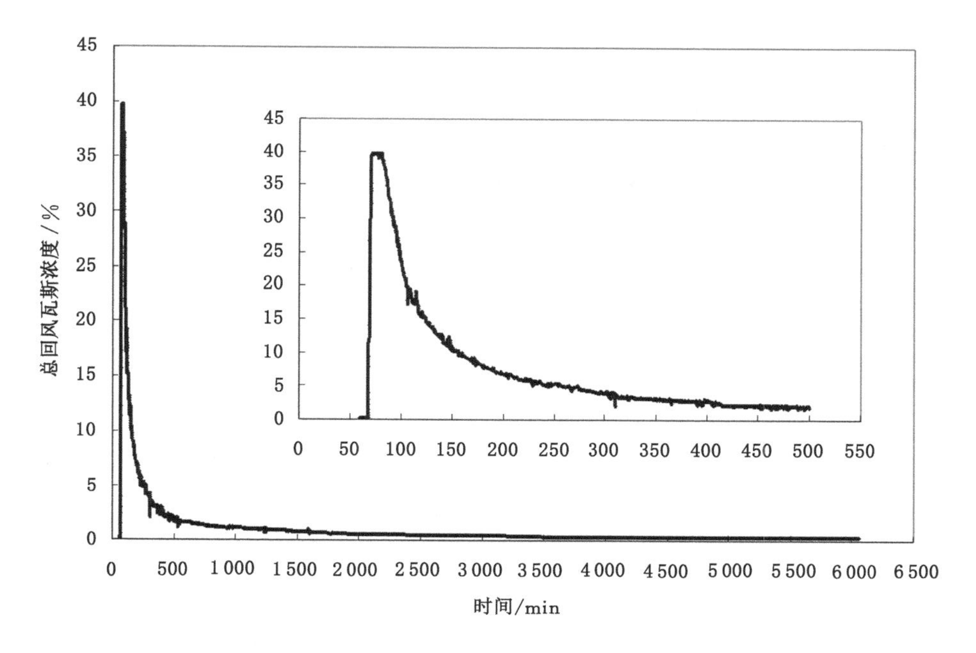

图 1-3 贵州马场煤矿“3・12”突出现场总回风流瓦斯浓度变化曲线

主要矿区内晚二叠世和晚三叠世两个含煤地层中的构造煤进行研究,表明突出最严重的区域和层位与构造煤最发育的区域和层位一致。张建国[36]通过分析构造分区和煤与瓦斯突出分布关系得出构造分区地质条件复杂,断裂密集或大型断裂是突出的控制因素。程云岗等[37]认为构造煤的存在加大了煤层透气性,加速了瓦斯的运移和富集,导致煤孔隙内瓦斯压力增大。程远平等[38]综合采用理论分析和现场实例验证相结合的方法,分析了构造应力对煤体结构、瓦斯压力和突出灾害的控制作用,结果表明含煤地层在高构造应力作用下形成高瓦斯压力梯度。高魁等[39]分析了地质构造物理环境对突出的影响,结果表明构造煤具有瓦斯压力及含量高、瓦斯放散速度快、煤体强度低、突出时所需能量小等特点。张春华等[40]在实验室对封闭型地质构造对煤与瓦斯突出的诱发作用进行了模拟,得出封闭地质构造区在揭露前会形成异常高的应力和瓦斯压力梯度。李云波等[41]采用数值分析方法研究了构造煤层位对突出的影响,结果表明突出发生的关键在于构造煤层内的高瓦斯压力梯度。

综上分析,突出发生时均存在构造煤,且在构造煤发育区域易富集大量瓦斯,形成高瓦斯压力梯度。高压瓦斯对突出具有抛出和粉碎作用,且破碎煤体又会释放大量瓦斯,形成解吸-粉碎-再解吸的正反馈机制。然而瓦斯对突出影响研究多为定性描述，缺乏深入理论分析及实验证明。实际上，在突出过程中煤体是如何破碎粉化的、粉化的粒径分布、粉化对煤体孔隙的损伤、粉化煤体的瓦斯解吸过程等对突出发展至关重要。因此，在现有研究成果基础上，研究突出过程中含瓦斯煤体粉化作用、煤体粉化对孔隙损伤演化、粉化煤体解吸动力学对完善和发展突出机理，具有重要的理论价值和实际应用前景。

2　煤粉基础物化参数

2.1　不同变质程度煤的显微组分

煤的显微组分主要为镜质组与惰质组，此外还含有少量壳质组和其他矿物成分。不同显微组分在组成和结构上的差异导致其具有不同的特性，而这些特性又直接决定着煤的宏观性质。各种组分所经历的变化不同，导致化学组成、分子结构和孔隙存在差别。凝胶化作用和丝炭化作用不同，致使植物组织保存的程度不同。在煤变质过程中，各组分产生烃类物质、挥发性物质的不同造成孔隙发育程度不同。因而，显微组分的吸附能力存在差异。普遍认为壳质组吸附能力最低，而镜质组和惰质组是有机显微煤岩的主要成分，二者的吸附能力较强，是煤具有吸附特性的各种因素的载体。随着变质程度的加深，惰质组和镜质组呈现出此消彼长的变化趋势，这说明惰质组在逐渐地演变成镜质组。本书主要研究镜质组和惰质组随变质程度的变化关系，以得到二者对吸附的影响。

2.1.1　镜质组

镜质组是煤中最主要的显微组分，是植物木质纤维素组织在还原条件下经凝胶化作用形成的胶状物质。根据细胞结构保存完好程度及形态、大小等特征，镜质组分为结构镜质体、无结构镜质体和碎屑镜质体等三个显微组分。图 2-1 所示为镜质组含量随镜质组反射率的变化关系。

由图 2-1 中曲线可知，镜质组含量随镜质组反射率的变化关系大致可用式(2-1)标定的指数函数形式表达：

$$Vitrinite = k_{vitr} \cdot c_{vitr}^{R_{o.max}} + b_{vitr} \tag{2-1}$$

式中　$k_{vitr}, c_{vitr}, b_{vitr}$——表征惰质组含量与镜质组反射率 $R_{o.max}$ 关系的系数，其中 $k_{vitr}<0, c_{vitr}<1$。

对式(2-1)的一阶导数和二阶导数进行求解，可获得式(2-2)和式(2-3)：

$$Vitrinite' = k_{vitr} \cdot \ln c_{vitr} \cdot c_{vitr}^{R_{o.max}} \tag{2-2}$$

$$Vitrinite'' = k_{vitr} \cdot \ln^2 c_{vitr} \cdot c_{vitr}^{R_{o.max}} \tag{2-3}$$

由于 $k_{vitr}<0, c_{vitr}<1$，故式(2-1)的一阶导数式(2-2)对于任意的 $R_{o.max}$ 恒大

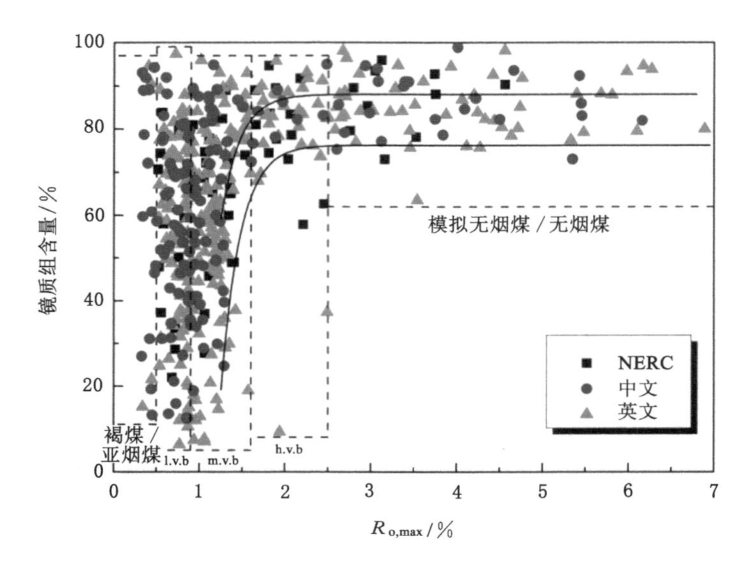

图 2-1 镜质组含量随镜质组反射率 $R_{o.max}$ 的变化关系

(数据：NERC-61，中文[42-49]-159，英文[50-85]-292)

于零，式(2-1)的二阶导数式(2-3)对于任意的 $R_{o.max}$ 恒小于零，故式(2-1)表示的是上凸的单调递增指数函数。由此可知，镜质组随着变质程度的加深而增加，且在低变质程度阶段，镜质组含量上升幅度较大，随着变质程度的加深，镜质组含量上升幅度逐渐减小，与图 2-1 所示的结果一致。造成该现象的原因是：随着变质程度的加深，壳质组不断生成烃类，数量不断减少，在低变质程度阶段，壳质组脱羧基并生成石油，在中变质程度阶段则转化为气态烃。因此，在低变质程度阶段，壳质组很常见，到中变质程度阶段以后壳质组数量减少，壳质组随着变质程度的加深而减少，使得镜质组含量不断增加。

此外，由图 2-1 还可发现，镜质组含量的最小值一般不低于曲线 $Vitrinite_{min} = 76.14 - 16\ 996 \cdot 0.010\ 63^{R_{o.max}}$，平均值曲线为 $Vitrinite_{avr} = 88.07 - 8\ 498 \cdot 0.010\ 63^{R_{o.max}}$。镜质组含量范围在亚烟煤中为 11%～97%，在低挥发分烟煤中为 5%～99%，在中挥发分烟煤中为 5%～97%，在高挥发分烟煤中为 8%～97%，在无烟煤中为 62%～97%。

2.1.2 惰质组

惰质组是煤中常见的一种显微组分，其在煤中的含量比镜质组中的低，是木质纤维组织在泥炭沼泽中丝炭化作用的产物。在氧化条件下，植物遗体由于失去被氧化的原子团而脱氢、脱水，碳含量相对增加，经历了较大程度的芳烃化和缩合作用。根据细胞结构及形态等惰质组又分为丝质体、半丝质体、真菌体、分泌体、粗粒体、微粒体、碎屑惰质体等。图 2-2 所示为惰质组含量随镜质组反射率 ($R_{o.max}$)的变化情况。

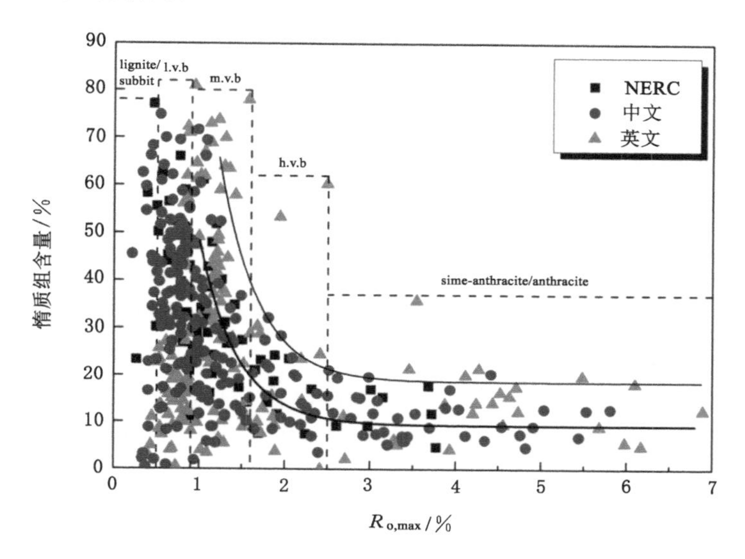

图 2-2 惰质组含量随镜质组反射率 $R_{o.max}$ 的变化关系

(数据:NERC-64,中文[42-48,81,86]-233,英文[50-56,59,61,63-67,71-80,82-85]-169)

由图 2-2 可知,惰质组随镜质组反射率变化关系大致可用式(2-4)标定的指数函数形式表达:

$$Inertinite = k_{iner} \cdot c_{iner}^{R_{o.max}} + b_{iner} \tag{2-4}$$

式中 $k_{iner}, c_{iner}, b_{iner}$——表征惰质组含量与镜质组反射率 $R_{o.max}$ 关系的系数,其中,$k_{iner}>0, c_{iner}<1$。

对式(2-4)的一阶导数和二阶导数进行求解,可获得式(2-5)和式(2-6):

$$Inertinite' = k_{iner} \cdot \ln c_{iner} \cdot c_{iner}^{R_{o.max}} \tag{2-5}$$

$$Inertinite'' = k_{iner} \cdot \ln^2 c_{iner} \cdot c_{iner}^{R_{o.max}} \tag{2-6}$$

由于 $k_{iner}>0, c_{iner}<1$,式(2-4)中的一阶导数式(2-5)恒小于零,式(2-4)中的二阶导数式(2-6)恒大于零,故式(2-4)为下凹的单调递减指数函数,即惰质组与最大镜质组反射率呈负指数相关关系。即随着变质程度的加深,惰质组呈负指数下降,在低变质程度阶段,惰质组下降幅度比较大,随着变质程度的加深,惰质组下降幅度逐渐减缓,这与图 2-2 所示情况一致。

由图 2-2 可知,惰质组随变质程度变化情况分布较散,其最大值不超过

$Inertinite_{max}=18.557+706.1\cdot 0.110\ 58^{R_{o.max}}$，即该曲线标定的上限。惰质组随镜质组反射率变化的平均曲线为 $Inertinite_{avr}=9.278\ 5+353.05\cdot 0.110\ 58^{R_{o.max}}$。未变质煤样的惰质组含量介于0～78%之间，低变质程度烟煤惰质组含量介于0～82%之间，中等变质程度烟煤惰质组含量介于0～80%之间，高变质程度烟煤惰质组含量介于0～62%之间，无烟煤惰质组含量介于0～37%之间。

2.2 不同变质程度煤元素分析

煤中含有很多元素，但作为煤的有机质组成，主要为C、H、O、N、S五个元素，其他元素由于在煤中含量很少，习惯上不把它们列入煤的元素组分。这些元素在煤有机质中的含量与煤的成因类型、煤岩组成和煤化程度有关。不同元素组分不仅表征煤的变质程度，而且也反映煤的不同性质。煤中C、H、O主要以芳香族结构、脂肪族结构以及脂环族结构存在，它们的总和占有机质的95%以上，对煤的吸附能力起主要作用，故本书主要研究煤中C、H、O三种元素对原煤吸附甲烷能力的影响。

2.2.1 碳含量

C是煤中有机质的重要组成成分，是煤结构中六碳环的主要元素，少量碳以碳酸盐、二氧化碳形式存在，碳元素在煤中的含量较其他元素都高，故通常把煤的变质程度又称为碳化程度。为减少水分、灰分等对碳含量的影响，采用干燥无灰基指标，图2-3所示为碳含量随镜质组反射率($R_{o.max}$)的变化关系。

如图2-3所示，碳含量随镜质组反射率的变化关系可大致用式(2-7)表示：

$$C_{daf}=k_C\ln(R_{o.max}+b_C)+d_C \tag{2-7}$$

式中 k_C,b_C,d_C——碳含量与镜质组反射率 $R_{o.max}$ 关系的系数，其中，$k_C>0$。

对式(2-7)的一阶导数和二阶导数进行求解，可得式(2-8)与式(2-9)：

$$C_{daf}'=\frac{k_C}{R_{o.max}+b_C} \tag{2-8}$$

$$C_{daf}''=\frac{-k_C}{(R_{o.max}+b_C)^2} \tag{2-9}$$

由于 $k_C>0$，故式(2-7)的一阶导数式(2-8)对于任意的 $R_{o.max}$ 恒大于零，式(2-7)的二阶导数式(2-9)对于任意的 $R_{o.max}$ 恒小于零，故式(2-7)为上凸的单调递增对数函数，即煤样中碳含量随变质程度的加深而有规律地增加，在低变质程度阶段，碳含量的增加幅度较大，随着变质程度的加深，碳含量的增加幅度逐渐减小。这与图2-3所示的结果一致。碳含量随镜质组反射率的这种

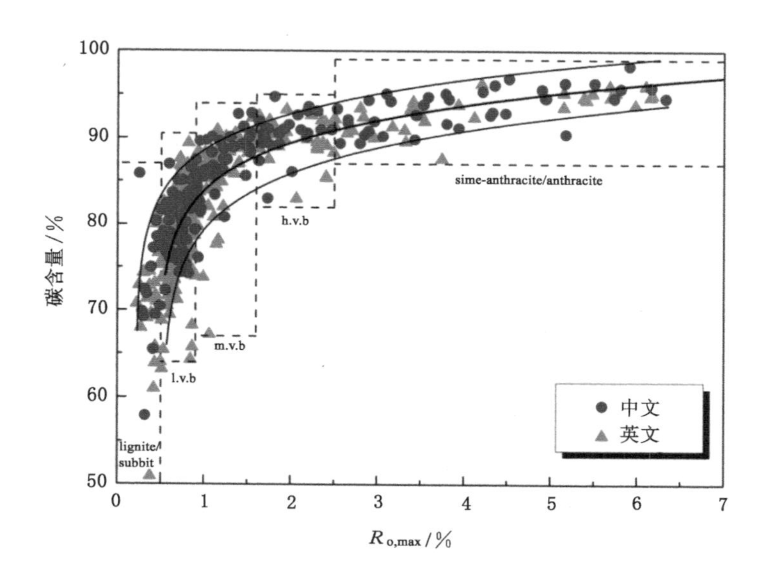

图 2-3　碳含量随镜质组反射率的变化关系

（数据：中文[44-46,48,86]-169，英文[50,52,57-59,61,63,65-67,70,72,74,78-79,89-112]-477）

变化规律是由于随煤阶的升高，煤样微观结构趋向于规整。由图 2-3 可知，碳含量随镜质组反射率变化关系存在上、下限：$C_{daf.max}=89.83+5.16\ln(R_{o.max}-0.215)$，$C_{daf.min}=83.62+5.788\ln(R_{o.max}-0.522)$，它们的平均值曲线为：$C_{daf.avr}=87.21+5.216\ln(R_{o.max}-0.47)$，未变质煤的碳含量介于 0～87%之间，低变质程度烟煤的碳含量介于 64%～90.5%之间，中等变质程度烟煤的碳含量介于 67%～94%之间，高变质程度烟煤的碳含量介于 82%～95%之间，无烟煤的碳含量介于 87%～99%之间。上述变化产生的原因为：在低煤级阶段，由于埋藏较浅，压实作用及成熟度不高，使得煤中碳含量较少。

2.2.2　氢含量

H 元素在煤中的重要性仅次于 C 元素，因其相对原子质量最小，其原子个数与 C 元素在同一数量级，甚至比 C 元素还要多。H 也是组成煤大分子骨架和侧链的重要元素，与 C 元素相比，H 元素具有较大的反应能力，不同成因类型的煤，H 元素含量不同。图 2-4 所示为氢含量随镜质组反射率（$R_{o.max}$）的变化关系。

氢含量与煤的变质程度密切相关，如图 2-4 所示，氢含量随镜质组反射率的变化关系可用式(2-10)表示：

$$H_{daf}=k_H\ln(R_{o.max}+b_H)+d_H \tag{2-10}$$

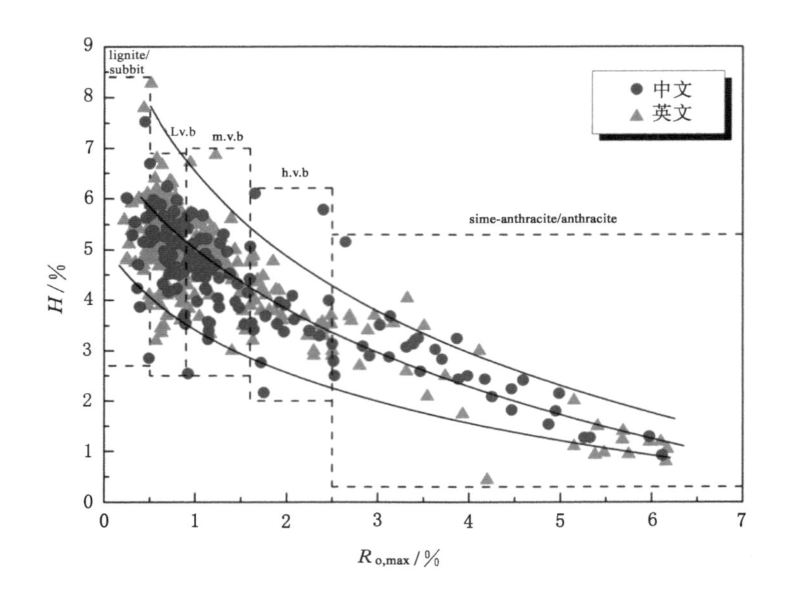

图 2-4　氢含量随镜质组反射率的变化关系

（数据：中文[44-46,48]-152，英文[50,57,59,61,63-67,72,78-79,89-93,95-98,100-101,103-111]-420）

式中　k_H, b_H, d_H——表征氢含量与镜质组反射率 $R_{o.max}$ 关系的系数，其中，$k_H < 0$。

对式(2-10)的一阶导数和二阶导数进行求解，可得式(2-11)与式(2-12)：

$$H_{daf}' = \frac{k_H}{R_{o.max} + b_H} \tag{2-11}$$

$$H_{daf}'' = \frac{-k_H}{(R_{o.max} + b_H)^2} \tag{2-12}$$

由于 $k_H < 0$，式(2-10)的一阶导数式(2-11)恒小于零，式(2-10)的二阶导数式(2-12)恒大于零，故式(2-10)为下凹的单调递减对数函数，即与碳含量相反，氢含量随着变质程度的加深而降低，且在低变质程度阶段，氢含量的下降幅度很大，随着变质程度的加深，氢含量的下降幅度逐渐减缓，这与图 2-4 所示结果相似。

由图 2-4 可知，氢含量随变质程度的变化规律存在上、下限：$H_{daf.max} = 7.874\ 74 - 3.261\ 91\ln(R_{o.max} + 0.508\ 56)$；$H_{daf.min} = 4.279\ 74 - 1.775\ 58\ln(R_{o.max} + 0.628\ 58)$。其平均值曲线为：$H_{daf.avr} = 7.508\ 33 - 3.169\ 081\ln(R_{o.max} + 1.195\ 43)$，未变质煤的氢含量介于 2.7%～8.4%之间，低变质程度烟煤的氢含量介于2.5%～6.9%之间，中等变质程度烟煤的氢含量介于 2.5%～7%之间，高变质程度烟煤

的氢含量介于 2%～6.2%之间,无烟煤的氢含量介于 0.3%～5.3%之间。产生这种变化的原因是形成低变质程度煤的低等生物含氢。

2.2.3 氧含量

O 是煤中主要元素之一,O 在煤中主要以羧基(—COOH—),羟基(—OH—),羰基,甲氧基($—OCH_3—$)和醚基(—C—O—C—)存在,也有部分氧与碳骨架结合成杂环[113]。O 元素在煤中存在的总量和形态直接影响煤的性质。图 2-5 所示为氧含量随镜质组反射率($R_{o,max}$)的变化关系。

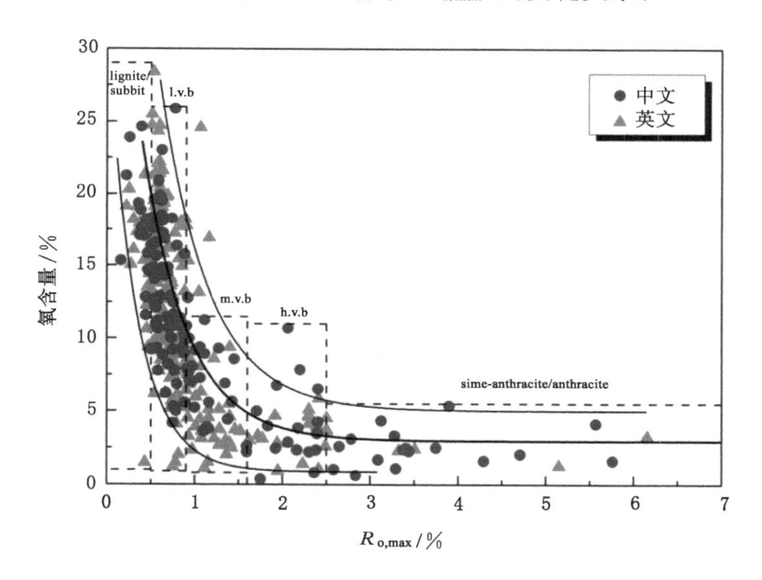

图 2-5 氧含量随镜质组反射率的变化关系

(数据:中文[44-46,48]-145,英文[50,57-58,61,63,65-67,70,79,89-92,95-96,100-101,104-107,109-111]-254)

由图 2-5 可知,氧含量随镜质组反射率的变化关系可用式(2-13)表示:

$$O_{daf}=k_O \cdot b_O^{R_{o.max}}+d_O \tag{2-13}$$

式中 k_O,b_O,d_O——表征氧含量与镜质组反射率 $R_{o.max}$ 关系的系数,其中,$k_O>0$,$b_O<1$ 。

对式(2-13)的一阶导数和二阶导数进行求解,可获得式(2-14)和式(2-15):

$$O_{daf}'=k_O \cdot \ln b_O \cdot b_O^{R_{o.max}} \tag{2-14}$$

$$O_{daf}''=k_O \cdot \ln^2 b_O \cdot b_O^{R_{o.max}} \tag{2-15}$$

由于 $k_O>0$,$b_O<1$,故式(2-13)的一阶导数式(2-14)恒小于零,式(2-13)的二阶导数式(2-15)恒大于零,故式(2-13)为下凹的单调递减指数函数,即氧含量随变质程度的变化趋势与氢元素类似,煤中氧含量则随煤变质程度的加深而

显著地降低，且在低变质阶段，氧含量的下降幅度较大，随着变质程度的加深，氧含量的下降幅度逐渐减缓，这与图 2-2 所示的情况类似。氧含量发生该变化是由于煤中氧含量的增加降低了煤的黏结性，且随着氧含量的增加使得氢被“束缚”住，故年轻煤结构单元中六碳环的侧链较多，侧链上的极性基团中大多数是含氧官能团，所以氧含量也高。因此，随着变质程度加深，侧链减少，氧含量也随之减少。

如图 2-5 所示，氧含量随镜质组反射率变化关系存在上、下限：$O_{\mathrm{daf,max}}=4.98+64.19\cdot 0.165\ 5^{R_{\mathrm{o,max}}}$，$O_{\mathrm{daf,min}}=0.866+30.482\cdot 0.047^{R_{\mathrm{o,max}}}$。其平均值曲线为：$O_{\mathrm{daf,max}}=2.943+45.555\cdot 0.138^{R_{\mathrm{o,max}}}$。由图 2-5 中虚线可知：未变质煤的氧含量介于 1%～29%之间，低变质程度烟煤的氧含量介于 0.9%～26%之间，中等变质程度烟煤的氧含量介于 0.8%～11.5%之间，高变质程度烟煤的氧含量介于 0～11%之间，无烟煤的氧含量介于 0～5.5%之间。

2.3 不同变质程度煤工业分析

煤样的煤质特性分析依据《煤的工业分析方法》(GB/T 212—2008)采用 5E-MAG6600 型全自动工业分析仪进行。该仪器具有一次测样数量多、速度快、精度高、全过程可实现自动控制等优点，且该仪器设有内置天平，首先分别称取水灰坩埚和挥发分坩埚的质量，然后每个坩埚中放入粒径为 0.08～0.2 mm 的煤样约 0.5 g。为确保实验准确性，每个煤样同时测定两组，进行对比，若两组测定结果差别较大时需重新测定，差别不大时取平均值作为最终结果。

《煤的工业分析方法》是了解煤质特性的重要手段，也是评价煤质的基本标准。它是在规定实验条件下，将煤的工业组成区分为水分、灰分、挥发分及固定碳 4 种组分进行分析测定，即常说的工业分析 4 项指标。工业分析 4 项指标中，水分和灰分代表煤中的无机物质，挥发分和固定碳则可近似代表煤中的有机物质。根据工业分析 4 项指标的计算结果，可初步判断煤的性质、种类。

2.3.1 挥发分

挥发分是指在高温和隔绝空气条件下加热时煤中有机物和部分矿物质加热分解后的产物。它不全是煤样中的固有成分，还有部分热解产物，所以也称挥发分产率。常用指标有：空气干燥基挥发分(V_{ad})，干燥基挥发分(V_{d})，干燥无灰基挥发分(V_{daf})和收到基挥发分(V_{ar})。为避免水分、灰分等无机物质的影响，此处采用干燥无灰基挥发分(V_{daf})指标与煤的镜质组反射率($R_{\mathrm{o,max}}$)作图得到图 2-6。

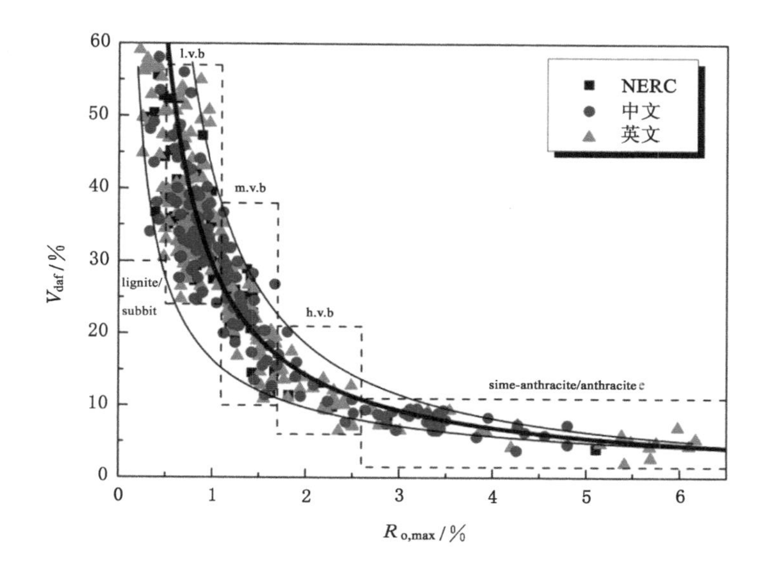

图 2-6　干燥无灰基挥发分含量随镜质组反射率的变化关系
（数据：NERC-189，中文[42-48,61,114-115,117-118]-195，英文[109-112,119-121]-371）

由图 2-6 可知，干燥无灰基挥发分 V_{daf} 与镜质组反射率 $R_{o.max}$ 呈式(2-16)所示的幂函数形式：

$$V_{daf}=k_{V_{daf}}\cdot R_{o.max}^{bV_{daf}} \tag{2-16}$$

式中　V_{daf}——干燥无灰基挥发分；

$k_{V_{daf}}$，$b_{V_{daf}}$——V_{daf} 值与镜质组反射率 $R_{o.max}$ 关系的系数，且 $k_{V_{daf}}>0$，$b_{V_{daf}}<0$ 。

求解式(2-16)的一阶和二阶导数，可得到式(2-17)与式(2-18)：

$$V_{daf}'=k_{V_{daf}}\cdot b_{V_{daf}}\cdot R_{o.max}^{bV_{daf}-1} \tag{2-17}$$

$$V_{daf}''=k_{V_{daf}}\cdot b_{V_{daf}}\cdot (b_{V_{daf}}-1)R_{o.max}^{bV_{daf}-2} \tag{2-18}$$

由于式(2-16)中的 $k_{V_{daf}}>0$，$b_{V_{daf}}<0$，故式(2-16)的一阶导数式(2-17)恒小于零，式(2-16)的二阶导数式(2-18)恒大于零，由函数的性质可知，式(2-16)为下凹的单调递减幂函数，由此可得煤变质程度越高，挥发分越低，且在低变质程度阶段，挥发分降低幅度较大，随变质程度的加深，挥发分的降低幅度逐渐减缓，这与图 2-6 所示结果一致。随着变质程度的加深，挥发分产生此变化规律的原因为挥发分主要来源于煤中分子不稳定脂肪侧链、含氧官能团断裂后形成的小分子化合物与煤有机质高分子缩聚时产生的氢气。随煤化程度的提高（镜质组反射率的增大），煤中分子脂肪侧链和含氧官能团均呈下降趋势。

图 2-6 表明，对于低变质程度烟煤，其镜质组反射率变化较小，但挥发分含量 V_{daf} 分布较分散，介于 25%～58%之间；中等变质程度烟煤的特点是镜质组反射率和挥发分变化范围均较宽，挥发分含量 V_{daf} 介于 10%～38%之间，表明其变质程度分布较宽，同时形成环境和煤岩组成较复杂，各种组分之间性质差异显著；高变质程度烟煤的挥发分分布范围较窄，介于 5%～20%之间；无烟煤的挥发分含量最低，一般小于 10%。挥发分含量 V_{daf} 随镜质组反射率变化关系存在上、下限：$V_{daf.max}=42.39R_{o.max}^{-1.183}$，$V_{daf.min}=16.39R_{o.max}^{-0.756}$，其平均值曲线为：$V_{daf.avr}=29.63R_{o.max}^{-1.05}$。

2.3.2 水分

水分是煤工业分析指标的重要组成部分，一般分为内在水、外在水。内在水是由植物变成煤时所含的水分，存在于不太发育的孔隙中；外在水是在开采、运输等过程中附在煤颗粒表面和较发育的毛细孔隙、裂隙中的水分。通常煤的工业分析采用的煤样均是空气干燥基煤样，对应的水分称为空气干燥基水分，用 M_{ad} 表示，它的大小在数值上与内在水一致。空气干燥基水分（M_{ad}）随镜质组反射率（$R_{o.max}$）变化情况如图 2-7 所示。

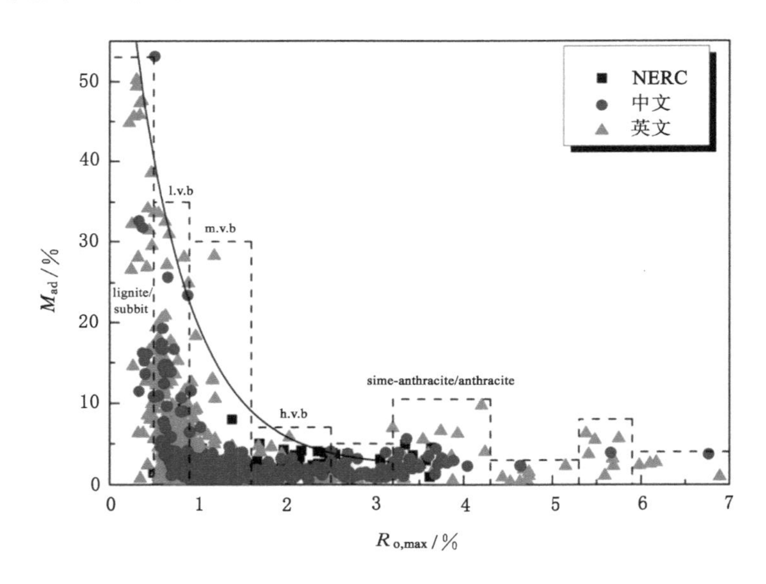

图 2-7　空气干燥基水分随镜质组反射率的变化关系

（数据：NERC-189，中文[42-48,114-115,117-118]-869，

英文[50-51,53-55,60-61,67,69-76,78-83,85,89-96,98,100-101,103,106,109-111,119-133]-658）

由图 2-7 可知，在低变质阶段，煤中水分含量很高，随着变质程度的加深，煤

中内在水分含量M_{ad}与镜质组反射率$R_{o.max}$变化关系呈式(2-19)所示指数形式：

$$M_{ad}=k_{mad}\cdot\exp(R_{o.max}/c_{mad})+b_{mad} \tag{2-19}$$

式中 M_{ad}——空气干燥基内在水分，%；

k_{mad}，c_{mad}，b_{mad}——表征M_{ad}值与镜质组反射率$R_{o.max}$关系的系数，且$c_{mad}<0$，$k_{mad}>0$。

对式(2-19)进行一阶导数和二阶导数求解可得到式(2-20)和式(2-21)：

$$M_{ad}{}'=\frac{k_{mad}}{c_{mad}}\cdot\exp(R_{o.max}/c_{mad}) \tag{2-20}$$

$$M_{ad}{}''=\frac{k_{mad}}{c_{mad}^{2}}\cdot\exp(R_{o.max}/c_{mad}) \tag{2-21}$$

由于$c_{mad}<0$，$k_{mad}>0$，故式(2-19)的一阶导数式(2-20)恒小于零，式(2-19)的二阶导数式(2-21)恒大于零，式(2-19)为下凹的单调递减指数函数，由此可知，变质程度对煤内在水呈反向影响的趋势，变质程度越大，整体内在水分越低，且在低变质程度阶段，内在水分含量降低幅度较大，随着变质程度的加深，内在水分含量降低幅度逐渐减小，这与图2-7所示结论一致。

由图2-7可知，未变质煤样至低变质程度烟煤阶段，其最大值一般不超过$M_{ad.max}=2.217+83.84\cdot\exp(R_{o.max}/-0.64)$，未变质煤的最高内在水也最高，介于0～55%之间。低变质程度烟煤的最高内在水稍有降低，介于0～35%之间，这可能是由于该变质程度煤样内毛细孔多，容易吸附较多的水分。中等变质程度烟煤的内在水又依次降低，介于0～30%之间，这可能是由于该变质程度煤样的有机结构中含有较多的稠环结构，这种含氢较多的稠环结构具有憎水性。高变质程度烟煤的内在水分介于0～8%之间，无烟煤的内在水分相对较低，介于0～10%之间，但在无烟煤阶段煤样内在水分有3.2%～4.2%与5.2%～5.9%两个增高区域，介于0～10%之间与0～9%之间。这可能是由于年老无烟煤的碳网组织已趋向于石墨化并具有隐晶结构，各层间的空间可以吸收较多水分。

上述水分变化产生的原因可综合为：① 煤的内在水分吸附于煤的孔隙内表面上，内表面积越大，吸附水分能力就越强，煤的水分越高。② 煤分子结构上极性含氧官能团数量越多，煤分子吸附水分的能力也越强。③ 低煤化程度煤的内表面越发达，分子结构上含氧官能团的数量也多，因此内在水分极高。随煤化程度提高，煤的内表面积和煤分子的含氧官能团均呈下降趋势，其内在水分也下降。至无烟煤阶段，由于煤的内表面积有所增大，因而内在水分略有提高。

2.3.3 灰分

灰分是煤完全燃烧后剩余的残渣，几乎全部来源于矿物质。通常灰分含量与矿物质含量成正比。灰分不是煤中的固有成分，而是由煤中矿物质转化而来的，与矿物质有很大区别。首先，灰分含量比相应的矿物质含量要低；其次，两者在成分上有很大变化。矿物质在高温下经分解、氧化、化合等化学反应之后才转化为灰分。由于空气干燥煤样中水分随空气湿度的变化而变化，因而灰分测值也随之发生变化。但对于绝对干燥煤样，其灰分是不变的，故在实际使用中采用干燥基灰分含量 A_d 来表示。干燥基灰分含量（A_d）随镜质组反射率（$R_{o,max}$）变化情况如图 2-8 所示。

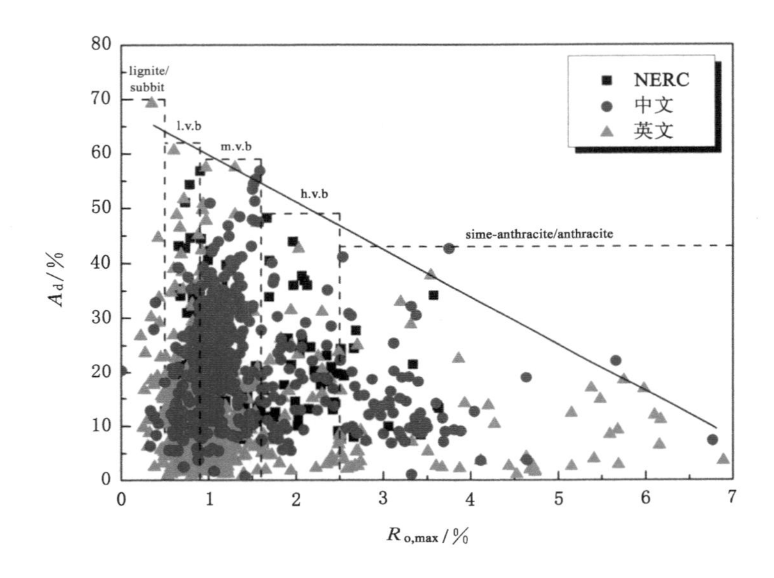

图 2-8　干燥基灰分含量随着镜质组反射率的变化关系

（数据：NERC-189，中文[42-48,88,114-115,117-118]-868，英文[69,79-83,85,108-112,119-121,133]-697）

由图 2-8 可知，灰分含量变化值较分散，这是因为灰分受地质演化条件影响特别大，灰分随变质程度的加深呈减小趋势，最大值不超过 $A_{d,max}=-8.657R_{o,max}+68.435$ 线。未变质煤样的灰分含量 A_d 介于 0～70%之间，低变质程度烟煤的灰分含量 A_d 介于 0～62%之间，中等变质程度煤的灰分含量 A_d 介于 0～59%之间，高变质程度煤的灰分含量 A_d 介于 0～49%之间，无烟煤的灰分含量 A_d 介于 0～43%之间。

灰分不利于煤对甲烷的吸附，其对煤吸附性的影响机理主要在于：一是根据相似相容原理，甲烷与有机物的性质类似，极性较弱，吸附性较好，但灰分大多为无机物，自身对甲烷的吸附能力很微弱或不吸附，灰分的存在降低了煤中吸附甲烷的有机物质含量；二是灰分中硅质、铁质、钙镁等组分，特别是金属元素的存在，使得岩石趋向于基底胶结，而胶结物的增多堵塞了煤的部分孔隙、裂隙，降低了煤的孔隙度，减少了甲烷的吸附点位，导致煤对甲烷的吸附能力下降。两方面的综合作用降低了煤中有机质吸附甲烷的能力。鉴于此，在评价灰分对两类煤吸附能力的影响机理时，不仅要考虑灰分大小的影响，同时还要考虑灰分对吸附点位的占有状态。

2.3.4 固定碳

固定碳是从测定煤样挥发分后的焦渣中减去灰分后的残留物，其实际上是煤中有机质在一定加热条件下产生的热解固体产物，属于焦砟的一部分。煤中固定碳主要由碳元素组成，此外还有一些氢、硫等可燃元素，以及极少量的氧和氮等非可燃元素。在工业分析中，固定碳通常用 FC_{ad} 表示，图 2-9 为固定碳（FC_{ad}）含量随镜质组反射率（$R_{o,max}$）变化情况。

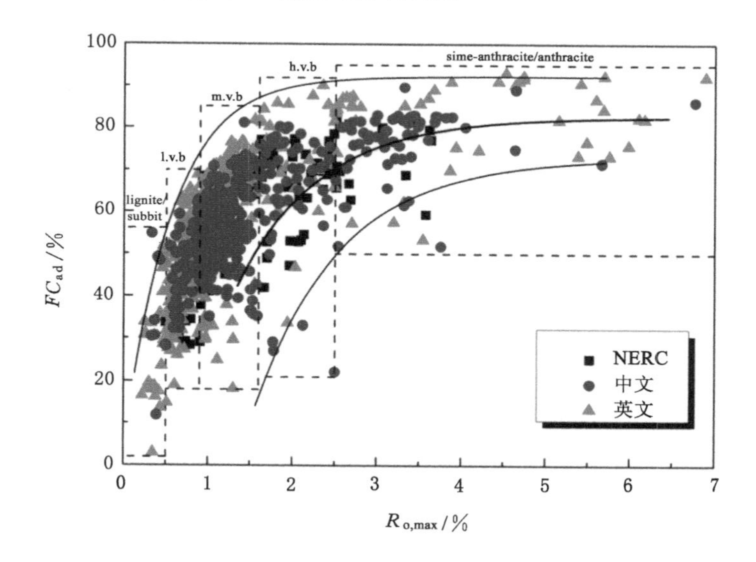

图 2-9 固定碳含量随镜质组反射率的变化关系

（数据：NERC-189，中文[42-48,114,115,117]-866，

英文[50-51,60-61,65,67,69-72,74-76,78-79,82-83,85,89-90,92-93,95,100-101,103,105-107,109-111,119-124,126-132]-568）

由图 2-9 可知，固定碳与镜质组反射率呈式(2-22)所示的指数关系：

$$FC_{ad} = k_{fcad} \cdot \exp(c_{fcad} \cdot R_{o,max}) + b_{fcad} \tag{2-22}$$

式中 FC_{cd}——空气干燥基固定碳，%；

$k_{fcad}, c_{fcad}, b_{fcad}$——表征 FC_{ad} 值与镜质组反射率 $R_{o,max}$ 关系的系数，且 $c_{fcad}<0, k_{fcad}<0$。

对式(2-22)进行一阶导数和二阶导数求解可得到式(2-23)和式(2-24)：

$$FC_{ad}' = \frac{k_{fcad}}{c_{fcad}} \cdot \exp(R_{o.max} \cdot c_{fcad}) \tag{2-23}$$

$$FC_{ad}'' = \frac{k_{fcad}}{c_{fcad}^2} \cdot \exp(R_{o.max} \cdot c_{fcad}) \tag{2-24}$$

由于 $c_{fcad}<0$，$k_{fcad}<0$，故式(2-22)的一阶导数式(2-23)恒大于零，式(2-22)的二阶导数式(2-24)恒小于零，故式(2-22)为上凸的单调递增指数函数。由此可知，固定碳随着变质程度的加深呈增大趋势，且在低变质程度阶段，固定碳含量增加幅度较大，随着变质程度的加深，固定碳含量增加幅度逐渐减小。

由图 2-9 可知，固定碳含量随变质程度的变化情况也存在上下限：$FC_{ad.max}=92.343\ 3-88.918\cdot\exp(-1.762\ 8R_{o.max})$，$FC_{ad.min}=73.017\ 26-273.611\ 27\cdot\exp(-0.981\ 4R_{o.max})$，由此得到的平均值曲线为：$FC_{ad.avr}=82.577\ 58-162.606\ 85\cdot\exp(-1.035\ 32R_{o.max})$。此外，未变质煤的固定碳含量介于 2%～56%之间，低变质程度烟煤的固定碳含量介于 18%～70%之间，中等变质程度烟煤的固定碳含量介于 18%～85%之间，高变质程度烟煤的固定碳含量介于 21%～92%之间，无烟煤的固定碳含量介于 50%～95%之间。

2.4 突出煤粉粒径分布

为研究突出煤样粒径分布及孔隙损伤特征，分别在贵州省水城矿业集团格目底矿业公司马场煤矿格目底一号矿井“3·12”较大煤与瓦斯突出事故现场，阳泉煤业集团五矿赵家分区“5·13”较大煤与瓦斯突出事故现场及滇东能源公司白龙山煤矿一井“9·1”较大煤与瓦斯突出事故现场，距离突出点最远端取突出煤样，送回实验室进行筛分处理。

马场煤矿“3·12”较大煤与瓦斯突出事故，突出煤岩堆积于 13302 底板瓦斯抽采巷、副井井底车场及 13301 底板瓦斯抽采进风巷，突出煤(岩)量 2 051 t，堆积总长度 188 m。突出煤具有明显分选性，突出地点附近有大块煤(矸)，随距离增大块度逐渐减小，末端呈粉末状，煤粉堆积角小于自然安息角。突出过程中涌出的大量瓦斯逆流并涌向几乎整个矿井巷道，经计算涌出瓦斯量约 35.2 万 m^3，突出吨煤瓦斯涌出量为 171.8 m^3/t。突出区域地质构造复杂，断层及褶曲发育，未知煤层(线)层数多，稳定性差，厚度、岩性及产状变化大，局部煤岩层直立甚至倒转。

阳泉五矿赵家分区“5·13”较大煤与瓦斯突出事故，发生在井底车场矸石装车线与集中胶带大巷间的措施巷掘进工作面，突出煤量约为 325 t，堆积总长度约为 30 m，最大堆积高度为 3.5 m，突出煤粉堆积角明显小于自然安息角，呈明显的分选性,外面粉煤粒度小,里面含有一定煤块。措施巷突出工作面右上角有一直径约为 1.5 m 的突出孔洞,孔洞轴线偏右约 20°向上发展,实测孔洞深度为 7.5 m。突出过程中涌出大量瓦斯,经计算突出瓦斯总量约为 11 354 m^3,吨煤瓦斯涌出量约为 34.9 m^3。措施巷揭煤地点附近 15 号煤层处在向斜的轴部,在现场勘查时发现措施巷工作面前方存在一条落差约为 2.5 m 的正断层,说明措施巷突出工作面附近地质条件复杂。

白龙山煤矿"9·1"较大煤与瓦斯突出事故,地点为 17+805 底板瓦斯抽采巷掘进工作面,突出煤量为 868 t,突出煤炭最大堆积高度为 1.5 m,距工作面迎头约 100 m 范围内堆积高度为 1.3~1.5 m,突出煤炭堆积长度达 200 m。煤粉堆积角较小,明显小于自然安息角,呈明显的分选性,外面粉煤粒度小,里面含有煤块,在靠近工作面迎头处的煤堆里有少量岩石,最大直径为 0.3 m。突出瓦斯总量约为 84 130 m^3,吨煤瓦斯涌出量约为 96.9 m^3。17+805 底板瓦斯抽采巷掘进工作面前方地质条件复杂,倾斜上方相距 160 m 的 17+803 底板瓦斯抽采巷在该区域遇到一落差 6 m 的逆断层,断层方位与 17+805 底板瓦斯抽采巷掘进工作面前方的断层近似一致。相邻的 23307 地质勘探钻孔和 4233 地质勘探线剖面发现一个落差 20 m 的断层。17+803 和 17+805 底板瓦斯抽采巷在掘进过程中发现十几条小断层,其方位也与 17+805 底板瓦斯抽采巷掘进工作面前方的断层近似一致。

本书为进行工业分析、瓦斯放散初速度(Δp)、孔隙、煤孔隙特性及对瓦斯吸附/解吸能力等多个相关实验,将三个突出矿区取回的煤样,分别通过 4 mm、3 mm、1 mm、0.5 mm、0.25 mm、0.2 mm、0.08 mm 七个不同粒度的标准组合筛,分别筛选出>4 mm、3~4 mm、1~3 mm、0.5~1 mm、0.25~0.5 mm、0.2~0.25 mm、0.08~0.2 mm、<0.08 mm 八种不同粒级的标准样品。由于机械筛分的过程中,微米级粒径煤样会消散,不容易收集,故收集到的小于 0.08 mm 粒径煤样,其粒径实际介于 0.01~0.08 mm 之间,故此处认为小于 0.08 mm 粒径的煤样其粒径实际为 0.01~0.08 mm。对不同粒径煤样进行称重,得到突出发生后不同粒径煤样的质量分布,为研究不同粒径煤样对突出贡献大小奠定基础,测定结果如表 2-1 所示。

表 2-1 突出煤样粒径分布

质量分布/%	粒径/mm							
	0.01~0.08	0.08~0.2	0.2~0.25	0.25~0.5	0.5~1	1~3	3~4	>4
MC	4.006 7	14.21	20.98	15.39	12.22	9.34	4.55	19.30
YQW	7.207 6	18.03	7.66	11.53	13.40	12.47	6.32	23.38
BLS	7.039 0	9.96	3.84	11.77	15.23	14.73	7.92	29.51

此外，由于小于 0.01 mm 粒径煤样属于超细煤粉，机械筛分很难获得其质量分布，为得到煤样的全粒径分布，又对小于 0.1 mm 粒径的煤样采用激光粒度分析仪进行了测定，以便确定微米及十微米级粒径煤样更详细的质量分布情况，全粒径煤样的质量分布如图 2-10(a)所示。

由图 2-10 可知，马场煤矿煤样原始粒径质量百分比由大到小依次是 0.2～0.25 mm、＞4 mm、0.25～0.5 mm、0.08～0.2 mm、0.5～1 mm、1～3 mm、3～4 mm、＜0.08 mm。由马场煤矿小于 0.1 mm 粒径煤样激光粒径分析结果可知，该煤样在 0.05 mm 处的质量百分比最大，然而小于 0.01 mm 煤样质量百分比也比较集中，其在小于 0.01 mm 粒径煤样中占 36.11%，故十微米级粒径(0.01～0.1 mm)煤样在小于 0.1 mm 粒径煤样中占 63.89%。综合分析马场煤矿煤样粒径分布可知，微米级粒径(＜0.01 mm)煤样占 1.462%，十微米级粒径(0.01～0.1 mm)煤样占2.59%，百微米级粒径(0.1～1 mm)煤样占 62.76%，毫米级粒径(＞1 mm)煤样占 33.19%。

阳泉五矿煤样原始粒径质量百分比由大到小依次是＞4 mm、0.08～0.2 mm、0.5～1 mm、1～3 mm、0.25～0.5 mm、0.2～0.25 mm、＜0.08 mm、3～4 mm。由阳泉五矿小于 0.1 mm 粒径煤样激光粒径分析结果可知，该煤样质量百分比比较均匀，小于 0.01 mm 粒径煤样质量占小于 0.1 mm 粒径煤样段的 21.80%，故在小于 0.1 mm 粒径煤样中十微米级粒径煤样占比很大，达到 78.20%。综合分析阳泉五矿煤样粒径分布可知，微米级粒径(＜0.01 mm)煤样占 1.55%，十微米级粒径(0.01～0.1 mm)煤样占 7.13%，百微米级粒径(0.1～1 mm)煤样占40.71%，毫米级粒径(＞1 mm)煤样占 52.16%。

白龙山矿煤样原始粒径质量百分比由大到小依次是＞4 mm、0.5～1 mm、1～3 mm、0.25～0.5 mm、0.08～0.2 mm、3～4 mm、＜0.08 mm、0.2～0.25 mm。由白龙山矿小于 0.1 mm 粒径煤样激光粒径分析结果可知，该煤样在0.05 mm 处的质量百分比最大，小于 0.01 mm 粒径煤样质量占小于 0.1 mm 粒径煤样段的8.85%，故在小于 0.1 mm 粒径煤样中十微米级粒径煤样占比很大，达到 91.15%。综合分析白龙山矿煤样粒径分布可知，微米级粒径(＜0.01 mm)煤样占 0.66%，十微米级粒径(0.01～0.1 mm)煤样占 7.44%，百微米级粒径(0.1～1 mm)煤样占 50.39%，毫米级粒径(＞1 mm)煤样占 42.17%。

通过激光粒径分析仪对小于 0.1 mm 粒径煤样进行分析，可以发现突出煤样中存在着微米及十微米级粒径煤样，其质量百分比相对较少，但由于其粒径较小有可能影响瓦斯在其中的吸附/解吸性能，故为得到大量小于 0.1 mm 粒径煤样，采用超细粉碎机得到了可满足吸附/解吸实验质量要求的小于 0.01 mm 粒径煤样。

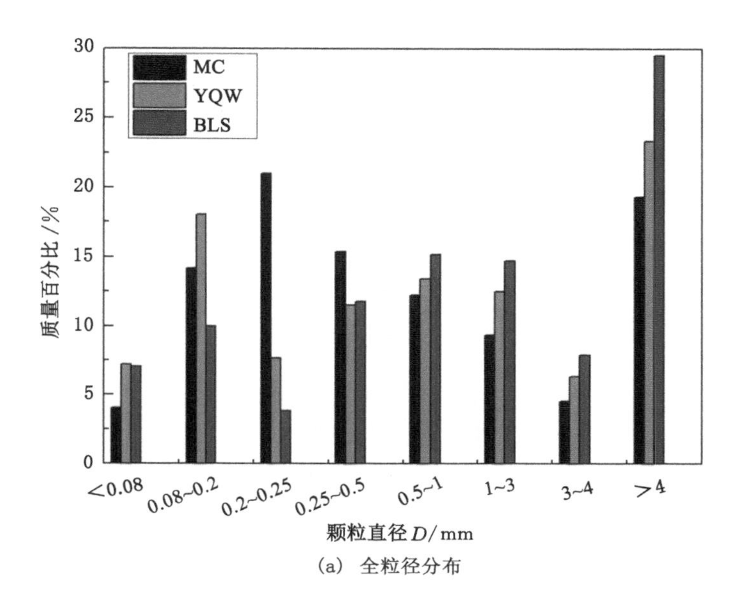

(a) 全粒径分布

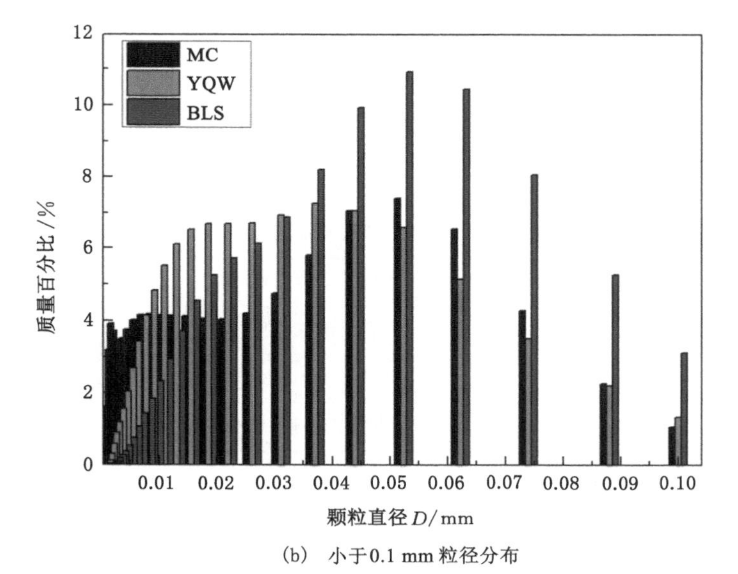

(b) 小于0.1 mm粒径分布

图 2-10 突出煤样原始粒径质量分布

2.5 不同粒径煤样工业分析测定

三种煤的工业分析成分包括水分、灰分、挥发分和固定碳[42-43,52-53,63,69,72,78,81,84-85,89,92-93,95-96,100,106,110-111,117,119-124,127-129,131-132]。常用指标包括空气干燥基(ad),干燥基(d),干燥无灰基(daf)。为避免水分、灰分等无机成分的影响,通常采用干燥无灰基挥发分(V_{daf})来表征煤的变质程度。与此类似,为避免水分的影响,通常采用干燥基灰分(A_d)指标及空气干燥基指标表征水分和固定碳。几种指标的转换关系如下:

$$V_{daf}=\frac{100V_{ad}}{100-M_{ad}-A_{ad}} \tag{2-25}$$

$$V_{daf}=\frac{100V_{d}}{100-A_{ad}} \tag{2-26}$$

$$A_{d}=\frac{100A_{ad}}{100-M_{ad}} \tag{2-27}$$

$$FC_{ad}=100-M_{ad}-A_{ad}-V_{ad} \tag{2-28}$$

$$FC_{adf}=100-V_{daf} \tag{2-29}$$

马场煤矿、阳泉五矿、白龙山矿三个矿区八种粒径煤样工业分析测定结果见表2-2、表2-3和表2-4。表中M代表水分,A代表灰分,V代表挥发分,FC代表固定碳,ad代表空气干燥煤样,d代表干煤样,daf代表干燥无灰基煤样。

表2-2 马场煤矿不同粒径煤样工业分析测定结果

粒径 D/mm	M_{ad}/%	A_{ad}/%	V_{ad}/%	FC_{ad}/%	A_d/%	V_d/%	V_{daf}/%	FC_d/%
<0.01	1.07	42.47	13.14	43.32	42.93	13.28	23.28	43.79
0.01~0.08	1.42	25.19	14.93	58.46	25.56	15.15	20.34	59.29
0.08~0.2	1.38	28.11	14.77	55.74	28.50	14.98	20.95	56.52
0.2~0.25	1.38	30.33	14.63	53.66	30.76	14.83	21.42	54.41
0.25~0.5	1.58	44.73	13.7	39.99	45.45	13.92	25.52	40.63
0.5~1	1.94	57.59	12.46	28.01	58.73	12.71	30.79	28.56
1~3	2.19	68.65	12.22	16.94	70.19	12.49	41.91	17.32
3~4	2.23	71.22	11.9	14.65	72.84	12.17	44.82	14.99

表 2-3 阳泉五矿不同粒径煤样工业分析测定结果

粒径 D/mm	M_{ad}/%	A_{ad}/%	V_{ad}/%	FC_{ad}/%	A_d/%	V_d/%	V_{daf}/%	FC_d/%
<0.01	1.63	23.14	7.75	67.49	23.52	7.88	10.30	68.60
0.01～0.08	3.03	17.79	9.38	69.80	18.34	9.67	11.85	71.99
0.08～0.2	3.08	17.63	8.86	70.43	18.20	9.14	11.17	72.66
0.2～0.25	3.12	18.54	8.37	69.97	19.14	8.64	10.68	72.22
0.25～0.5	3.32	23.19	8.04	65.45	23.98	8.32	10.94	67.70
0.5～1	3.20	29.16	8.19	59.45	30.13	8.46	12.11	61.41
1～3	3.08	36.70	8.61	51.61	37.87	8.88	14.30	53.25
3～4	3.07	22.99	7.67	65.85	23.83	7.95	10.43	68.22

表 2-4 白龙山矿不同粒径煤样工业分析测定结果

粒径 D/mm	M_{ad}/%	A_{ad}/%	V_{ad}/%	FC_{ad}/%	A_d/%	V_d/%	V_{daf}/%	FC_d/%
<0.01	1.21	12.29	8.15	78.36	12.44	8.25	9.42	79.32
0.01～0.08	2.27	9.76	8.78	79.19	9.99	8.98	9.98	81.03
0.08～0.2	2.30	9.59	7.89	80.22	9.82	8.08	8.95	82.10
0.2～0.25	2.38	9.92	7.75	79.95	10.16	7.94	8.84	81.90
0.25～0.5	2.38	10.91	7.78	78.93	11.18	7.97	8.97	80.85
0.5～1	2.35	13.01	7.66	76.98	13.33	7.84	9.05	78.83
1～3	2.28	11.46	7.48	78.78	11.73	7.65	8.67	80.62
3～4	2.24	9.53	7.51	80.72	9.75	7.68	8.51	82.57

据表 2-2、表 2-3、表 2-4 中所列三个矿区八种不同粒径煤样的煤质特性数据，按照中国煤炭挥发分分级标准，认为马场矿煤样为中等挥发分烟煤，阳泉五矿煤样为低挥发分无烟煤，白龙山矿煤样为特低挥发分无烟煤，即煤样变质程度为：白龙山矿>阳泉五矿>马场矿。由表 2-2、表 2-3 及表 2-4 还可发现，粒径不同，三种煤样煤质分析结果不同。为研究煤质特征随粒径变化规律，且为避免煤质特性参数间的影响，选择空气干燥煤样水分(M_{ad})、干燥基灰分(A_d)及干燥无灰基煤样挥发分(V_{daf})对煤样的粒径进行作图，结果如图 2-11 所示。

由图 2-11 可知，对于三种突出煤样挥发分含量而言，马场矿煤样最大，其次是阳泉五矿煤样，白龙山矿煤样最小。马场矿煤样挥发分变化规律为先减小后增大，阳泉五矿和白龙山矿煤样挥发分变化规律基本为先增大后减小，即随着变质程度增加，挥发分随粒径变化范围减小。马场煤矿不同粒径煤样挥发分介于

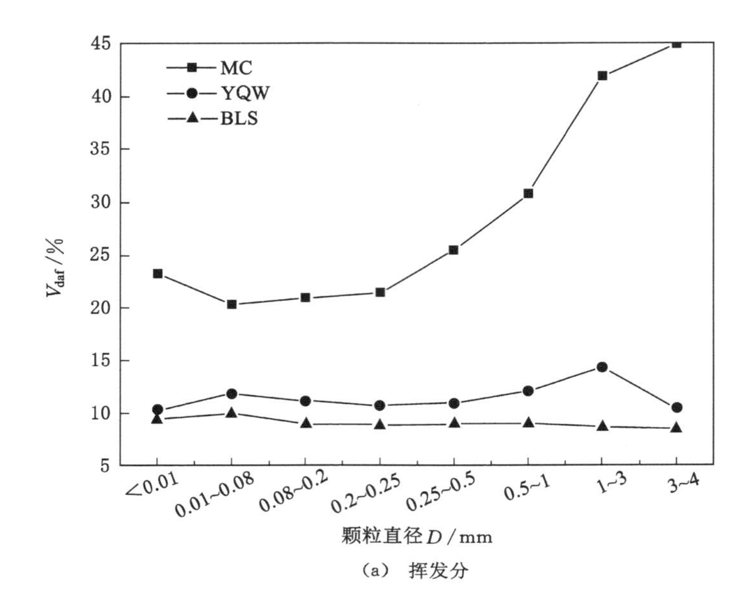

(a) 挥发分

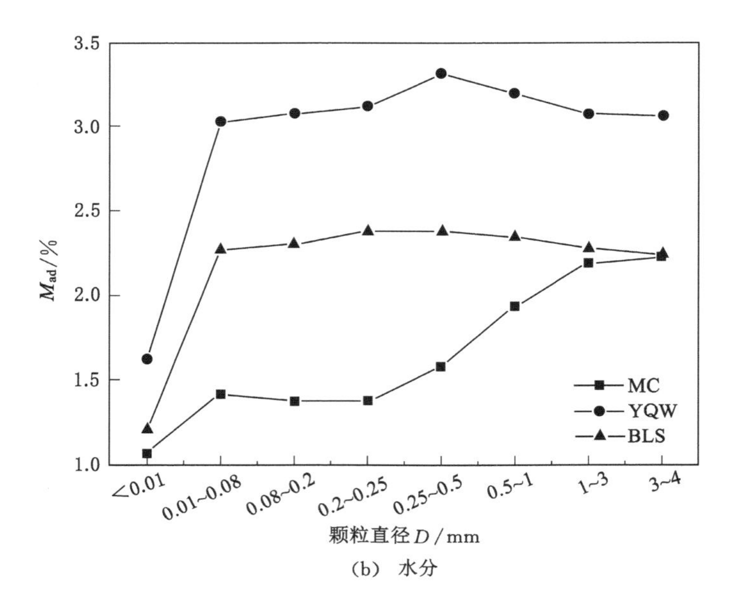

(b) 水分

图 2-11 三种突出煤粉不同粒径煤样工业分析测定结果

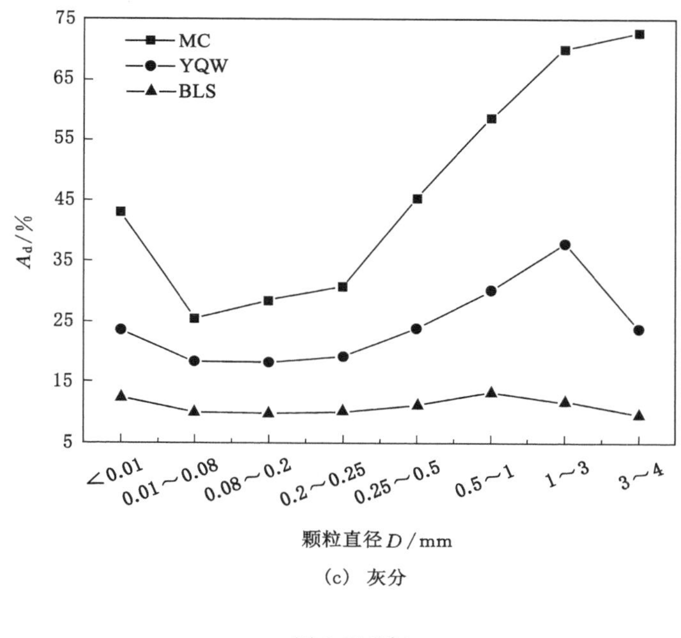

(c) 灰分

图 2-11(续)

20.34%~44.82%之间,跨度范围为 24.48%;阳泉五矿煤样挥发分介于10.3%~14.3%之间,跨度范围为 4%;白龙山矿煤样挥发分介于 7.65%~8.98%之间,跨度范围为 1.33%。马场矿煤样挥发分含量波动范围最大,白龙山矿煤样波动范围最小。

对于三种突出煤样水分含量而言,阳泉五矿煤样水分含量最高,其次是白龙山矿煤样,马场矿煤样最低。不同粒径下煤样水分含量变化规律不同,马场矿煤样水分先增大再减小后又增大,在 0.2~0.25 mm 粒径范围内出现极小值;阳泉五矿和白龙山矿煤样水分先增大后减小,极大值都出现在 0.25~0.5 mm 粒径范围内,这可能是由于孔隙结构不同所引起的。马场矿煤样水分变化范围在1.07%~2.23%之间,跨度范围为 1.16%;阳泉五矿煤样水分变化范围在1.63%~3.32%之间,跨度范围为 1.69%;白龙山矿煤样水分变化范围在1.21%~2.38%之间,跨度范围为 1.17%。因此,马场矿煤样水分含量波动范围最小,阳泉五矿煤样水分波动范围最大。

白龙山矿和阳泉五矿煤样灰分均随粒径增大呈减-增-减趋势。阳泉五矿煤样在 1~3 mm 粒径出现最大值;白龙山矿煤样在 0.5~1 mm 粒径出现极大值,在 0.08~0.2 粒径出现最小值。马场矿煤样灰分随粒径增加先减小后增大,在

0.01～0.08 mm 粒径出现最小值。马场矿煤样灰分变化范围在 25.56%～72.84%之间，跨度为 47.28%；阳泉五矿煤样灰分变化范围在 18.2%～38.87%之间，跨度为 20.67%；白龙山矿煤样灰分变化范围为 9.75%～12.44%，跨度为 2.69%。即马场矿煤样跨度范围最大，阳泉五矿煤样次之，白龙山矿煤样跨度范围最小，由煤的工业分析结果可知，随着破碎的进行，煤质特性存在差异[137-140]，这可能与不同粒径煤密度、孔隙结构有关。

2.6 不同粒径煤样孔隙率测定

三个矿区不同粒径突出煤样的真假密度及孔隙率的测定依据《煤和岩石物理力学性质测定方法》进行。其中，真密度用美国康塔公司的全自动真密度计采用气体膨胀法进行测定，假密度采用石蜡密封法用比重瓶进行测定。孔隙率根据真假密度测定结果采用式(2-30)计算获得：

$$\varphi=\left(1-\frac{\rho_g}{\rho}\right)\times 100\% \tag{2-30}$$

式中 φ——煤样孔隙率，%；

ρ_g——煤样假密度，g/cm³；

ρ——煤样真密度，g/cm³。

采用上述方法获得的马场矿、阳泉五矿和白龙山矿煤样的真密度、假密度及孔隙率的结果如表 2-5 所示。

表 2-5 突出煤样孔隙率测定结果

粒径 D /mm	MC			YQW			BLS		
	真密度 /(g/cm³)	假密度 /(g/cm³)	孔隙率 /%	真密度 /(g/cm³)	假密度 /(g/cm³)	孔隙率 /%	真密度 /(g/cm³)	假密度 /(g/cm³)	孔隙率 /%
<0.01	1.555	0.978	37.075	1.121	0.744	33.595	1.216	0.740	39.153
0.01～0.08	1.614	1.132	29.845	1.333	0.938	29.650	1.313	1.053	19.779
0.08～0.2	1.622	1.423	12.247	1.424	1.227	13.868	1.327	1.196	9.910
0.2～0.25	1.736	1.561	10.099	1.528	1.324	13.356	1.395	1.259	9.735
0.25～0.5	1.818	1.719	5.439	1.556	1.378	11.452	1.423	1.329	6.634
0.5～1	1.840	1.765	4.076	1.553	1.477	4.920	1.496	1.398	6.584
1～3	2.036	1.953	4.057	1.604	1.526	4.875	1.499	1.403	6.424
3～4	2.237	2.169	3.062	1.621	1.557	3.924	1.501	1.409	6.149

由表 2-5 可知，三种煤矿真假密度均随着粒径的增大而增大，马场矿煤样真假密度增加幅度随着粒径增大而增大，而阳泉五矿和白龙山矿煤样真假密度增加幅度随着粒径增大而减缓。孔隙率均随着粒径的增大而减小，且减小的幅度逐渐减缓。马场矿煤样真密度介于 1.555～2.237 g/cm^3 之间，假密度介于 0.978～2.169 g/cm^{3}之间，孔隙率介于 3.062%～37.075%之间；阳泉五矿煤样真密度介于 1.121～1.621 g/cm^3 之间，假密度介于 0.744～1.557 g/cm^3 之间，孔隙率介于 3.924%～33.595%之间；白龙山矿煤样真密度介于 1.216～1.501 g/cm^3 之间，假密度介于 0.740～1.409 g/cm^3 之间，孔隙率介于 6.149%～39.153%之间。不同粒径煤孔隙率变化幅度不一致，原因为煤孔隙分布的不均匀性及成煤环境与后期煤体构造作用不同[141]。

2.7　不同粒径煤样瓦斯放散初速度测定

瓦斯放散初速度是煤与瓦斯突出预测采用的指标之一，它表征了煤吸附/解吸瓦斯能力的大小。煤样瓦斯放散初速度(Δp)测定依据《煤的瓦斯放散初速度指标(Δp)测定方法》(AQ 1080—2009)，采用 WT-1 型瓦斯扩散速度测定仪进行。三个矿区不同粒径煤样瓦斯放散初速度测定结果如表 2-6 所示。

表 2-6　不同粒径煤样瓦斯放散初速度测定结果

粒径 D /mm	MC		YQW		BLS	
	Δp/mmHg	倍数	Δp/mmHg	倍数	Δp/mmHg	倍数
<0.01	21.88	6.63	48.07	2.78	51.00	2.35
0.01～0.08	27.53	8.34	53.13	3.08	54.64	2.52
0.08～0.2	20.59	6.24	41.04	2.37	40.05	1.85
0.2～0.25	17.50	5.30	37.30	2.16	35.20	1.62
0.25～0.5	9.80	2.97	32.10	1.86	28.60	1.32
0.5～1	7.00	2.12	29.10	1.68	24.70	1.14
1～3	4.40	1.33	22.90	1.32	22.70	1.05
3～4	3.30	1.00	17.30	1.00	21.70	1.00

由表 2-6 可知，随粒径增加，三种煤样瓦斯放散初速度呈先增后减趋势，且减小幅度逐渐变缓，三种煤样均在粒径为 0.01～0.08 mm 时达到最大，即该粒径煤样瓦斯放散能力最强。随煤样粒径减小，马场矿煤样瓦斯放散初速度(Δp)从 3.30 mmHg 增加到 27.53 mmHg 再减小到 21.88 mmHg，阳泉五矿煤样的瓦斯

放散初速度(Δp)从 17.30 mmHg 增加到 53.13 mmHg 再减小到48.07 mmHg,白龙山矿煤样的瓦斯放散初速度(Δp)从 21.70 mmHg 增加到 54.64 mmHg 再减小到 51.00 mmHg。以 3～4 mm 粒径煤样为基准,马场矿不同粒径煤样增加倍数介于 1.33～8.34 之间,阳泉五矿不同粒径煤样增加倍数介于1.32～3.08 之间,白龙山矿不同粒径煤样增加倍数介于 1.05～2.52 之间。故由实验数据可知,煤样瓦斯放散能力受粒径影响较大,原因在于随煤样粒径减小,比表面积迅速增大,加大了瓦斯分子与煤表面分子的接触,使煤样对瓦斯的吸附解吸速度迅速增加。

2.8 本章小结

(1) 马场矿微米级粒径煤样占 1.46%,十微米级粒径煤样占 2.59%,百微米级粒径煤样占 62.76%,毫米级粒径煤样占 33.19%。阳泉五矿微米级粒径煤样占 1.55%,十微米级粒径煤样占 7.13%,百微米级粒径煤样占 40.71%,毫米级粒径煤样占 52.15%。白龙山矿微米级粒径煤样占 0.66%,十微米级粒径煤样占 7.44%,百微米级粒径煤样占 50.39%,毫米级粒径煤样占 42.17%。由此可见,突出煤粉中存在一定量的微米级及十微米级粒径煤样,但突出煤样粒径主要集中在百微米及毫米级。

(2) 马场矿煤样挥发分含量最大,随粒径增大先减小后增大。白龙山矿煤样挥发分最小,随粒径增大呈先增大后减小趋势。对三种突出煤样水分而言,随粒径增大,马场矿煤样水分先增大再减小后又增大,在 0.2～0.25 mm 粒径处出现极小值。阳泉五矿和白龙山矿煤样先增大后减小,在 0.25～0.5 mm 粒径处出现极大值。马场矿煤样水分含量最低,波动范围最小;阳泉五矿煤样水分含量最高,波动范围最大。因此,水分含量高低决定波动范围大小。就三种煤样挥发分而言,马场矿煤样灰分随粒径增加先减小后增大,在 0.01～0.08 粒径出现最小值。白龙山矿和阳泉五矿煤样灰分均随粒径增大呈减-增-减趋势,阳泉五矿煤样在 1～3 mm 处出现最大值,而白龙山矿煤样在 0.5～1 mm 粒径出现极大值,在 0.08～0.2 mm 粒径处出现最小值,马场矿煤样灰分跨度范围最大,白龙山矿煤样灰分跨度范围最小。

(3) 三种煤样真假密度均随粒径减小而减小,孔隙率均随粒径减小而增大。瓦斯放散初速度均随着粒径增大先增大后减小,在粒径为 0.01～0.08 mm 时瓦斯放散初速度最大,即该粒径煤样瓦斯放散能力最强。

3 破碎过程中煤体孔隙损伤演化特征

3.1 煤粉化过程中孔隙损伤演化特征

突出过程中存在煤体破碎现象，形成大量粉煤，进而引起瓦斯在煤体内吸附/解吸性能的改变。由于煤粉颗粒内随机分布着丰富的孔隙结构[12]，煤体破碎的过程即为煤孔隙损伤的过程，故研究煤粉化过程中的孔隙损伤特征及由此引起的瓦斯在煤孔内吸附/解吸性能的改变具有重要意义。

目前研究煤孔隙结构的方法主要有压汞法、液氮吸附法、二氧化碳吸附法、小角度中子散射法、显微镜法等。表征孔隙结构的参数主要有孔容、比表面积、分形维数、等效孔半径、孔隙率等。国内外学者采用孔隙结构的一种或几种测定方法对构造煤和原生结构煤孔隙的结构差异及由此引起的吸附/解吸性能的改变做了大量研究。李明等[142]认为，构造变形会引起煤样孔隙率及总孔容增高，随构造变形作用加强，孔结构变形的影响尺度有从大孔向过渡孔方向逐渐减小的趋势。陈玮胤等[143]认为，脆性变形增大了煤样的大孔孔容，构造煤渗透性随构造变形的增强而增大。么玉鹏等[144]认为，构造应力增强，损伤的主要为大孔。杨晓娜等[145]认为，构造煤具有有利于煤层气吸附的孔结构，煤样对瓦斯的吸附能力随煤样破碎程度的增加而变弱。宋晓夏等[10,146]认为，由变形程度增强引起的高分形维数和复杂孔隙结构显示出更高的吸附能力。王向浩等[147]研究表明，构造煤低温液氮吸附拐点提前，具有较小的平均孔半径、较高的吸附孔孔容及孔比表面积，其吸附能力显著强于相同煤级原生结构煤。琚宜文等[28,148]认为，低煤级构造煤的吸附能力随变形作用增强，15～200 nm孔径的孔容明显降低，<15 nm孔径的孔容和比表面积增大。张慧等[149]研究表明，随构造作用增强，大中孔比例、孔隙率、比表面积及由此引起的甲烷吸附量均增加，孔道连通性变差。吴俊等[26,150-151]研究认为，突出煤样的孔容是非突出煤的1.2～5倍，孔径以50 nm以上孔为主，具有利于瓦斯运移的孔道分布特征。张妙逢等[152]研究认为，随构造变形作用增强，煤样比表面积及孔容增大，构造煤比表面积与总孔体积平均值分别是原生结构煤的

2.95倍和3.84倍，微孔占比增加，中小孔占比减小。张红日等[153-159]研究表明，构造煤具有较大的孔容、比表面积和吸附能力，孔型以封闭型孔为主。姜波等[160]认为，随构造变小作用增强，总孔容增大，孔隙连通性变弱。郭品坤等[161]研究认为，构造煤具有比原生结构煤更大的孔容，孔隙连通性更差。屈争辉[162]认为，煤构造演化机理对孔隙结构的控制作用与煤级及应力-应变环境有关，变形作用有助于增加煤样大孔孔容，且增长幅度随变形增强而增大，对微孔和中孔孔容的影响则存在差异，没有统一规律。变形作用对煤样孔结构的改变导致煤吸附能力的增强，但在强变形作用下煤吸附能力有下降趋势。梁红侠[163]认为，构造变形主要引起煤样大中孔的增多，对微孔影响较小，构造变形作用增强，煤样孔隙渗透性降低。王佑安等[164]研究认为，煤结构破坏程度的提高增大了煤样中大孔孔容，为煤样快速解吸和放散瓦斯提供了条件，有利于发生突出。刘常洪等[27,165]研究认为，随破碎程度的增加，煤样微孔孔容基本不变，大孔-过渡孔孔容及比表面积均呈增大趋势。张晓东等[166]研究认为，随粒径减小，煤样孔径结构存在突变现象，且粒度主要影响煤样的大中孔孔容，由此引起的瓦斯吸附能力的改变主要表现为吸附平衡时间随粒径增大而加长，低压段吸附量随粒径减小而增大，朗格缪尔压力随粒径增大呈增大趋势。薛光武等[167]研究认为，随构造变形作用的增强，煤样的孔隙连通性变差，孔形由开放型逐渐变为墨水瓶形，比表面积增大。降文萍等[168]认为，随着构造变形作用的增强，煤样孔形由一端开口和两端开口圆柱形逐渐变为狭缝形、墨水瓶形和一端圆柱形，比表面积及孔容分形维数均增大，表明随构造变形的增加，煤样透气性变差，利于瓦斯的封存。张小东等[169]认为，煤样破碎不仅增加了煤变质程度，降低了煤样强度，还增大了较大粒径煤颗粒间孔含量，改变了煤样孔形及连通性。张晓辉等[170]认为，随构造变形作用增强，纳米级孔隙比例、比表面积及孔容均明显增大，中孔比例升高，大孔比例下降，比表面积增大，孔径配置由并联转化为串联，开放孔逐步转化为细颈瓶孔，瓦斯吸附能力增强。

上述研究均是从构造变形强度对煤样孔结构及吸附性能的角度进行的，所用煤样粒径区间跨度较大，由众多窄粒径区间组成，得出的结论具有一定指导意义。然而，为获得不同窄粒径区间对孔隙损伤作用的贡献值，需对不同窄粒径区间煤样的孔结构进行研究。司书芳等[5]对6种不同粒径煤样的孔结构进行研究，认为比表面积和孔容均随着粒径的增大呈波动性减小趋势。姜秀民等[171]对4种粒径常规与超细化煤粉的孔隙结构进行对比发现，随煤粉粒径减小，小孔数目增多，平均孔径减小，吸附表面积增大。任庚坡等[172]研究认为，随颗粒粒径减小，煤样的比表面积和孔容积均增大，平均孔直径减小。

综合煤粉粒径对煤样孔结构的影响，可得出以下普遍结论：随破碎程度增加，即平均颗粒粒径越小，总孔容越大。综合张妙逢等[152]及高魁等[173]的研究成果，破碎煤的总孔容一般为原煤的2～4倍。其中，比较一致的观点是在构造变形作用过程中，中大孔受到破坏，而对于微孔及小孔孔容结论则不一致。说明随着破碎程度的增加，增大了游离瓦斯存储空间。随破碎程度增加，总比表面积增大，破碎煤的总比表面积一般为原煤的1.5～3倍，受到主要影响的亦为中孔、大孔比表面积，而对微孔及小孔比表面积的影响结论不一，说明随着破碎程度的加深，构造煤吸附瓦斯能力亦增强，构造作用改变了煤样的孔隙连通性，较一致的观点是构造作用使煤样的孔隙连通性变差，平均孔半径减小。

综上所述，煤是一种孔隙与裂隙双重多孔介质，其内部具有极其发育的孔裂隙，煤比表面积、孔容、孔长、孔形等孔隙结构参数，对瓦斯吸附/解吸性能具有重要作用，故对煤孔隙结构特征进行研究具有重要意义。众多现场和实验模拟突出现象均表明，在突出发生后会有不同粒径煤样以分选现象分布。这些煤样有可能在突出准备阶段即存在，也有可能是在突出发展过程中煤粉颗粒强烈碰撞形成的，但无论是哪种情况，不同粒径煤样间均存在孔隙特征差异，而这会导致煤样吸附/解吸性能机制的改变，研究不同粒径煤样间孔隙损伤演化特征对研究煤吸附/解吸性能具有重要作用。然而有关煤孔隙结构表述参数研究，均集中在孔容、比表面积、分形维数、平均孔半径及孔隙率几个方面，缺少对煤样扩散路径的定量化表述。对煤样孔形研究均为定性表述，缺少定量数据支撑。

3.2 随机三维孔隙损伤模型

研究表明，煤颗粒破碎本质是逾渗行为[174]。逾渗思想不仅可用来描述流体在随机多孔介质中的运移行为，还能对煤样的破碎现象进行深入研究，故在煤颗粒破碎研究中得到了广泛应用。本书以逾渗理论为基础，建立了单颗粒煤样随机三维破碎模型，对破碎过程进行了计算机模拟，深入研究了破碎过程中煤样内外比表面积变化规律，得出了十分有意义的结论。

3.2.1 随机三维孔隙模型的建立

不同种类煤粉形成的煤结构可能存在较大差异，多数煤颗粒内随机分布着大量的细微孔隙，假定初始孔隙在颗粒内随机分布。所研究煤颗粒用三维正方体网格表示，由$n \times n \times n$个大小相等的小方块组成，每个方块有“被占”和“空”两种状态，分别称为“被占座”和“空座”。模型中被占座表示相同体积的煤基质，空座表示相同体积的孔。在MATLAB矩阵程序中被占座以1表示，作图时用黑色方块表示；空座以0表示，作图时用白色方块表示。对于初始孔隙率为φ

的煤样粒，假设网络中方块总数是 $N=n\times n\times n$，则空座数目有 $N_p=N\varphi$ 个，被占座数目有 $N_m=N(1-\varphi)$ 个。

建模采用以 MATLAB 编制 0 的个数确定的 n 维[0 1]矩阵，运行该程序时可得到一个由 1 和 0 组成的 n 维矩阵。再利用 MATLAB 的作图功能，得到该矩阵的三维立体图，即得到孔隙率确定的煤样多孔介质模型。该多孔介质模型中的孔隙率即为的白色方块的体积与所有方块总体积之比。若取 $n=25$，则小方块总数为 $N=25\times25\times25$，若设定 0 的个数为 3 125 个，则得到孔隙率为 0.2 的煤多孔介质模型，结果如图 3-1 所示。

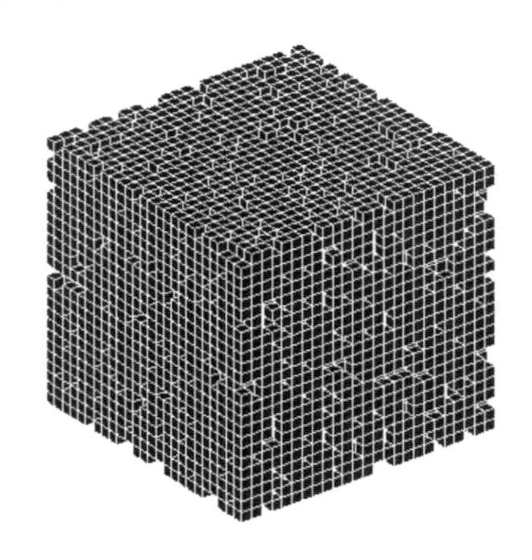

图 3-1　多孔介质三维模型

3.2.2　逾渗破碎模型模拟结果与分析

3.2.2.1　模型参数随孔隙率变化情况

假设基质单元的边长为 B，将该基质单元的边长分割为 n 份，则得到的模型中的最小孔直径为 B/n，对给定的不同孔隙率，孔隙外比表面积（S_w）、内比表面积（S_n）、总比表面积（S_t）分别进行计算。

内比表面积（S_n）计算方法为，用三维矩阵中 0、1 相连个数，即煤孔所具有的面数目 n_{01} 与单个孔表面积相乘：

$$S_n=n_{01}\left(\frac{B}{n}\right)^2 \tag{3-1}$$

式中　S_n——内比表面积，m^2；

n_{01}——三维矩阵中 0、1 相连个数，即煤孔所具有的内表面数目；

B——基质单元边长，m；

n——格子划分数。

外比表面积(S_w)计算方法为基质单元各面上1的个数 n_1 与单个孔表面积的乘积：

$$S_w = n_1 \left(\frac{B}{n}\right)^2 \tag{3-2}$$

式中 S_w——外比表面积，m^2；

n_1——0、1三维矩阵中，基质单元面上1的个数，即煤孔外表面数目。

表3-1所示为采用MATLAB计算的给定孔隙率和划分格子数为10、15、20、25时煤样孔内外表面数目。

表3-1 煤样三维孔隙模型所具有的内外表面数目

孔隙率/%	10		15		20		25	
	n_{01}	n_1	n_{01}	n_1	n_{01}	n_1	n_{01}	n_1
0.02	108	479	380	1 156	905	2 129	1 780	3 388
0.03	156	475	555	1 148	1 314	2 102	2 637	3 371
0.04	193	462	718	1 132	1 773	2 092	3 467	3 319
0.05	252	463	888	1 114	2 179	2 057	4 266	3 266
0.06	300	454	1 075	1 118	2 542	2 025	5 072	3 242
0.07	354	453	1 246	1 092	2 961	2 015	5 831	3 211
0.08	404	453	1 390	1 080	3 340	1 990	6 619	3 182
0.09	431	449	1 554	1 081	3 727	1 981	7 373	3 138
0.1	468	441	1 687	1 070	4 128	1 938	8 135	3 102
0.15	703	410	2 444	1 000	5 795	1 825	11 516	2 946
0.2	855	392	3 009	932	7 237	1 717	14 523	2 794
0.25	1 024	370	3 613	877	8 599	1 628	16 870	2 634
0.3	1 146	340	3 996	835	9 539	1 515	18 823	2 402
0.35	1 268	333	4 221	779	10 343	1 408	20 478	2 239
0.4	1 277	304	4 519	701	10 953	1 258	21 616	2 055
0.45	1 331	278	4 631	649	11 166	1 182	22 407	1 955

在格子数一定的情况下，随孔隙率增加，煤样孔内表面数目增加，煤样孔外表面数目减少，即随着孔隙率增加，内比表面积呈增加趋势，外比表面积呈减小趋势。在孔隙率一定的情况下，随格子数增加，即最小孔尺寸的减小，煤样孔内外表面数目均呈增加趋势。为研究煤样三维多孔介质内外比表面数目随孔隙率的定量变化关系，对表3-1中相关数据进行作图，得到图3-2。

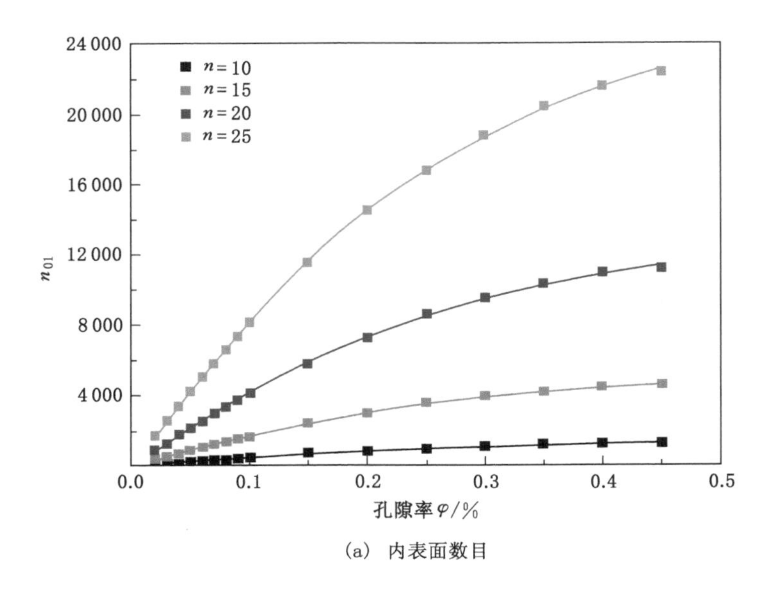

(a) 内表面数目

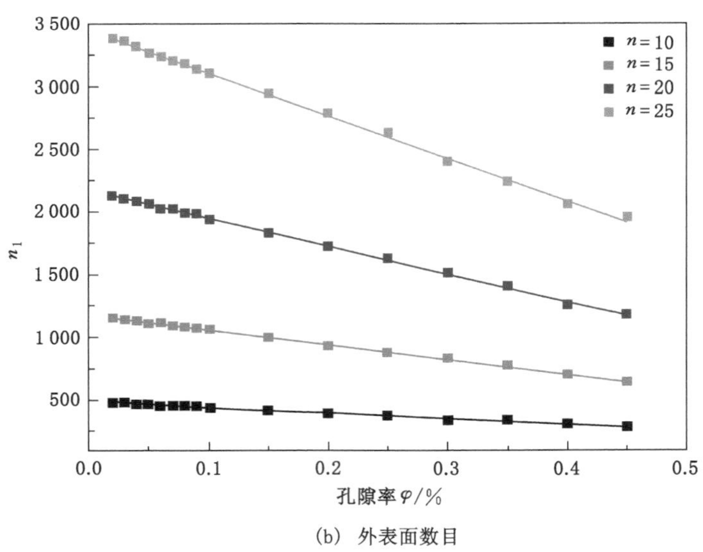

(b) 外表面数目

图 3-2 煤样三维孔隙模型内外表面数目随孔隙率的变化关系

对图 3-2 中的孔隙内表面数目随孔隙率变化关系进行拟合，发现它们符合类指数公式(3-3)：

$$n_{01}=a_{n01}(1-e^{-b_{n01}\cdot\varphi})^{c_{n01}} \tag{3-3}$$

在模型中各格子划分数下，内表面数目与孔隙率变化关系中的参数如表3-2所示。

表3-2 煤样三维孔隙模型内表面数目与孔隙率变化关系参数

序列	划分格子数 n	a_{n01}	b_{n01}	c_{n01}	R^2
1	10	1 574.327	4.718	1.189	0.998
2	15	5 453.571	4.675	1.161	0.999
3	20	13 454.662	4.406	1.137	0.999
4	25	27 028.923	4.267	1.125	0.999

由表3-2可知，内表面数目与孔隙率的相关系数都在0.998以上，随着划分格子数的增加，模型孔隙内表面数目与孔隙率变化参数 a_n 逐渐增大，b_n 逐渐减小，c_n 逐渐减小。为得到各参数随划分格子数变化的关系，对其进行拟合，得：

$$a_{n01}=1.406\ 95\times 10^7(1-\mathrm{e}^{-0.006\ 72n})^{3.350\ 9} \tag{3-4}$$

$$b_{n01}=-0.032\ 42n+5.083\ 83 \tag{3-5}$$

$$c_{n01}=-0.004\ 32n+1.228\ 32 \tag{3-6}$$

将式(3-4)、式(3-5)和式(3-6)代入式(3-3)即可得到任意给定孔隙率 φ 及给定划分格子数下的内表面数目。

对图3-2中的外表面数目 n_1 随孔隙率 φ 变化情况进行拟合，发现它们符合线性关系，即：

$$n_1=a_{n1}\cdot\varphi+b_{n1} \tag{3-7}$$

在模型中各格子划分数下，外表面数目与孔隙率变化关系参数如表3-3所示。

表3-3 煤样三维模型外表面数目与孔隙率变化关系参数

序列	划分格子数 n	$a_{n1}/10^{-14}$	b_{n1}	R^2
1	10	−458.818	485.455	0.995
2	15	−1 179.194	1 179.817	0.998
3	20	−2 211.592	2 168.788	0.999
4	25	−3 413.606	3 453.495	0.998

由表 3-3 可知，外表面变化数目与孔隙率的相关系数都在 0.995 以上，且随着划分格子数的增加，模型外表面数目与孔隙率变化参数 a_{n1} 逐渐减小，b_{n1} 逐渐增大。为了得到各参数随划分格子数的变化关系，对它们进行拟合，得：

$$a_{n1}=222.925\ 22-9.731\ 1n^{1.840\ 74} \tag{3-8}$$

$$b_{n1}=-52.345\ 11+4.832\ 06n^{2.046\ 35} \tag{3-9}$$

将式(3-8)、式(3-9)代入式(3-7)，即可得到任意给定孔隙率 φ 及给定划分格子数下的外表面数目。

3.2.2.2　孔隙损伤后孔隙结构参数变化情况

为模拟煤样破碎过程中煤样孔结构参数的变化情况，对煤样的三维模型进行加倍处理，未加倍时的原始煤样模型称为基元，基元代表的煤样颗粒直径最小，倍数增加，表明煤样颗粒直径增大。在加倍过程中，煤样部分外比表面积变为内比表面积，使得内外比表面积发生变化。假设基质单元尺寸 B 为 0.05 μm，倍数逐渐从 2 倍增加到 20 倍，即模型尺寸 L 从 0.05 μm 逐渐变为 1.0 μm，倍数的递减过程，即为煤样的破碎过程。观察煤样破碎过程中，都以基质单元尺寸为基础，煤样内外比表面积变化情况可为分析瓦斯吸附/解吸性能变化情况提供理论依据。内比表面积随煤样破碎变化情况模拟结果如图 3-3所示。

由图 3-3 可知，外比表面积随破碎程度的增加迅速增加，经拟合发现外比表面积与模型尺寸呈幂函数变化关系，而内比表面积随破碎程度的增加有减小趋势，这是因为煤样在破碎过程中部分闭孔被破坏，形成开孔，暴露于大气之中，但内比表面积变化幅度相比外比表面积要小。随着孔隙率的增加，内比表面积和外比表面积都呈增大趋势，且内比表面积的增大趋势大于外比表面积。由图 3-3 还可看出，在基质单元尺寸相同的情况下，孔半径越小，内比表面积越大。根据逾渗模型表述，φ 越大，开孔数目越多，与环境接触的表面积也越大。

由上述分析可知，由于破碎的产生，参与吸附的有效面积增加，吸附/解吸能力变强。相同尺寸基质单元内，随破碎进行，分割数越多，即孔半径越小，内外比表面积增速越快。同时，随着初始孔隙率 φ 变大，颗粒结构不规则程度和有效反应面积增加。

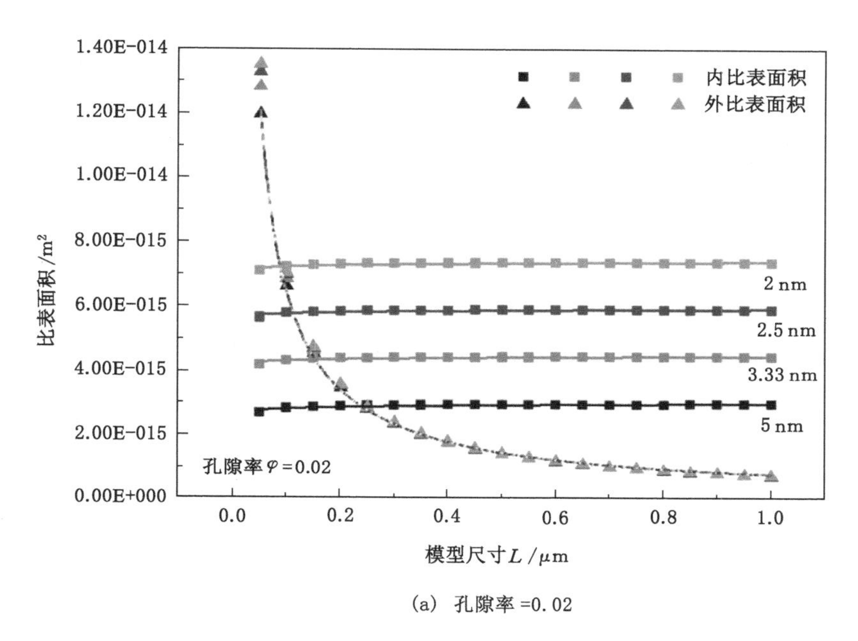

(a) 孔隙率 =0.02

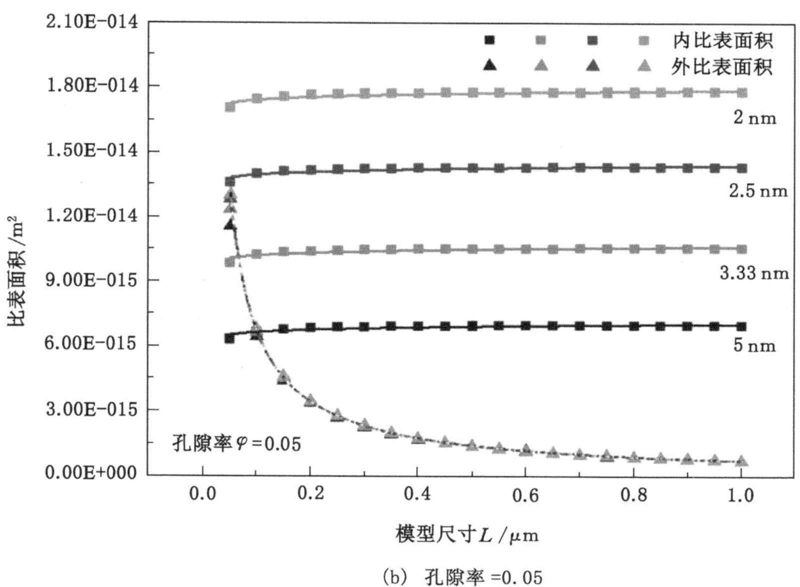

(b) 孔隙率 =0.05

图 3-3 破碎过程中煤体内外比表面积变化情况

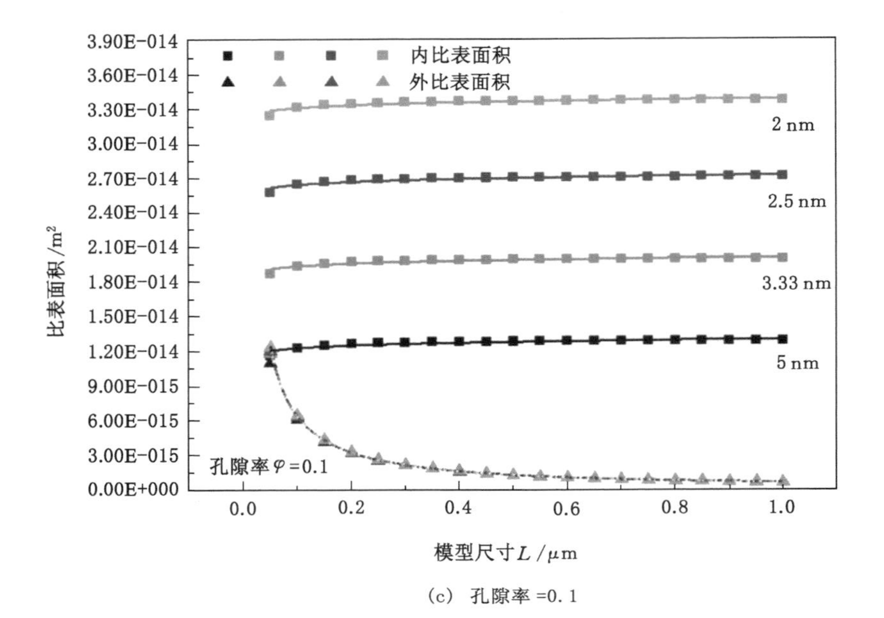

(c) 孔隙率 =0. 1

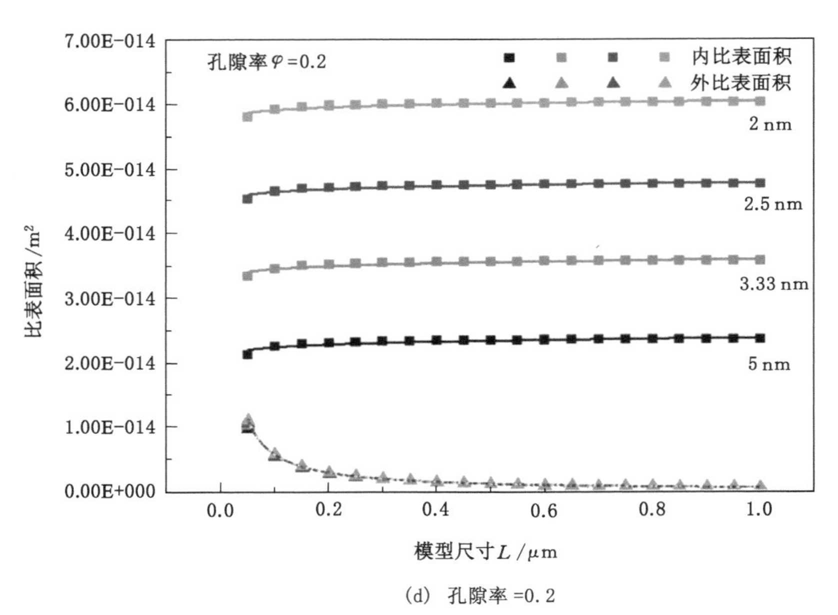

(d) 孔隙率 =0. 2

图 3-3(续)

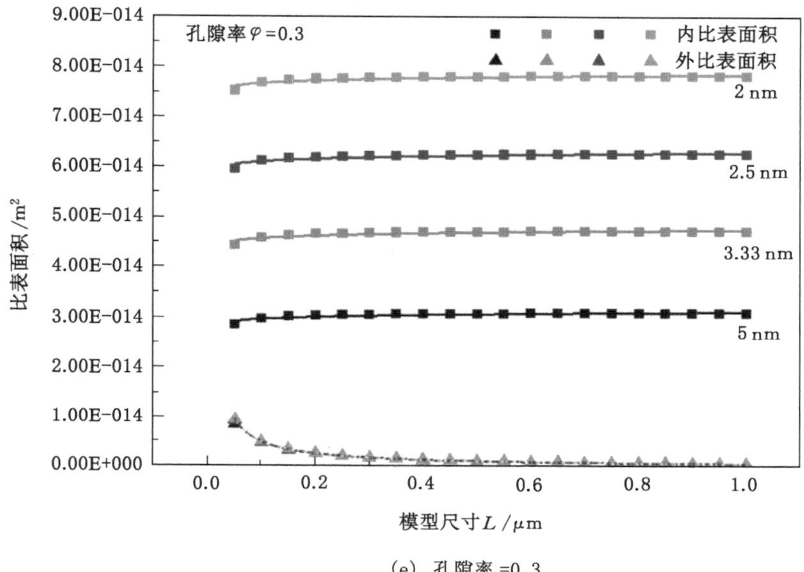

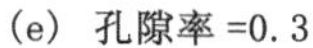
(e) 孔隙率=0.3

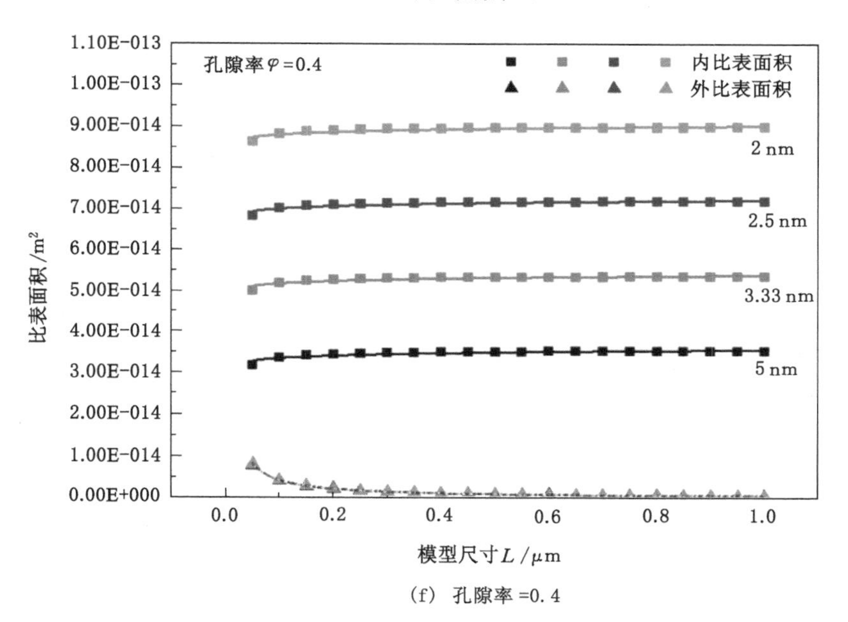

(f) 孔隙率=0.4

图 3-3(续)

3.3 粉煤孔隙特征测定方法

粒度对煤粉内外表面及孔结构均有重要影响[171]，而煤粉内外表面是物化反应的场所，孔隙结构是瓦斯扩散的通道，故研究煤粉粒度对煤孔隙结构的影响具有重要意义。煤孔隙分布主要是微孔到宏观孔范围，采用霍多特对煤孔隙的划分方案，将煤孔隙按半径大小分为微孔（<10 nm）、过渡孔（10～100 nm）、中孔（100～1 000 nm）和大孔（>1 000 nm）[150,175]。压汞法和液氮吸附法是煤样孔结构测定常用方法。压汞法适用于大孔结构分析[176]，而液氮吸附法无法测定大孔结构，却是纳米级孔隙结构的最佳测定方法，可测得的最小孔直径可达0.6 nm，对研究分子直径为0.414 nm的甲烷分子在煤孔内的运移机制已足够。因此，为得到完整的煤样孔隙结构数据及孔径分布特征，把压汞法和液氮吸附法相结合，可对孔隙分布有较全面的了解[177-178]，但由于每个方法的假设与理论模型的差异，重叠部分的符合度不是很高。

3.3.1 压汞法

压汞实验用仪器为美国康塔公司生产的PM33-GT-12型全自动压汞仪，该仪器低压测定范围为1.5～350 kPa，高压范围为0.14～227 MPa；可测得的孔直径一般在1 000 μm到0.007 μm（70 Å）范围内；压缩气体采用干燥、非腐蚀性 N_2，测量压力为420 kPa（约60 psi），冷阱中的冷却剂采用液氮。试验前选取测试样品在50 ℃温度下真空脱气6 h，测试样品质量。汞的表面张力为0.48 N/m，与煤样的接触角为140°。

由于汞不能对煤进行润湿，若将汞注入煤样孔，需克服孔喉产生的毛细管阻力。设煤样的圆柱形孔隙半径为 r，长度为 L，则产生浸润面积 S 所需要的功为：

$$W_1 = -S\sigma\cos\theta = -2\pi rl\sigma\cos\theta \tag{3-10}$$

式中 S——汞浸润面积，也为圆柱形孔比表面积，cm^2；

σ——水银的表面张力，N/m；

θ——水银的润湿接触角，(°)；

r——毛细管力孔隙的喉道半径，cm；

l——圆柱形孔隙长度。

式(3-10)中引入 $\cos\theta$ 是因为阻止汞进入孔洞的力通过接触角 θ 产生了作用。

此外，迫使汞进入圆柱形孔所需功等于施加的压力、孔截面积及孔长三者的乘积：

$$W_2 = p\pi r^2 l \tag{3-11}$$

由于 W_1 必须等于 W_2，联合式(3-10)和式(3-11)可得：

$$p = \frac{-2\sigma\cos\theta}{r} \tag{3-12}$$

式中　p——毛细管力，N/m^2。

式(3-12)即为灰分 burn 方程，由该式可知，根据注入汞的毛细管压力就可计算出相应的孔喉半径值。假设 θ 和 r 恒定不变，由方程可看出：孔喉半径愈大，毛细管阻力越小，注入汞所需压力也越小。故注汞压力增大，汞将逐次由大孔进入小孔。在此平衡压力下进入煤孔隙的汞体积等于该压力下的孔隙容积。

3.3.2　液氮吸附法

液氮吸附实验用仪器为彼奥德公司生产的 SSA-4200 型孔隙及比表面积分析仪。液氮吸附法测孔分布特征原理为等效体积替代法，即视煤样孔中液氮充填量为孔体积。由毛细凝聚原理知，在不同相对压力 p/p_0 下，发生毛细凝聚现象的孔径范围不同。发生凝聚现象的孔尺寸随 p/p_0 增大而增大，对给定的相对压力 p/p_0 值，存在临界孔半径 r_k，小于半径为 r_k 的孔均可发生毛细凝聚填充，大于半径为 r_k 的孔则不会发生毛细凝聚现象。临界半径 r_k 由式(3-13)所示的开尔文方程给出：

$$r_k = \frac{-0.414}{\ln(p/p_0)} \tag{3-13}$$

r_k 称为给定相对压力下，开始发生毛细凝聚的临界孔半径，称为开尔文半径，它由相对压力 p/p_0 决定，也可理解为当压力低于 p/p_0 时，大于半径 r_k 的孔中的凝聚液态氮气将发生气化而脱附。实际凝聚发生前煤样孔内表面已吸附一定厚度的液氮，吸附层厚也随 p/p_0 值而变，故计算孔径分布时需进行适当修正。

3.4　煤样孔隙特征测试实验结果

3.4.1　压汞曲线

压汞曲线形态可反映煤样不同孔径的孔隙发育情况、孔道连通性等信息，从而为煤中瓦斯吸附/解吸性能提供理论依据。通过对马场矿、阳泉五矿及白龙山矿不同粒径煤样进行压汞实验发现，随粒径减小，煤样压汞曲线形态发生变化，结果分别如图 3-4、图 3-5 和图 3-6 所示。

由图 3-4、图 3-5、图 3-6 可知，不同粒径煤样的压汞曲线随着粒径增大存在

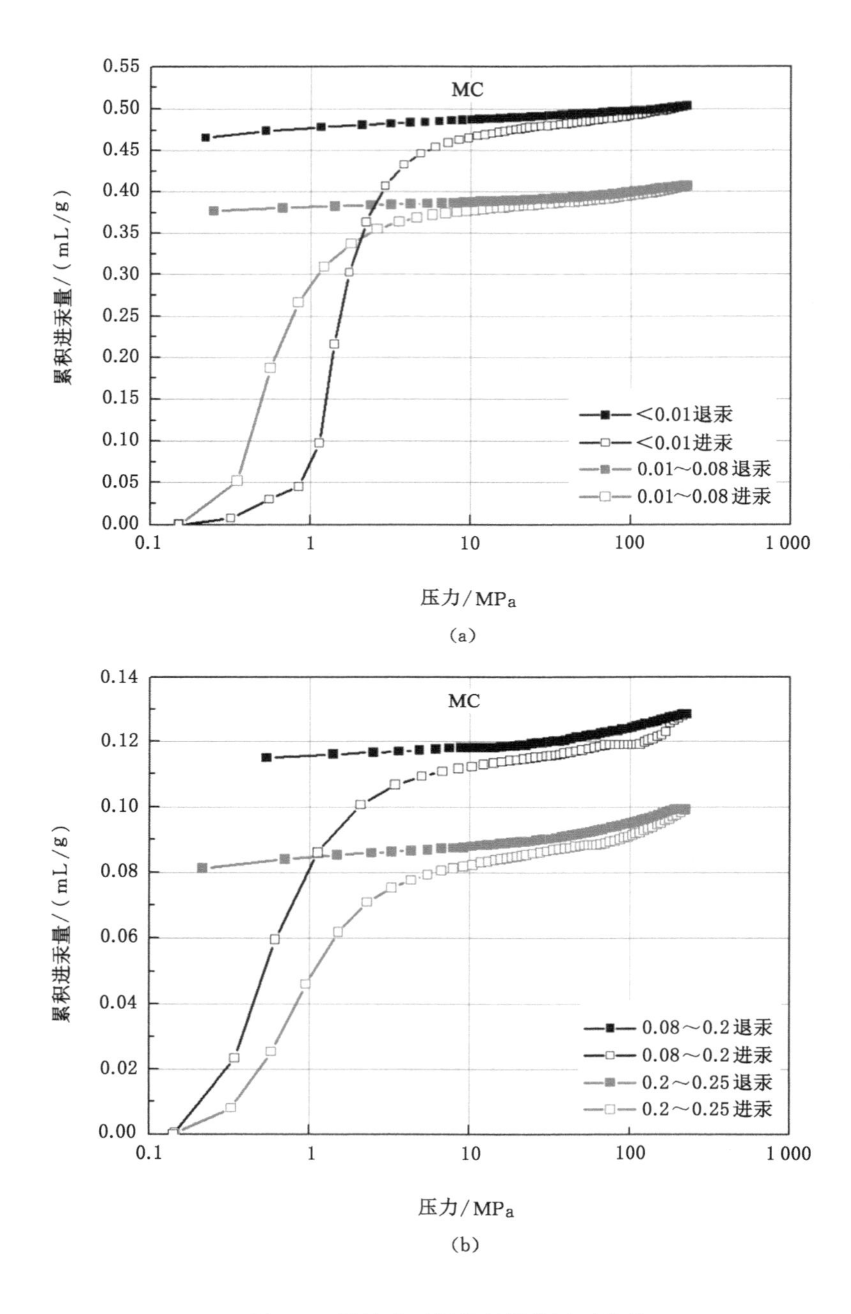

图 3-4 马场矿不同粒径煤样压汞曲线

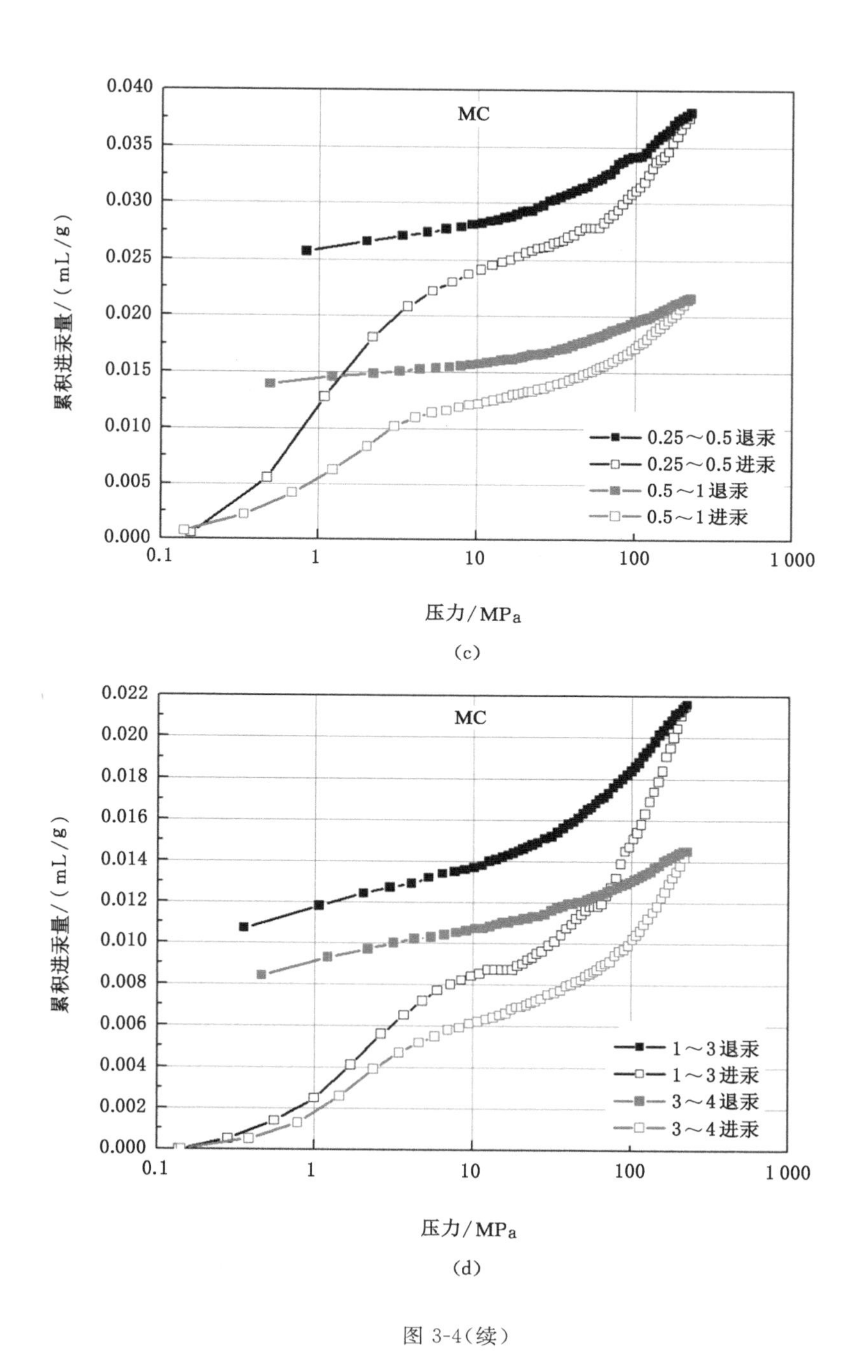

MC
0.040
0.035
0.030
0.025
0.020
0.015
0.010
0.005
0.000
累积进汞量/(mL/g)
0.1
1
10
100
1 000
压力/MPa
0.25～0.5 退汞
0.25～0.5 进汞
0.5～1 退汞
0.5～1 进汞

(c)

MC
0.022
0.020
0.018
0.016
0.014
0.012
0.010
0.008
0.006
0.004
0.002
0.000
累积进汞量/(mL/g)
0.1
1
10
100
1 000
压力/MPa
1～3 退汞
1～3 进汞
3～4 退汞
3～4 进汞

(d)

图 3-4(续)

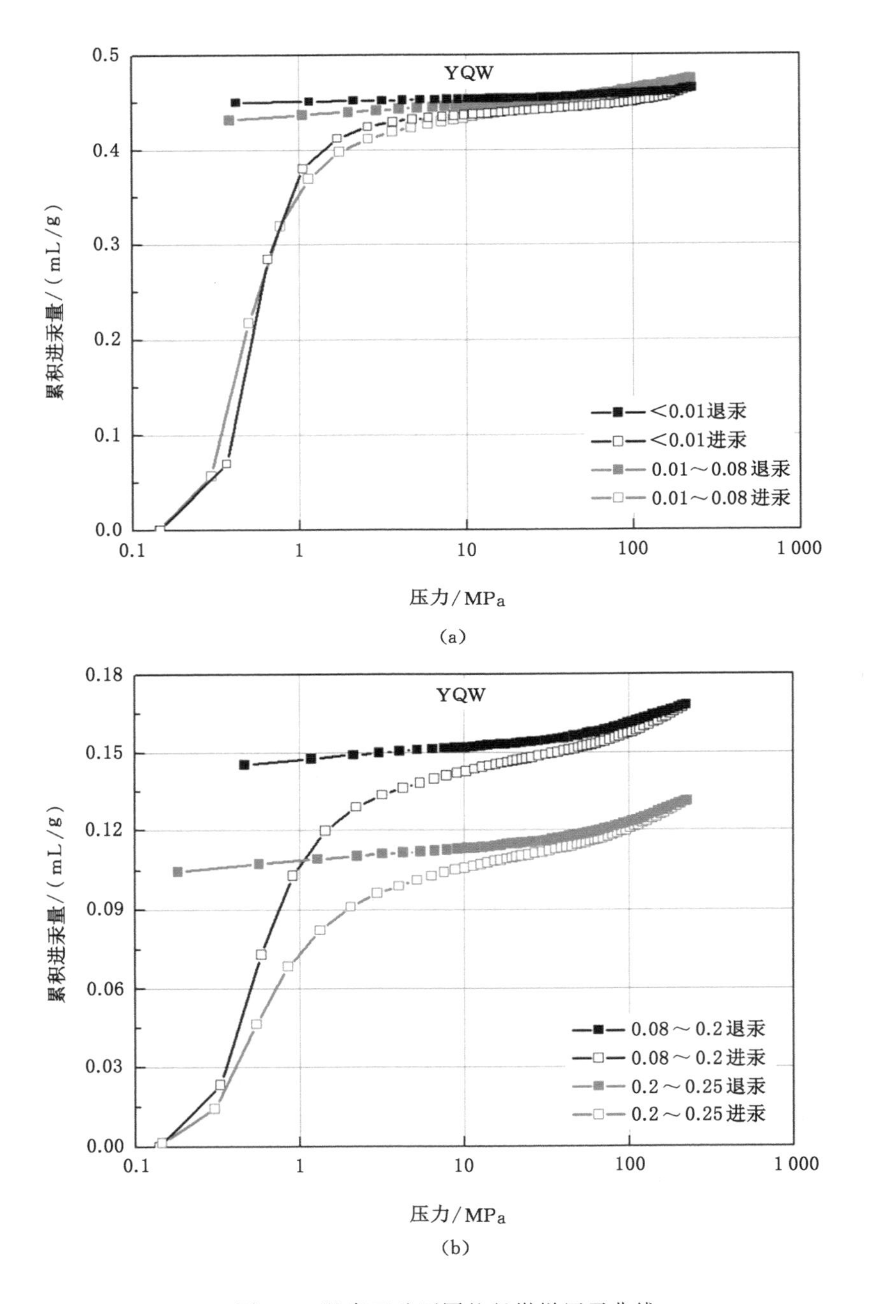

图 3-5 阳泉五矿不同粒径煤样压汞曲线

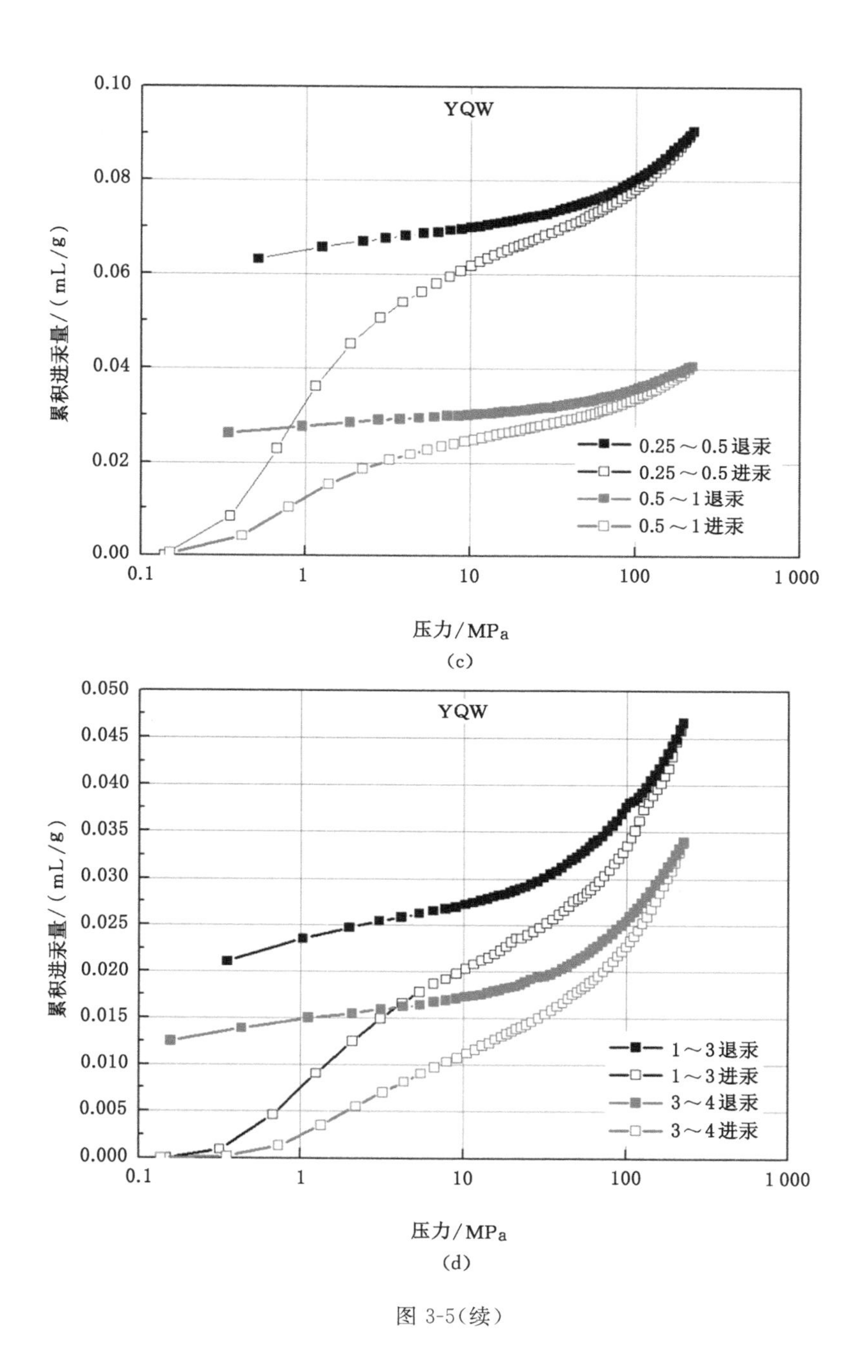

YQW
0.10
0.08
0.06
0.04
0.02
0.00
0.1
1
10
100
1 000
累积进汞量/(mL/g)
压力/MPa
0.25～0.5退汞
0.25～0.5进汞
0.5～1退汞
0.5～1进汞

(c)

YQW
0.050
0.045
0.040
0.035
0.030
0.025
0.020
0.015
0.010
0.005
0.000
0.1
1
10
100
1 000
累积进汞量/(mL/g)
压力/MPa
1～3退汞
1～3进汞
3～4退汞
3～4进汞

(d)

图 3-5(续)

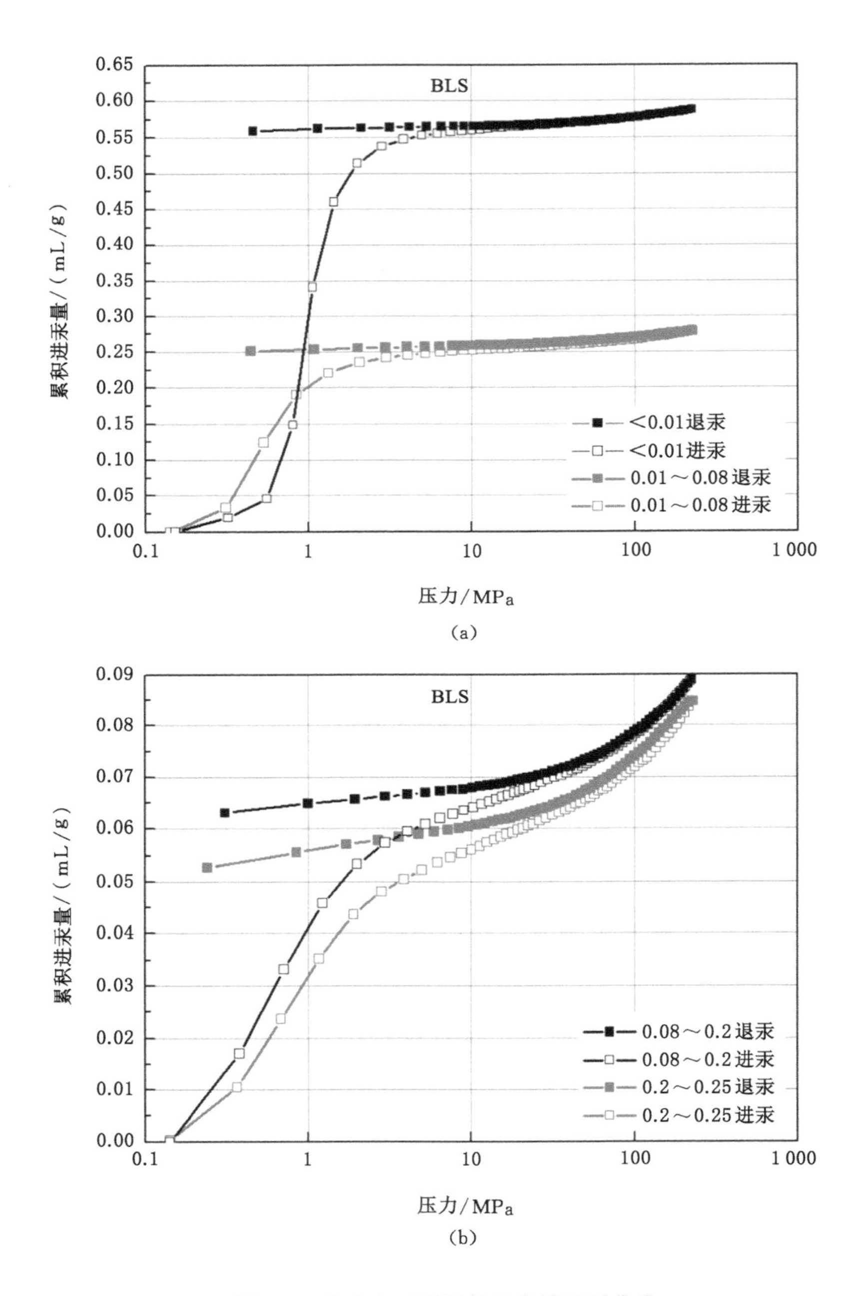

图 3-6　白龙山矿不同粒径煤样压汞曲线

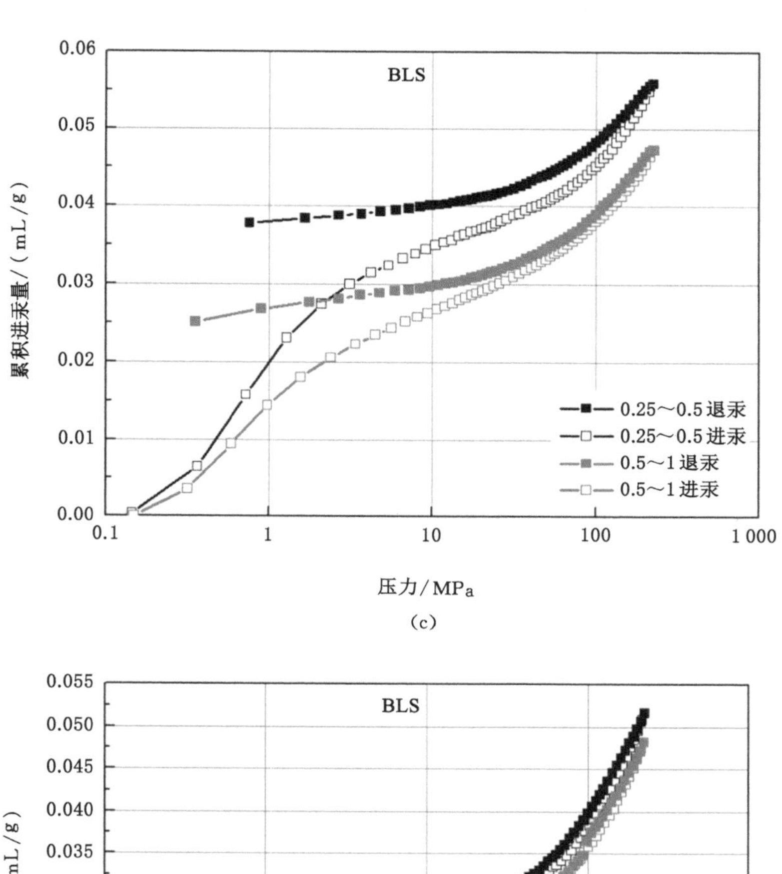

(c)

BLS
累积进汞量/(mL/g)
0.055
0.050
0.045
0.040
0.035
0.030
0.025
0.020
0.015
0.010
0.005
0.000
0.1
1
10
100
1 000
压力/MPa
1～3 退汞
1～3 进汞
3～4 退汞
3～4 进汞

(d)

图 3-6(续)

“分区”现象，根据压汞曲线形态大致可分为三类。Ⅰ类：进汞曲线低压段上升较快，随着压力的升高，上升幅度变小，在高压段进退汞曲线接近重合。这类压汞曲线基本存在于较小粒径煤样中，如 MC<0.01、MC0.01～0.08、YQW<0.01、YQW0.01～0.08、YQW0.08～0.2、YQW0.2～0.25、YQW0.25～0.5、BLS<0.01、BLS0.01～0.08、BLS0.08～0.2、BLS0.2～0.25、BLS0.25～0.5、BLS0.5～1 煤样。Ⅱ类：低压段上升较快，随压力升高，上升幅度减小，在高压段进退汞曲线分离。拥有这种类型压汞曲线的煤样粒径较大，如 MC0.08～0.2、MC0.2～0.25、MC0.25～0.5 煤样。Ⅲ类：进汞曲线低压段上升较慢，随着压力的增加，上升幅度逐渐增加。这类曲线均存在于较大粒径煤样中，如 MC0.5～1、MC1～3、MC3～4、YQW0.5～1、YQW1～3、YQW3～4、BLS1～3、BLS3～4。从上述分类可以看出，煤样粒径越小，越向Ⅰ类压汞曲线靠近。

由图 3-4、图 3-5、图 3-6 可得出如下结论：(1) 对于三种煤样均存在随着粒径减小，相同压力下，累积进退汞量逐渐增大的趋势，马场矿煤样最大进汞量由 3～4 mm 的 0.014 mL/g 逐渐增大为<0.01 mm 的 0.5 mL/g；阳泉五矿煤样最大进汞量则由 3～4 mm 的 0.035 mL/g 逐渐增大为<0.01 mm 的 0.47 mL/g；白龙山矿煤样的最大进汞量则由 3～4 mm 的 0.05 mL/g 逐渐增大为<0.01 mm 的 0.6 mL/g。(2) 三种煤样的压汞曲线均表现为随粒径减小逐渐由Ⅲ类向Ⅰ类过渡。压汞曲线重合度高即累积进退汞量差值小，说明以吸附孔为主，孔隙主要以一端开口型为主，孔隙连通性差；而若累积进退汞量差值大，说明中大孔占比大，孔隙主要以两端开口型为主，孔隙连通性变好。故由高压段进退汞曲线差值可判断，随着粒径减小，煤中孔隙由以中大孔为主逐渐变为以微孔为主。说明在破碎过程中，部分中大孔破碎坍塌。(3) 对于这三种煤样，部分压汞曲线中均出现明显的阶段性，证明有墨水瓶形孔的存在，且该段曲线呈现出微孔与中孔、大孔串联的孔径配置特点。随着粒径减小，孔隙突破压力有增大趋势，说明随着粒径减小，墨水瓶形孔半径逐渐减小，直至没有墨水瓶形孔为止。

3.4.2 液氮吸附法

对于压汞法不能测定的孔隙区域，尤其是纳米级孔隙的测量，采用液氮吸附法进行，即采用氮气为吸附质气体，恒温下逐渐升高气体分压，测定煤样对其的吸附量，由吸附量对分压作图，可得到煤样液氮吸附等温线；反过来逐渐降低分压，获得相应的脱附量，由脱附量对分压作图，则可得到对应的脱附等温线。测定结果分别如图 3-7、图 3-8、图 3-9 所示。

由图 3-7、图 3-8、图 3-9 可知，这三种煤样的液氮吸附等温线均表现为在低压段缓慢上升，随相对压力的增大，曲线吸附量急剧上升，表明在煤较大孔内发

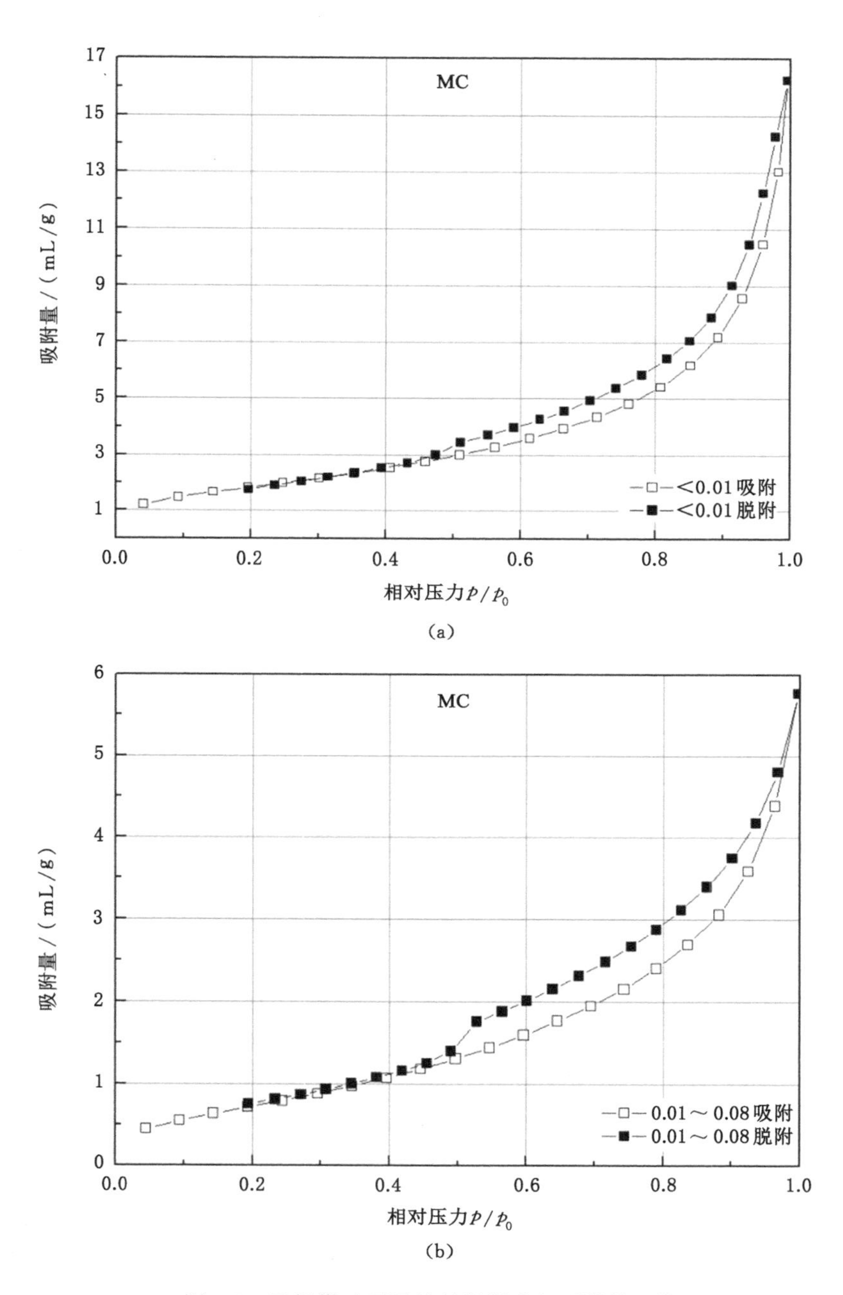

图 3-7　马场煤矿不同粒径煤样液氮吸附等温线

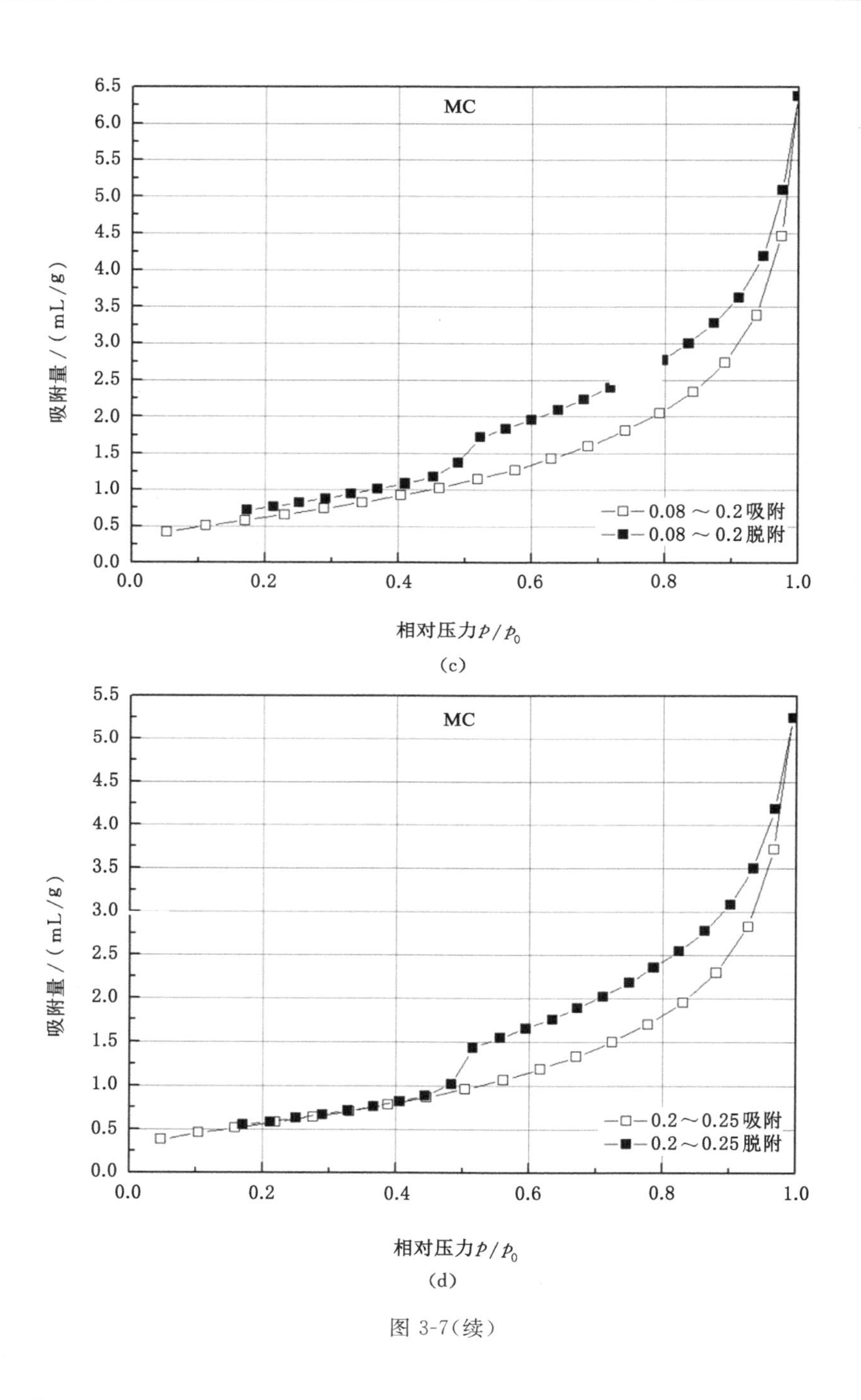

MC
吸附量/(mL/g)
相对压力p/p_0
—□— 0.08 ～ 0.2吸附
—■— 0.08 ～ 0.2脱附

(c)

MC
吸附量/(mL/g)
相对压力p/p_0
—□— 0.2～0.25吸附
—■— 0.2～0.25脱附

(d)

图 3-7(续)

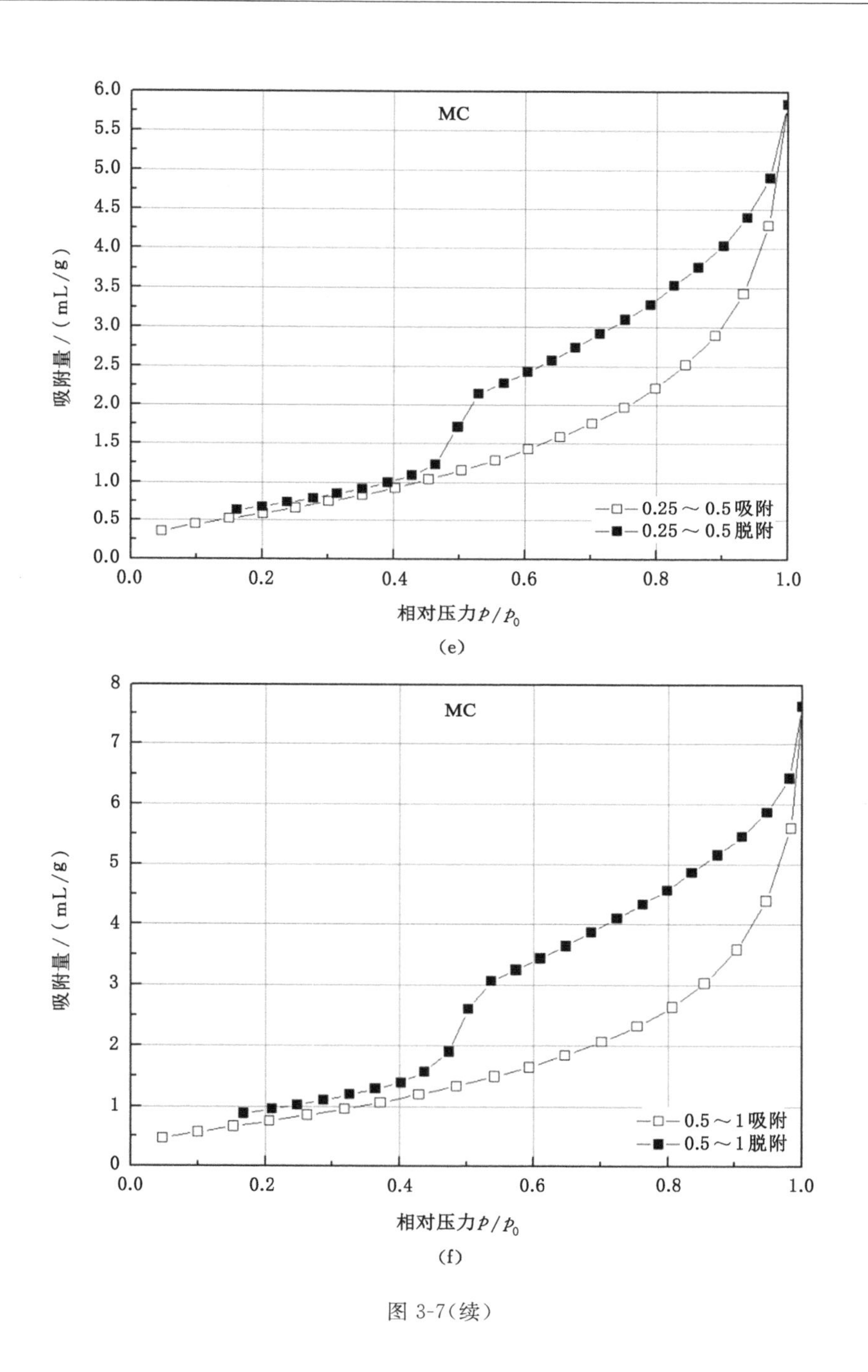
MC
吸附量/(mL/g)
相对压力p/p_0
0.25～0.5吸附
0.25～0.5脱附
(e)
MC
吸附量/(mL/g)
相对压力p/p_0
0.5～1吸附
0.5～1脱附
(f)

图 3-7(续)

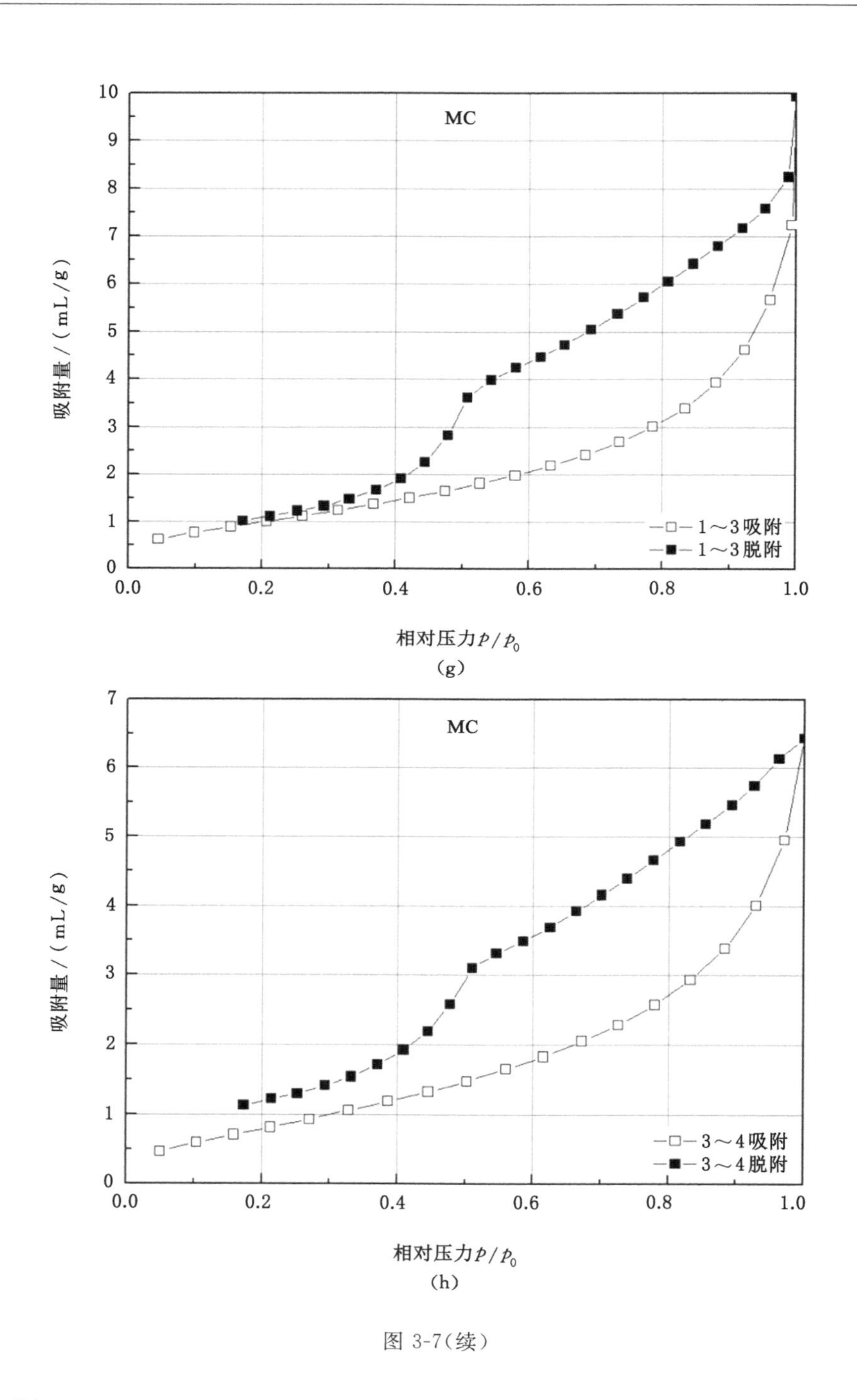

图 3-7(续)

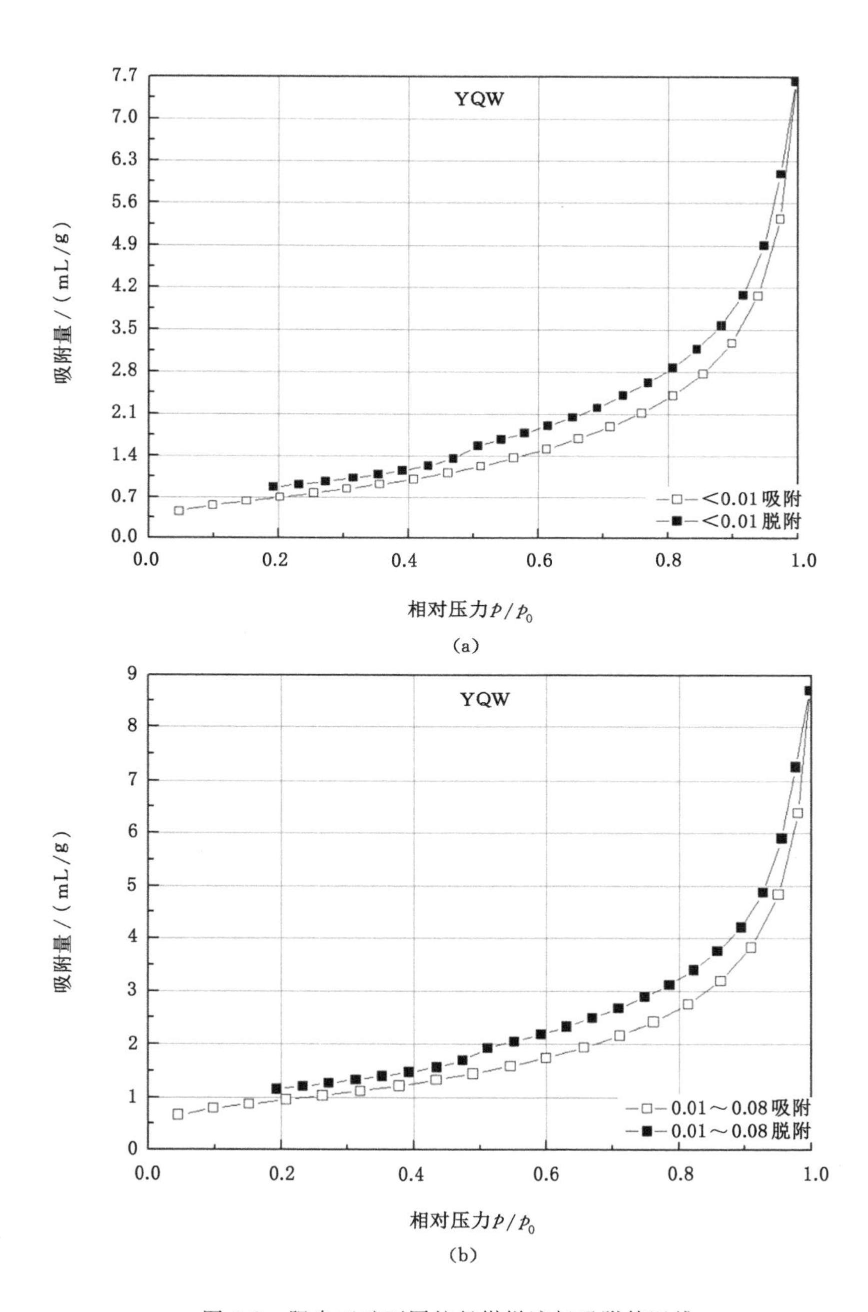

(a)

(b)

图 3-8 阳泉五矿不同粒径煤样液氮吸附等温线

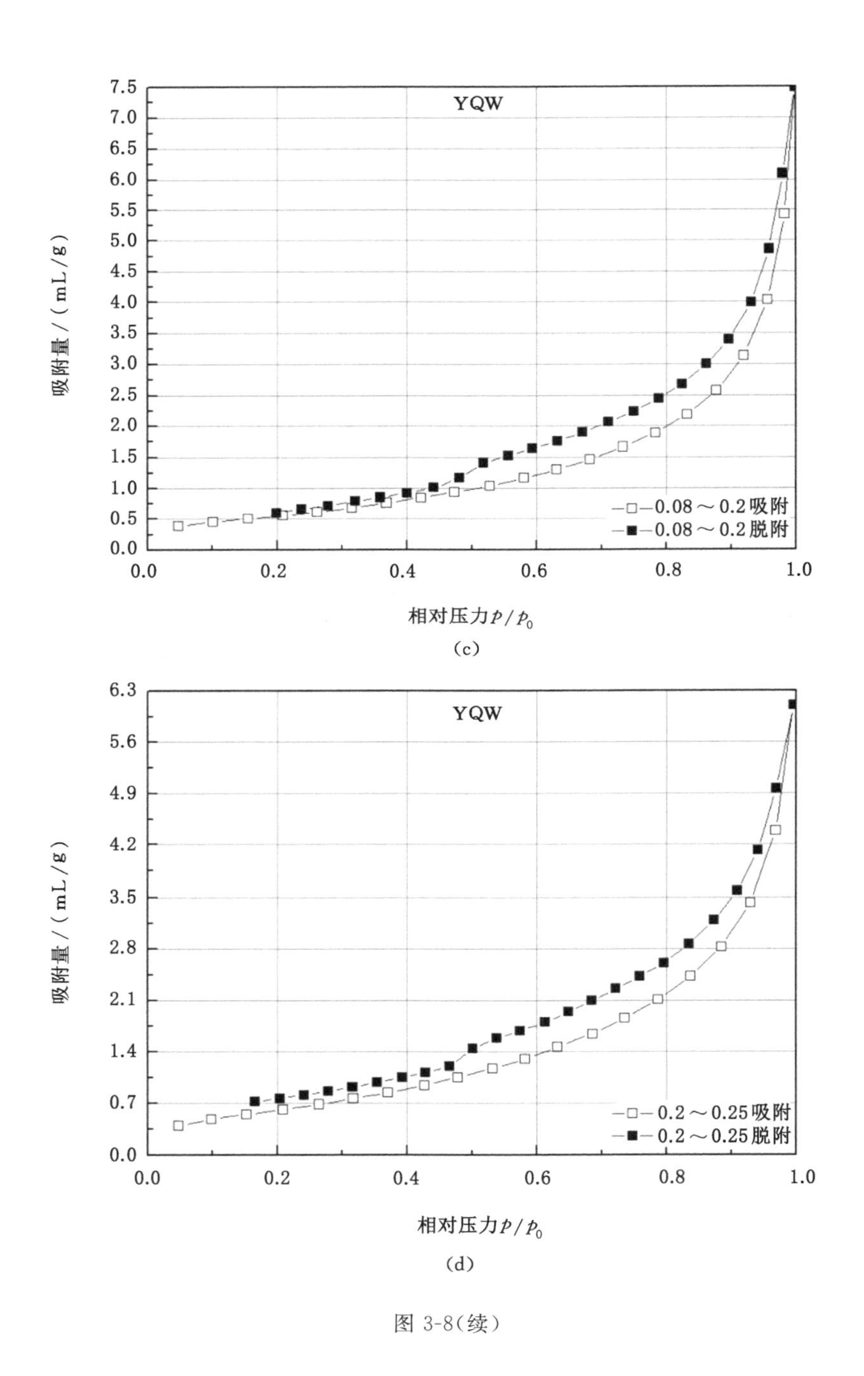

YQW
吸附量/(mL/g)
相对压力p/p_0
—□—0.08～0.2吸附
—■—0.08～0.2脱附
(c)
YQW
吸附量/(mL/g)
相对压力p/p_0
—□—0.2～0.25吸附
—■—0.2～0.25脱附
(d)

图 3-8(续)

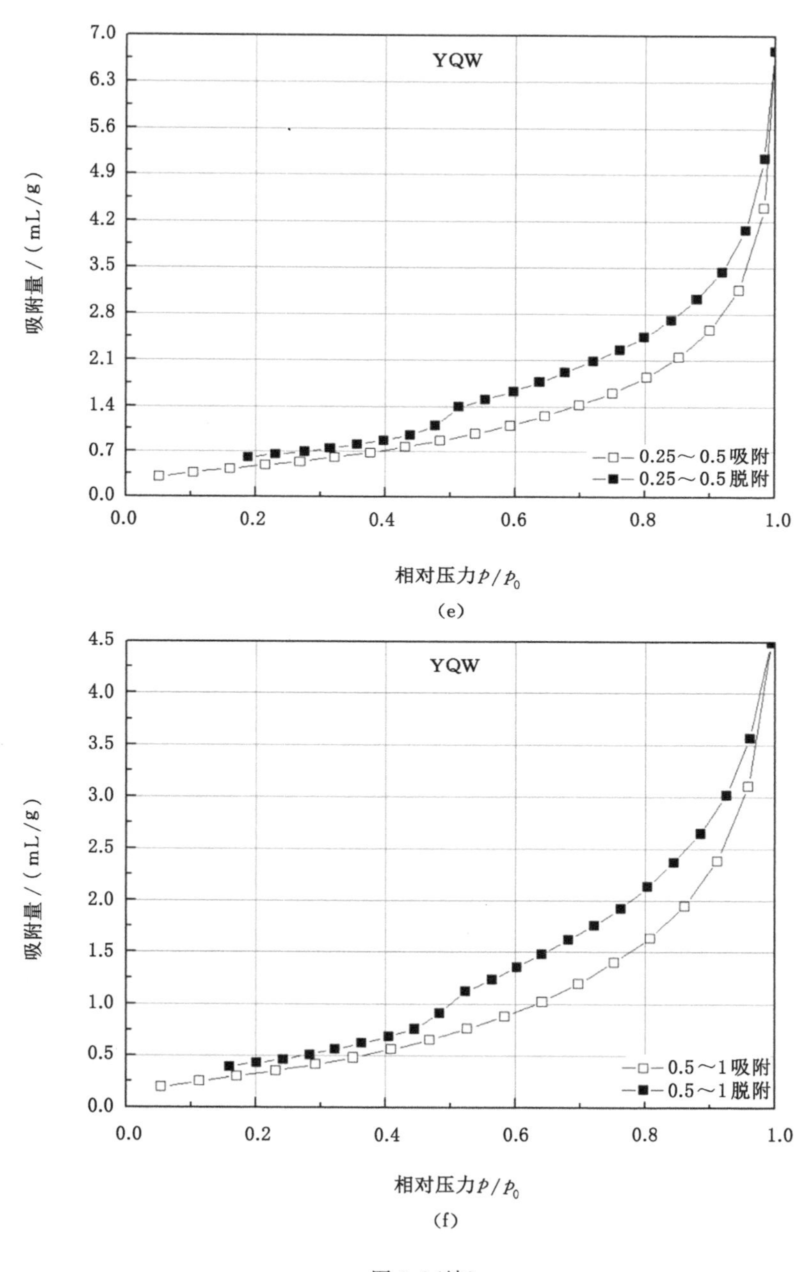

YQW
吸附量/(mL/g)
7.0
6.3
5.6
4.9
4.2
3.5
2.8
2.1
1.4
0.7
0.0
0.0
0.2
0.4
0.6
0.8
1.0
—□— 0.25～0.5吸附
—■— 0.25～0.5脱附
相对压力p/p0
(e)
YQW
吸附量/(mL/g)
4.5
4.0
3.5
3.0
2.5
2.0
1.5
1.0
0.5
0.0
0.0
0.2
0.4
0.6
0.8
1.0
—□— 0.5～1吸附
—■— 0.5～1脱附
相对压力p/p0
(f)

图 3-8(续)

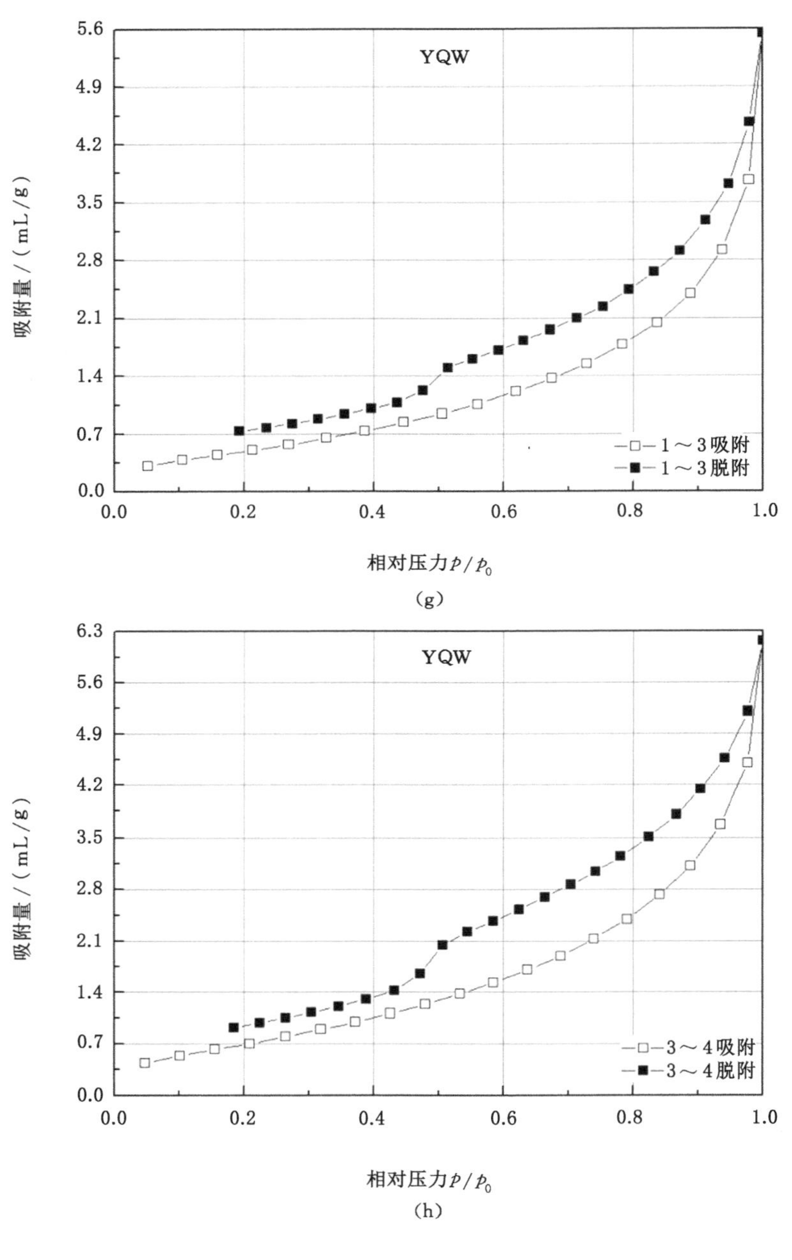
YQW
吸附量/(mL/g)
相对压力p/p_0
—□—1～3吸附
—■—1～3脱附
(g)
YQW
吸附量/(mL/g)
相对压力p/p_0
—□—3～4吸附
—■—3～4脱附
(h)

图 3-8(续)

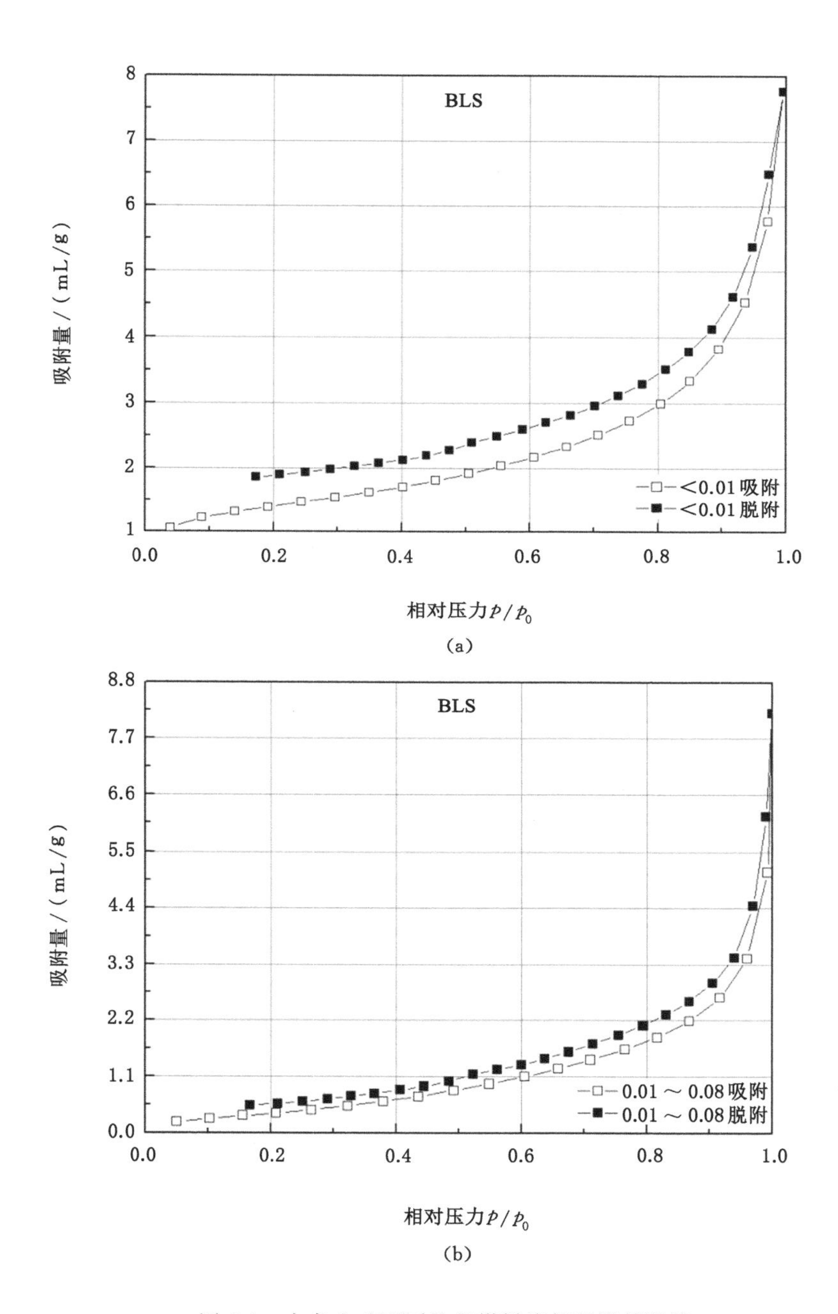

图 3-9　白龙山矿不同粒径煤样液氮吸附等温线

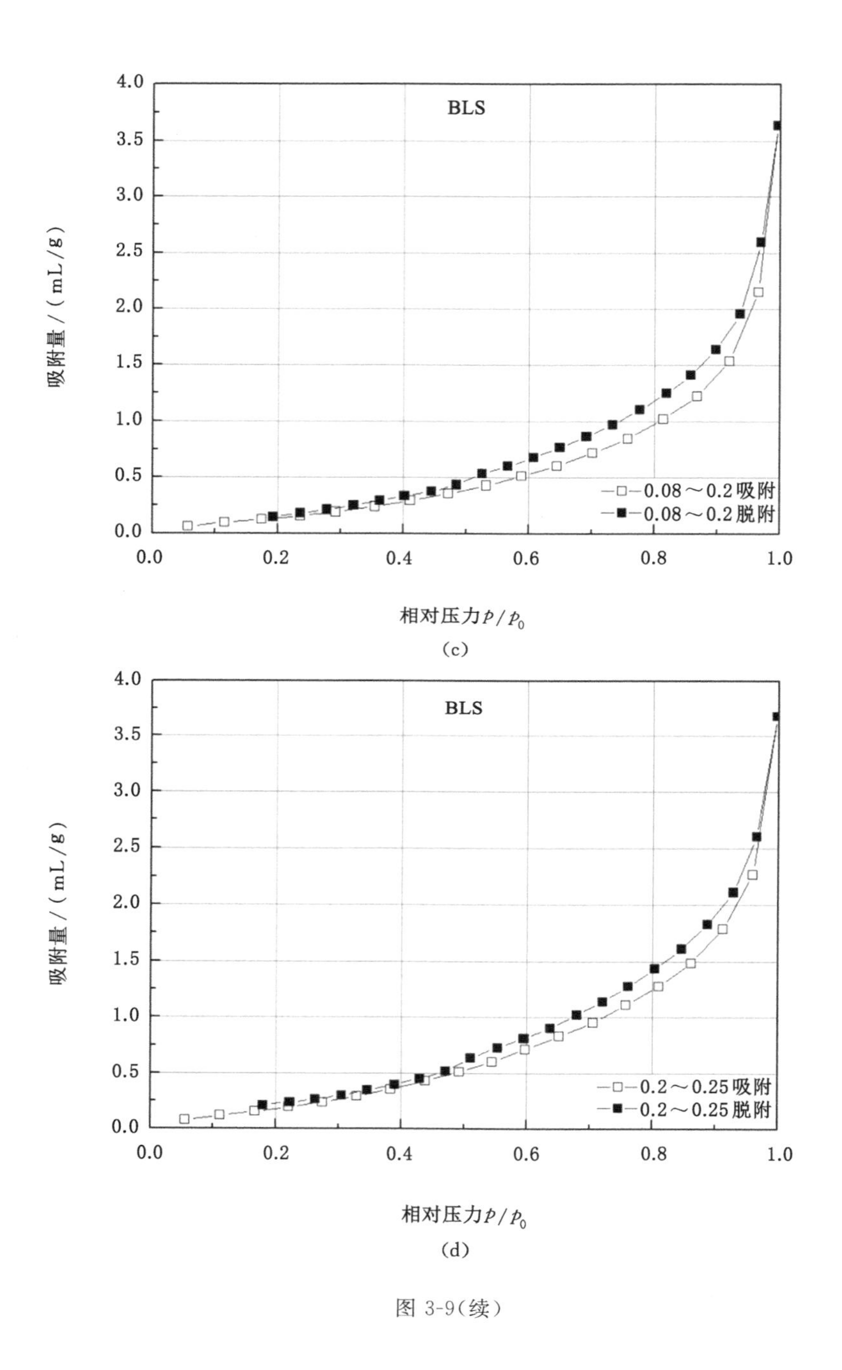

BLS
吸附量/(mL/g)
—□—0.08～0.2吸附
—■—0.08～0.2脱附
相对压力p/p_0
BLS
吸附量/(mL/g)
—□—0.2～0.25吸附
—■—0.2～0.25脱附
相对压力p/p_0

(c)

(d)

图 3-9(续)

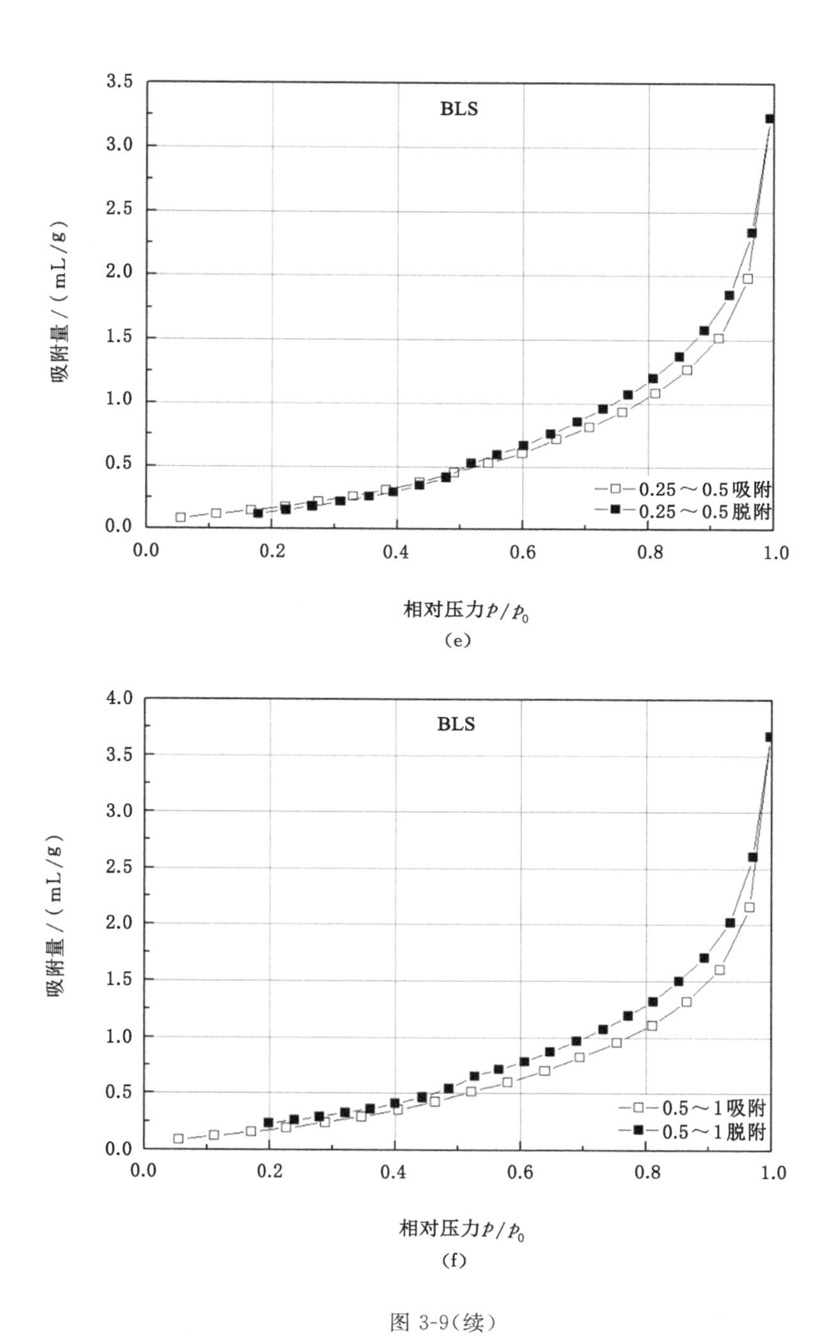

BLS
吸附量/(mL/g)
—□— 0.25～0.5吸附
—■— 0.25～0.5脱附
相对压力p/p_0
(e)
BLS
吸附量/(mL/g)
—□— 0.5～1吸附
—■— 0.5～1脱附
相对压力p/p_0
(f)

图 3-9(续)

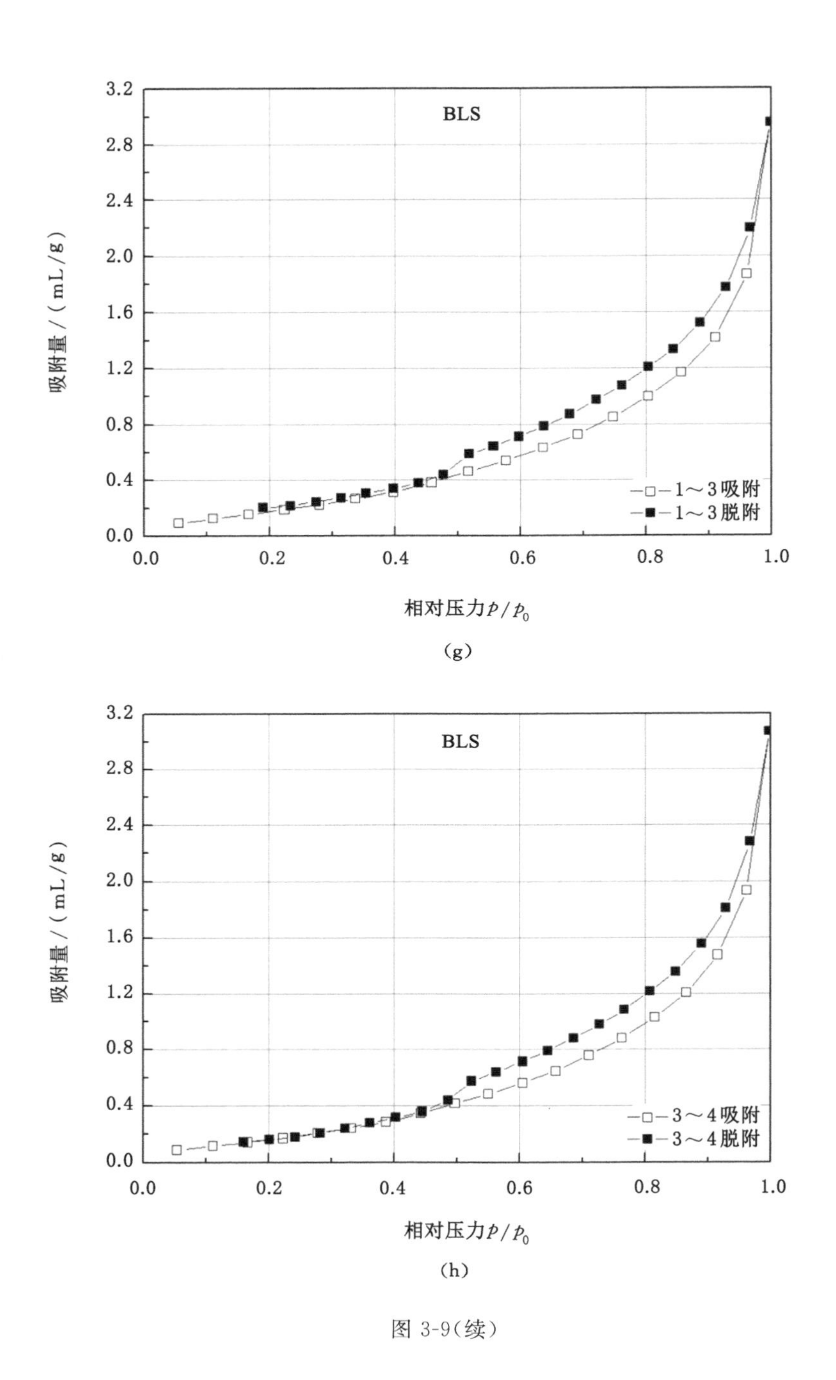
BLS
3.2
2.8
2.4
2.0
1.6
1.2
0.8
0.4
0.0
吸附量/(mL/g)
0.0
0.2
0.4
0.6
0.8
1.0
相对压力p/p_0
1～3吸附
1～3脱附
BLS
吸附量/(mL/g)
相对压力p/p_0
3～4吸附
3～4脱附

(g)

(h)

图 3-9(续)

生了毛细凝聚。据低压段闭合情况及是否出现阶段性降低情况，可以将液氮吸附等温线分为四类。Ⅰ类：低压段闭合或接近，无阶段性降低情况，如 MC<0.01、BLS0.08～0.2、BLS0.2～0.25、BLS0.25～0.5、BLS0.5～1 煤样。Ⅱ类：低压段不闭合，无阶段性降低情况，如 YQW<0.01、YQW0.01～0.08、BLS<0.01、BLS 0.01～0.08 煤样。Ⅲ类：低压段闭合，有明显阶段性压降情况，如 MC0.01～0.08、MC0.08～0.2、MC0.2～0.25、MC0.25～0.5、YQW0.08～0.2、BLS1～3、BLS3～4 煤样。Ⅳ类：低压段不闭合，有明显阶段性压降情况，如 MC0.5～1、MC1～3、MC3～4、YQW0.2～0.25、YQW0.25～0.5、YQW0.5～1、YQW1～3、YQW3～4 煤样。由上述分析可知，随着粒径减小，液氮吸附等温线同样存在“分区”现象，粒径越小，曲线越接近Ⅰ类曲线。

由图 3-7、图 3-8、图 3-9 可得出如下结论：(1) 马场矿和阳泉五矿煤样液氮最大吸附量整体随粒径减小先减小后增大，马场矿煤样液氮最大吸附量在0.2～0.25 mm 处达到最小值 5.3 mL/g，在<0.01 mm 处取得最大值 16.8 mL/g；阳泉五矿煤样液氮吸附量在 0.5～1 mm 处达到最小值 4.5 mL/g，在 0.01～0.08 mm 处取得最大值 8.9 mL/g；白龙山矿煤样最大吸附量随着粒径减小呈增大趋势，在 3～4 mm 达到最小值 3.19 mL/g，在 0.01～0.08 mL/g 达到最大值 8.8 mL/g。(2) 观察三种煤样不同粒径下的液氮最大吸附量，发现它们同样存在“分区”现象，对于马场矿煤样可分为三区：<0.01 mm 粒径煤样单独为一区；0.01～0.08 mm 至 0.25～0.5 mm 粒径煤样为一区，该区最大吸附量在 6 mL/g 左右；0.5～1 mm 至 3～4 mm 粒径煤样为一区，最大吸附量大于 7 mL/g。对于阳泉五矿煤样可分为五区：<0.01 mm 粒径煤样为一区；0.01～0.08 mm 粒径煤样为一区；0.08～0.2 mm 至 0.25～0.5 mm 粒径煤样为一区；最大吸附量在 6.5 mL/g 左右，0.5～1 mm 粒径煤样为一区；1～3 mm 至 3～4 mm 粒径煤样为一区，最大吸附量大于 5.6 mL/g。对于白龙山矿煤样可分为三区：<0.01 mm 和 0.01～0.08 mm 粒径煤样最大吸附量在 8.5 mL/g 左右；0.08～0.2 mm 至 0.5～1 mm 粒径煤样最大吸附量在 3.5 mL/g 左右；1～3 mm 和 3～4 mm 粒径煤样最大吸附量小于 3.2 mL/g。

3.5 煤样孔容分布损伤演化特征

由于压汞法和液氮吸附法对煤样孔隙特征的测定效果不同，分别选取相应方法中最优孔径结果进行分析，煤中半径<20 nm 的孔采用液氮吸附法，>20 nm部分用压汞法对煤样孔容进行分析，图 3-10 所示为不同粒径粉煤孔容分布密度演化特征。

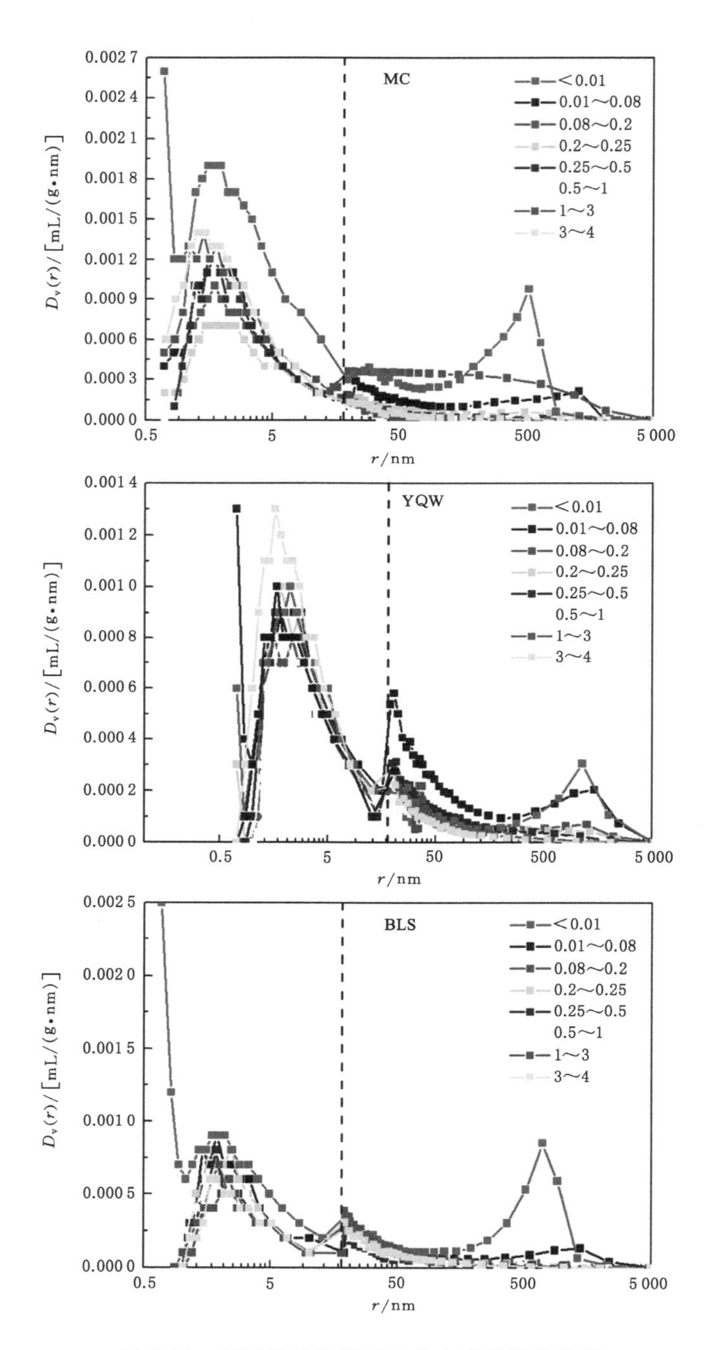

图 3-10　不同粒径粉煤孔容分布密度演化特征

由图 3-10 可知，三种煤样孔半径介于 0.5～5 000 nm 范围时，除 MC<0.01 mm、YQW<0.01 mm、YQW0.01～0.08 mm、BLS<0.01 mm 粒径煤样外，孔容分布密度均随孔半径增大先增大后减小，且均在 1.6 nm 左右时出现极大值。这说明在孔半径介于 0.8～1.6 nm 左右时累积孔容增幅逐渐加快，1.6 nm左右时达到最大值；在 1.6～5 000 nm 时累积孔容增加速度逐渐减慢，这样的孔隙结构表明 1.6 nm 左右时的孔数较多或孔长较长，该孔径处煤的孔容最大，容纳瓦斯的能力最强。而随着孔半径的增加或减小，孔数目或孔长均减小，即孔容逐渐减小，容纳瓦斯的能力逐渐减小。而对于 MC<0.01 mm、YQW<0.01 mm、YQW0.01～0.08 mm、BLS<0.01 mm 这四种粒径煤样在 0.5～0.8 nm时孔容分布密度均随孔半径增大而减小，说明在 0.5～0.8 nm 孔径累积孔容增速较快，到 0.8 nm 时增速变为最小，即在 0.5～0.8 nm 孔径孔数目或孔长逐渐变小，煤样容纳甲烷的能力逐渐变小。MC<0.01 mm、YQW<0.01 mm、YQW0.01～0.08 mm、BLS<0.01 mm 这四种粒径煤样孔半径介于 20～5 000 nm 时，孔容分布密度均在 500～5 000 nm 间出现一个极大值。说明在该孔半径段范围内累积孔容增速先增大后减小，存在一个高孔容段。对于所有煤样，孔半径介于 0.5～20 nm 时的孔容分布密度明显高于孔半径介于 20～5 000 nm 时的孔容分布密度。由此可以判断所有煤样微孔和过渡孔的孔长或孔数目大于中孔或大孔的孔长或孔数目。不同粒径煤样的孔容密度分布函数越靠上，说明对于相同的孔半径而言，孔数目或孔长越大。

对图 3-10 中的单位孔半径孔容分布密度函数对孔半径进行积分即可得到任意孔径的孔容，结果如表 3-4、表 3-5 和表 3-6 所示为给定不同粒径煤样的总孔容(V_t)、微孔孔容(V_w)、过渡孔孔容(V_g)、中孔孔容(V_z)、大孔孔容(V_d)等各阶段孔容及其相应的孔容分布。

表 3-4 马场矿不同粒径煤样累积孔容测定结果

粒径 D /mm	参数	V_t /(mL/g)	阶段孔容及孔容分布							
			V_w /(mL/g)	百分比 /%	V_g /(mL/g)	百分比 /%	V_z /(mL/g)	百分比 /%	V_d /(mL/g)	百分比 /%
<0.01	真值	0.503	0.013	2.604	0.029	5.802	0.421	83.758	0.039	7.837
	倍数	28.500	3.047	1.731	6.636	3.152	91.544	3.924	30.308	1.104
0.01～0.08	真值	0.388	0.006	1.504	0.007	1.841	0.083	21.348	0.292	75.306
	倍数	21.973	1.349	1.000	1.614	1.000	18.000	1.000	224.539	10.611

表 3-4(续)

粒径 D /mm	参数	V_t /(mL/g)	阶段孔容及孔容分布							
			V_w /(mL/g)	百分比 /%	V_g /(mL/g)	百分比 /%	V_z /(mL/g)	百分比 /%	V_d /(mL/g)	百分比 /%
0.08～0.2	真值	0.124	0.005	4.114	0.008	6.299	0.040	32.083	0.071	57.504
	倍数	7.038	1.186	2.735	1.773	3.422	8.652	1.503	54.923	8.103
0.2～0.25	真值	0.094	0.004	4.606	0.009	9.103	0.044	47.044	0.037	39.248
	倍数	5.315	1.000	3.063	1.932	4.945	9.587	2.204	28.308	5.530
0.25～0.5	真值	0.035	0.006	15.788	0.006	17.381	0.014	39.931	0.009	26.901
	倍数	1.985	1.279	10.497	1.386	9.441	3.044	1.871	7.231	3.791
0.5～1	真值	0.023	0.007	29.880	0.004	18.877	0.007	30.315	0.005	20.928
	倍数	1.316	1.605	19.867	1.000	10.254	1.522	1.420	3.769	2.949
1～3	真值	0.022	0.006	29.465	0.007	33.932	0.006	28.012	0.002	8.591
	倍数	1.238	1.488	19.591	1.682	18.431	1.326	1.312	1.462	1.211
3～4	真值	0.018	0.007	39.724	0.005	26.950	0.005	26.229	0.001	7.097
	倍数	1.000	1.628	26.412	1.091	14.639	1.000	1.229	1.000	1.000

由表 3-4 可知(表中数据因有效数字位数的原因与正文中有细微差别;正文中取值更精确,下同),马场矿毫米级粒径煤样的孔容以过渡孔和中孔为主,随粒径增大逐渐过渡到以中孔和大孔为主,这与众多学者的研究结果具有一致性[179]。粒径对总孔容影响表现为随粒径减小总孔容整体呈增大趋势,总孔容值介于 0.018～0.503 mL/g 范围内,分别在 3～4 mm 和<0.01 mm 处取得最小值和最大值。马场矿不同粒径煤样总孔容与最小值的比值(倍数)随着粒径减小亦呈增幅加剧的增大趋势,总孔容最大值是最小值的 28.5 倍,其倍数介于 1.000～28.5 之间。

马场矿煤样微孔孔容(V_w)随粒径减小先减小后增大,微孔孔容在 0.004 3～0.013 mL/g 之间,0.2～0.25 mm 和<0.01 mm 粒径煤样分别取得最小值和最大值。该矿不同粒径煤样微孔孔容与最小值的比值(倍数)随着粒径减小亦呈开口向上的"U"形趋势,微孔孔容最大值是最小值的 3.047 倍,其倍数介于1.000～3.047 之间。该矿微孔孔容所占比例随粒径减小总体呈减小趋势,占比介于1.504%～39.724%之间,分别在 0.01～0.08 mm 和 3～4 mm 处取得最小值和最大值。微孔占比最大值是最小值的 26.412 倍,其倍数介于 1.000～26.412 之间。

马场矿煤样过渡孔孔容(V_g)呈波动性增加趋势，过渡孔孔容在0.004 38～0.029 2 mL/g之间，0.5～1 mm和<0.01 mm粒径煤样分别取得最小值和最大值，最大值是最小值的6.636倍，其倍数介于1.000～6.636之间。该矿过渡孔孔容所占比例变化情况为：随着粒径减小，过渡孔孔容所占比例总体呈减小趋势，马场矿煤样过渡孔孔容所占比例在1.841%～33.932%之间，分别在0.01～0.08 mm和1～3 mm粒径煤样分别取得最小值和最大值，过渡孔的孔容占比最大值是最小值的18.431倍，其倍数介于1.000～18.431之间。

马场矿煤样中孔孔容(V_z)随粒径减小整体呈增大趋势，中孔孔容在0.004 63～0.421 mL/g之间，分别在3～4 mm和<0.01 mm处取得最小值和最大值，中孔孔容最大值是最小值的91.544倍，其倍数介于1.000～91.544之间。该矿中孔孔容所占比例随粒径减小先增大后减小再增大，其所占比例处于21.348%～83.758%之间，分别在0.01～0.08 mm和<0.01 mm处取得最小值和最大值，该孔容占比最大值是最小值的3.924倍，其倍数介于1.000～3.924之间。

马场矿煤样大孔孔容(V_d)随粒径减小整体呈增大趋势，大孔孔容在0.001 25～0.292 mL/g之间，分别在3～4 mm和0.01～0.08 mm处取得最小值和最大值，最大值是最小值的224.539倍，其倍数介于1.000～224.539之间；对于大孔孔容(V_d)比例变化情况为：随着粒径减小，大孔孔容所占比例整体呈逐渐增加趋势。马场矿煤样大孔孔容所占比例在7.097%～75.306%之间，分别在3～4 mm和0.01～0.08 mm粒径处取得最小值和最大值，最大值是最小值的10.611倍，其倍数介于1.000～10.611之间。

由表3-5可知，阳泉五矿毫米级粒径煤样的孔容以过渡孔和中孔为主，随粒径减小逐渐过渡到以中孔和大孔为主，粒径对孔容影响表现为随粒径减小总孔容整体呈增大趋势。阳泉五矿总孔容介于0.025 2～0.459 mL/g范围内，分别在3～4 mm和0.01～0.08 mm处取得最小值和最大值，总孔容最大值是最小值的18.219倍，其倍数介于1.000～18.219之间。

表3-5 阳泉五矿不同粒径煤样累积孔容测定结果

粒径 D /mm	参数	V_t /(mL/g)	阶段孔容及孔容分布							
			V_w /(mL/g)	百分比 /%	V_g /(mL/g)	百分比 /%	V_z /(mL/g)	百分比 /%	V_d /(mL/g)	百分比 /%
<0.01	真值	0.452	0.006	1.299	0.011	2.468	0.063	13.846	0.372	82.387
	倍数	17.914	1.255	1.000	1.461	1.000	6.378	1.000	1 240.333	77.214

表 3-5(续)

粒径 D /mm	参数	V_t /(mL/g)	阶段孔容及孔容分布							
			V_w /(mL/g)	百分比 /%	V_g /(mL/g)	百分比 /%	V_z /(mL/g)	百分比 /%	V_d /(mL/g)	百分比 /%
0.01～0.08	真值	0.459	0.007	1.585	0.022	4.887	0.119	25.820	0.311	67.708
	倍数	18.219	1.553	1.220	2.947	1.980	12.102	1.865	1 036.667	63.456
0.08～0.2	真值	0.159	0.010	6.138	0.008	5.245	0.045	28.271	0.096	60.346
	倍数	6.290	2.064	4.725	1.092	2.125	4.571	2.042	319.000	56.557
0.2～0.25	真值	0.129	0.013	10.337	0.011	8.818	0.047	36.061	0.058	44.785
	倍数	5.110	2.830	7.957	1.500	3.573	4.745	2.605	192.333	41.973
0.25～0.5	真值	0.084	0.012	14.455	0.013	15.233	0.033	39.404	0.026	30.908
	倍数	3.349	2.596	11.127	1.697	6.171	3.398	2.846	87.000	28.968
0.5～1	真值	0.036	0.005	12.838	0.008	21.097	0.014	39.483	0.010	26.583
	倍数	1.438	1.000	9.882	1.000	8.547	1.459	2.852	32.000	24.914
1～3	真值	0.033	0.005	14.941	0.009	26.891	0.016	49.139	0.003	9.029
	倍数	1.296	1.043	11.501	1.158	10.895	1.643	3.549	10.000	8.462
3～4	真值	0.025	0.006	24.773	0.009	35.333	0.010	38.828	0.000	1.067
	倍数	1.000	1.319	19.069	1.171	14.315	1.000	2.804	1.000	1.000

阳泉五矿微孔孔容(V_w)随粒径减小呈减-增-减趋势,微孔孔容在 0.004 66～0.013 mL/g 之间,分别在 0.5～1 mm 和 0.2～0.25 mm 处取得最小值和最大值,微孔孔容最大值是最小值的 2.830 倍,其倍数介于 1.000～2.830 之间。该矿微孔孔容所占比例随粒径总体呈减小趋势,阳泉五矿煤样微孔孔容所占比例介于 1.299%～24.773%之间,分别在<0.01 mm 和 3～4 mm 处取得最小值和最大值,微孔孔容占比最大值是最小值的 19.069 倍,其倍数介于1.000～19.069 之间。

阳泉五矿煤样过渡孔孔容(V_g)随粒径减小呈减-增-减趋势,孔容处于 0.007 65～0.022 5 mL/g 之间,分别在 0.5～1 mm 和 0.01～0.08 mm 粒径处取得最小值和最大值,最大值是最小值的 2.947 倍,其倍数介于 1.000～2.947之间。该矿煤样过渡孔孔容所占比例随粒径减小总体呈减小趋势,占比 2.468%～35.333%之间,分别在<0.01 mm 和 3～4 mm 粒径处取得最小值和最大值,最大值是最小值的 14.315 倍,其倍数介于 1.000～14.315 之间。

阳泉五矿煤样中孔孔容(V_z)随粒径减小整体呈增大趋势,中孔孔容在 0.119～0.009 79 mL/g 之间,分别在 3～4 mm 和 0.01～0.08 mm 处取得最小值和最大值,最大值是最小值的 12.102 倍,其倍数介于 1.000～12.102 之间。该矿煤样中孔孔容所占比例随粒径减小呈减小趋势,其所占比例在13.846%～

49.139%之间，分别在<0.01 mm 和 1～3 mm 处取得最小值和最大值，最大值是最小值的 3.549 倍，其倍数介于 1.000～3.549 之间。

阳泉五矿煤样大孔孔容(V_d)随粒径减小整体呈增大趋势，大孔孔容在 0.000 269～0.372 mL/g 之间，分别在 3～4 mm 和<0.01 mm 处取得最小值和最大值，最大值是最小值的 1 240.333 倍，其倍数介于 10～1 240.333 之间。该矿煤样大孔的孔容比例随着粒径减小，大孔孔容所占比例整体呈逐渐增加趋势，其占比在 1.067%～82.387%之间，分别在 3～4 mm 和<0.01 mm 处取得最小值和最大值，最大值是最小值的 77.214 倍，其倍数介于 1.000～77.214 之间。

由表 3-6 可知，白龙山矿毫米级粒径煤样孔容均以过渡孔和中孔为主，随粒径增大逐步过渡到以中孔和大孔为主，除白龙山 0.08～0.2 mm 粒径煤样外，粒径对孔容的影响表现为随粒径减小总孔容整体呈增大趋势。白龙山矿煤样总孔容在 0.029 1～0.578 mL/g 范围内，分别在 3～4 mm 和<0.01 mm 处取得最小值和最大值，最大值是最小值的 19.853 倍，其倍数介于 1.000～19.853 之间。

表 3-6　白龙山矿不同粒径煤样累积孔容测定结果

粒径 D /mm	参数	V_t /(mL/g)	阶段孔容及孔容分布							
			V_w /(mL/g)	百分比 /%	V_g /(mL/g)	百分比 /%	V_z /(mL/g)	百分比 /%	V_d /(mL/g)	百分比 /%
<0.01	真值	0.578	0.007	1.126	0.014	2.501	0.450	77.874	0.107	18.499
	倍数	19.853	2.826	1.000	1.920	1.000	42.453	3.101	17.817	1.000
0.01～0.08	真值	0.266	0.004	1.319	0.012	4.566	0.067	25.113	0.184	69.002
	倍数	9.140	1.522	1.172	1.613	1.826	6.302	1.000	30.600	3.730
0.08～0.2	真值	0.067	0.003	3.782	0.010	15.196	0.028	41.580	0.027	39.442
	倍数	2.314	1.087	3.359	1.360	6.077	2.642	1.656	4.433	2.132
0.2～0.25	真值	0.076	0.004	4.714	0.010	12.879	0.027	36.180	0.035	46.227
	倍数	2.606	1.565	4.186	1.307	5.151	2.585	1.441	5.850	2.499
0.25～0.5	真值	0.044	0.003	7.226	0.008	16.895	0.018	40.077	0.016	35.803
	倍数	1.526	1.391	6.417	1.000	6.757	1.679	1.596	2.650	1.935
0.5～1	真值	0.036	0.002	6.577	0.008	22.412	0.013	36.806	0.012	34.205
	倍数	1.223	1.000	5.841	1.067	8.963	1.236	1.466	2.033	1.849
1～3	真值	0.034	0.003	8.954	0.010	30.081	0.011	32.759	0.010	28.207
	倍数	1.172	1.348	7.951	1.373	12.030	1.057	1.305	1.600	1.525
3～4	真值	0.029	0.003	8.926	0.010	34.037	0.011	36.555	0.006	20.483
	倍数	1.000	1.130	7.926	1.320	13.612	1.000	1.456	1.000	1.107

白龙山矿煤样微孔孔容(V_w)随粒径增大先增大后减小再增大，微孔孔容在0.002 34～0.003 58 mL/g之间，分别在0.5～1 mm和<0.01 mm处取得最小值和最大值，最大值是最小值的2.826倍，其倍数介于1.000～2.826之间。微孔孔容所占比例随粒径减小总体呈减小趋势，介于1.126%～8.954%之间，分别在<0.01 mm和1～3 mm处取得最大值和最小值，最大值是最小值的7.951倍，其倍数介于1.000～7.951之间。

白龙山矿煤样过渡孔孔容(V_g)随粒径减小呈先增大后减小再增大趋势，孔容处于0.007 50～0.014 45 mL/g之间，分别在0.25～0.5 mm和<0.01 mm处取得最小值和最大值，最大值是最小值的1.92倍，其倍数介于1.000～1.92之间。该矿煤样过渡孔孔容所占比例随粒径减小总体呈减小趋势，其值介于2.500%～34.036 5%之间，分别在<0.01 mm和3～4 mm粒径间取得最小值和最大值，最大值是最小值的13.612倍，其倍数介于1.000～1254.............1030.0601020之间。

白龙山矿煤样中孔孔容(V_z)随粒径减小整体呈增大趋势，其值介于0.010 6～0.45 mL/g之间，分别在3～4 mm和<0.01 mm处取得最小值和最大值，最大值是最小值的42.453倍，其倍数介于1.057～42.453之间。该矿煤样中孔孔容所占比例处于波动状态，无明显变化规律，其所占比例处于25.113%～77.874%之间，分别在0.01～0.08 mm和<0.01 mm处取得最小值和最大值，最大值是最小值的3.101倍，其倍数介于1.000～3.101之间。

白龙山矿煤样大孔孔容(V_d)随粒径减小整体呈增大趋势，其值介于0.005 96～0.184 mL/g之间，分别在3～4 mm和0.01～0.08 mm处取得最小值和最大值，最大值是最小值的30.6倍，其倍数介于1.6～30.6之间。该矿煤样大孔孔容所占比例随粒径减小整体呈逐渐增加趋势，其值介于18.499%～69.002%之间，分别在<0.01 mm和0.01～0.08 mm处取得最小值和最大值，而3～4 mm粒径煤样的大孔孔容占比几乎与<0.01 mm粒径相同，是次大值，该矿大孔孔容占比最大值是最小值的3.73倍，其倍数介于1.000～3.73之间。

为便于观察孔容随颗粒直径的变化情况，取平均颗粒直径$\overline{D}$代替原粒径区间，然后以总孔容及不同孔径段孔容对平均颗粒直径$\overline{D}$进行作图，得到图3-11。

通过对图3-11分析可知，随破碎程度加深，粒径减小，总孔容迅速增加，将总孔容(V_t)与平均颗粒直径$\overline{D}$进行拟合，得出总孔容(V_t)与平均颗粒直径$\overline{D}$呈公式(3-14)所示的幂函数形式：

$$V_t = a_{vt} \cdot \overline{D}^{b_{vt}} \tag{3-14}$$

将三种煤样的总孔容(V_t)与平均颗粒直径$\overline{D}$进行拟合的结果如表3-7所示。

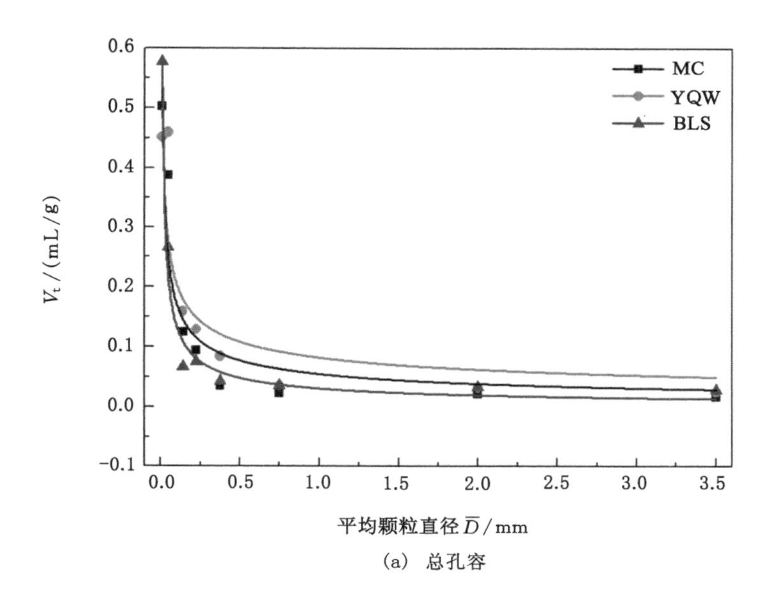

(a) 总孔容

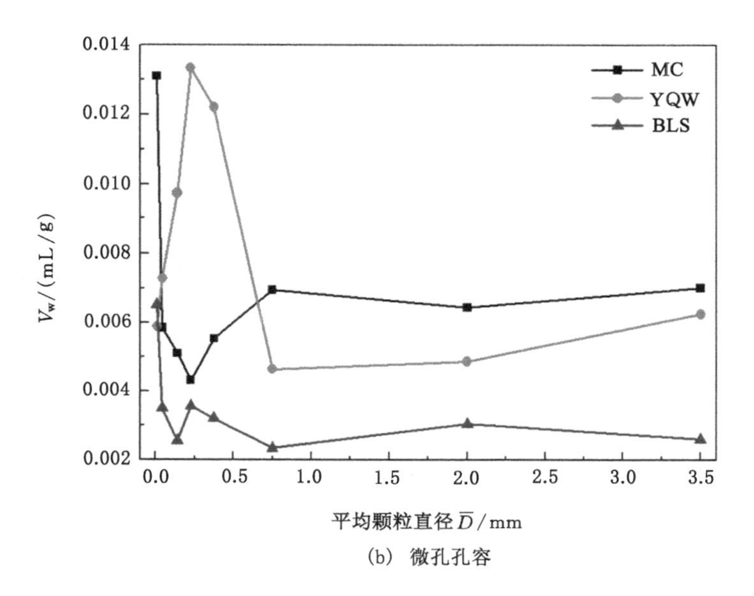

(b) 微孔孔容

图 3-11 不同粒径粉煤孔隙孔容演化特征

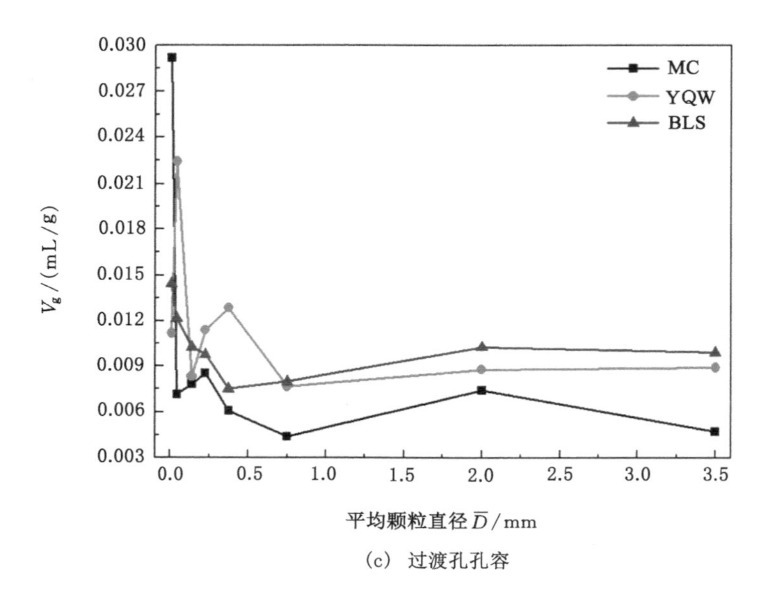

(c) 过渡孔孔容

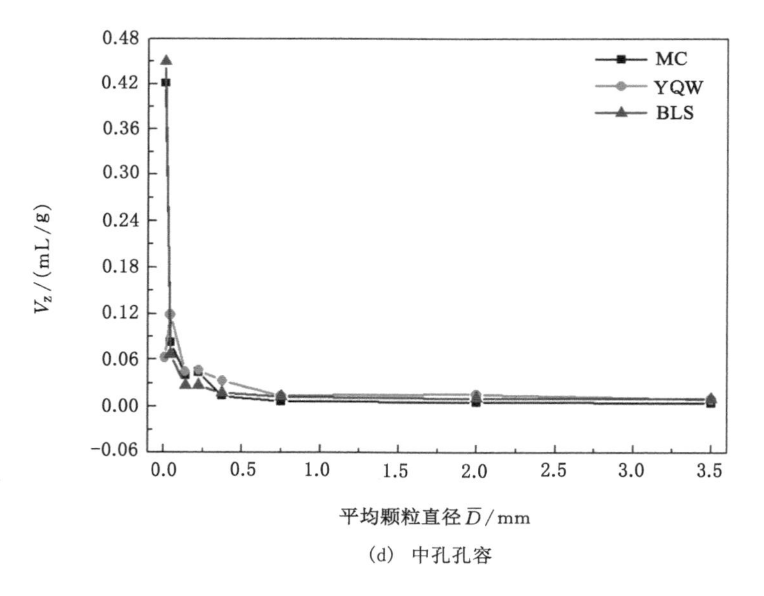

(d) 中孔孔容

图 3-11(续)

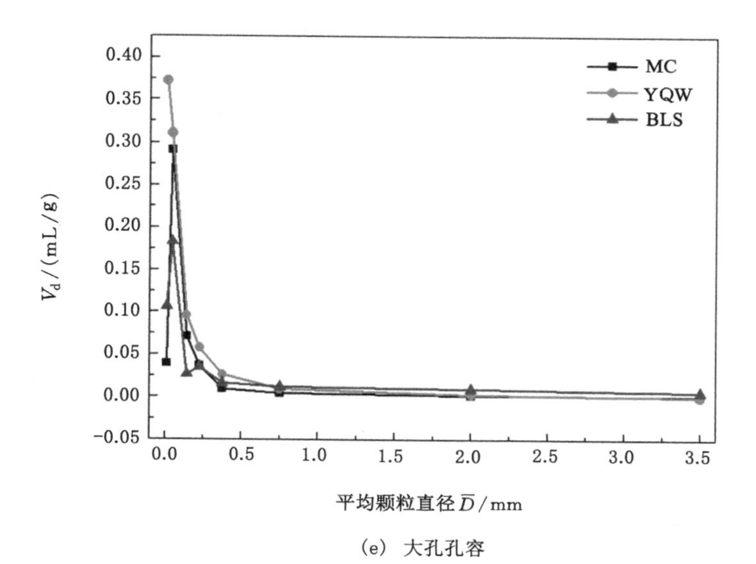

(e) 大孔孔容

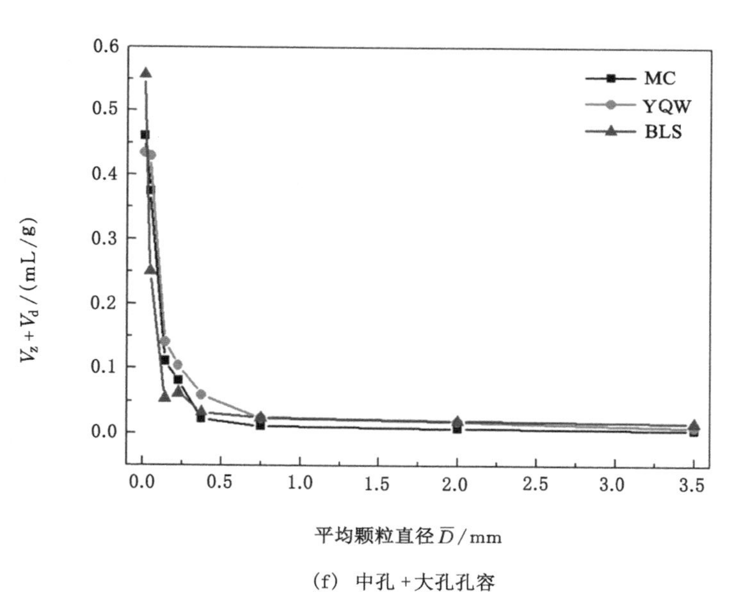

(f) 中孔+大孔孔容

图 3-11(续)

表 3-7　总孔容与平均颗粒直径关系参数

样品名称	$a_{vt}/10^{-14}$	b_{vt}	R^2
MC	0.055	−0.495	0.884
YQW	0.082	−0.396	0.787
BLS	0.031	−0.636	0.981

由表 3-7 可知，三种煤样的总孔容与平均颗粒直径相关关系均在 0.78 以上，相关度很高，煤样不同，总孔容随粒径变化程度不同。

由图 3-11 可知，粒径对总孔容影响表现为随粒径减小总孔容整体呈增大趋势；微孔和过渡孔孔容随粒径变化无一致性规律，但其占比均随着粒径减小而减小；中孔和大孔孔容均随粒径减小而增大，中孔占比随粒径变化则无一致性规律，而大孔孔容占比则随粒径增加呈增大趋势。总孔容最小值均在 3～4 mm 处取得，最大值主要集中在<0.01 mm 和 0.01～0.08 mm 之间。

微孔孔容集中范围不一致，马场矿与阳泉五矿煤样微孔孔容最小值均集中在 0.5～1 mm 处，而白龙山矿煤样微孔孔容最小值则在 0.2～0.25 mm 处，马场矿和白龙山矿煤样微孔孔容最大值集中在<0.01 mm 处，而阳泉五矿煤样微孔孔容则在 0.2～0.25 mm 处取得最大值；微孔孔容占比最小值集中在<0.01 mm 和 0.01～0.08 mm 之间，最大值集中在 1～3 mm 和 3～4 mm 之间。

过渡孔孔容最小值主要集中在 0.25～0.5 mm 和 0.5～1 mm 之间，最大值主要集中在<0.01 mm 和 0.01～0.08 mm 之间；过渡孔孔容所占比例最小值集中在<0.01 mm 和 0.01～0.08 mm 之间，最大值集中在 1～3 mm 和 3～4 mm 之间。

中孔孔容最小值均在 3～4 mm 处取得，最大值集中在<0.01 mm 和 0.01～0.08 mm 之间；中孔孔容所占比例最小值主要集中在<0.01 mm 和 0.01～0.08 mm之间，而马场矿和白龙山矿煤样最大值集中在<0.01 mm 处，阳泉五矿煤样集中在 1～3 mm 处取得。

大孔孔容最小值主要集中在<0.01 mm 和 0.01～0.08 mm 之间，最大值均在 3～4 mm 处取得。大孔孔容占比最小值主要集中在 3～4 mm 处，最大值主要集中在<0.01 mm 和 0.01～0.08 mm 之间。

3.6　煤样孔隙比表面积演化特征分析

由前所述，比表面积是煤表面特性及孔结构的重要参数，是影响煤中瓦斯吸附/解吸性能的重要因素。图 3-12 所示为不同粒径粉煤孔隙比表面积分布密度演化特征。

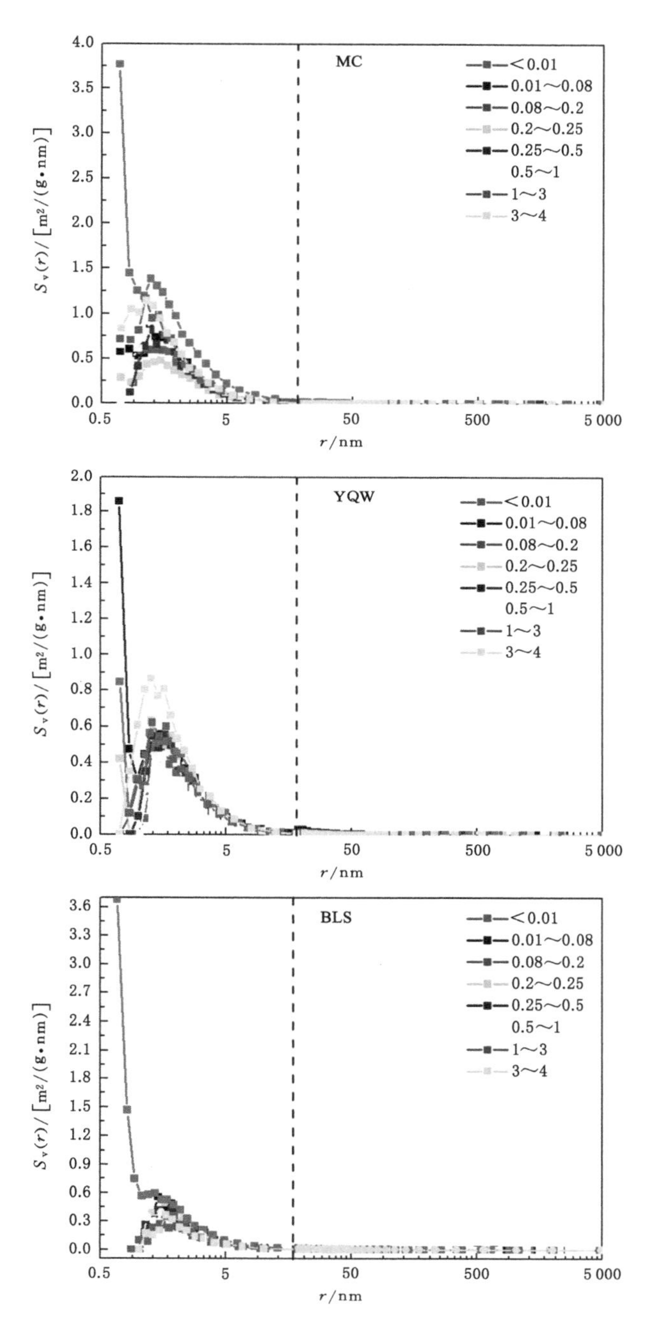

图 3-12　不同粒径粉煤孔隙比表面积分布密度演化特征

由图 3-12 可知，处于 0.8～5 000 nm 孔半径间所有煤样的比表面积分布密度均随着孔半径的增大先增大再减小，在 1.6 nm 左右时达到最大值。这说明粒径区间煤样累积比表面积增长速度逐渐加快，到 1.6 nm 左右时达到最快，后增长速度又逐渐减小。这说明在 1.6 nm 左右时煤样的孔数目最多或孔长最长，比表面积最大，容纳瓦斯的能力最强。大于或小于 1.6 nm 时孔数目逐渐减小或孔长逐渐变短，容纳瓦斯能力逐渐变弱。而对于 0.5～0.8 nm 孔半径间比表面积分布密度，除 MC＜0.01 mm、YQW＜0.01 mm、YQW0.01～0.08 mm、BLS＜0.01 mm 三种粒径煤样随孔半径增大而减小外，其余均与 0.8～5 000 nm 的相同。这说明对于 MC＜0.01 mm、YQW＜0.01 mm、YQW0.01～0.08 mm、BLS＜0.01 mm 而言，在 0.8 nm 左右处比表面积存在一个比表面积增速的极小值。大于或小于 0.8 nm 时，比表面积均增加。说明在 0.8 nm 左右处比表面积存在一个极小值。由上所述可知，所有煤样的孔长或者孔数目均随着孔半径的增大而减小，在 1.6 nm 左右时存在一个极大值，对于 MC＜0.01 mm、YQW＜0.01 mm、YQW0.01～0.08 mm、BLS＜0.01 mm 四种粒径煤样在 0.8 nm 处存在一个极小值。

对图 3-12 中比表面积分布密度 $S_v(r)$ 对孔半径 r 进行积分，可得到任意孔径段累积比表面积及总比表面积，结果如表 3-8、表 3-9 和表 3-10 所示，表中数据为不同粒径煤样总比表面积（S_t）、微孔比表面积（S_w）、过渡孔比表面积（S_g）、中孔比表面积（S_z）、大孔比表面积（S_d）等各阶段比表面积及其相应的比表面积分布。

表 3-8　马场矿不同粒径煤样累积比表面积测定结果

粒径 D /mm	参数	S_t /(m²/g)	阶段比表面积及其分布							
			S_w /(m²/g)	百分比 /%	S_g /(m²/g)	百分比 /%	S_z /(m²/g)	百分比 /%	S_d /(m²/g)	百分比 /%
＜0.01	真值	12.015	8.387	69.806	1.411	11.746	2.161	17.988	0.055	0.460
	倍数	3.781	3.279	1.000	6.818	2.138	65.890	27.802	36.867	14.839
0.01～0.08	真值	5.387	3.927	72.893	0.532	9.879	0.643	11.930	0.285	5.298
	倍数	1.695	1.535	1.044	2.571	1.798	19.595	18.439	190.267	170.903
0.08～0.2	真值	3.603	3.072	85.253	0.246	6.828	0.213	5.923	0.072	1.996
	倍数	1.134	1.201	1.221	1.188	1.243	6.506	9.155	47.933	64.387
0.2～0.25	真值	3.178	2.558	80.492	0.345	10.853	0.240	7.561	0.035	1.095
	倍数	1.000	1.000	1.153	1.666	1.975	7.326	11.686	23.200	35.323

表 3-8(续)

粒径 D /mm	参数	S_t /(m^2/g)	阶段比表面积及其分布							
			S_w /(m^2/g)	百分比 /%	S_g /(m^2/g)	百分比 /%	S_z /(m^2/g)	百分比 /%	S_d /(m^2/g)	百分比 /%
0.25～0.5	真值	3.768	3.465	91.965	0.207	5.494	0.081	2.155	0.015	0.387
	倍数	1.186	1.355	1.317	1.000	1.000	2.476	3.331	9.733	12.484
0.5～1	真值	3.514	3.141	89.400	0.324	9.220	0.044	1.255	0.004	0.125
	倍数	1.106	1.228	1.281	1.565	1.678	1.345	1.940	2.933	4.032
1～3	真值	4.910	4.485	91.336	0.379	7.722	0.045	0.911	0.002	0.031
	倍数	1.545	1.753	1.308	1.832	1.406	1.366	1.408	1.000	1.000
3～4	真值	5.069	4.752	93.738	0.283	5.581	0.033	0.647	0.002	0.033
	倍数	1.595	1.857	1.343	1.367	1.016		1.000	1.133	1.065

由表 3-8 可知，马场矿煤样比表面积以微孔为主，总比表面积随粒径减小先减小后增大，总比表面积介于 3.178～12.015 m^2/g 之间，分别在 0.2～0.25 mm 和＜0.01 mm 处取得最小值和最大值，最大值是最小值的 3.781 倍，增长倍数介于 1.106～3.781 之间。

马场矿煤样微孔比表面积(S_w)均随粒径减小呈现先减小后增大规律，微孔比表面积介于 2.558～8.387 m^2/g 之间，分别在＜0.01 mm 和 0.2～0.25 mm 处取得最小值和最大值，最大值是最小值的 3.279 倍，增长倍数介于1.201～3.279 之间。该矿煤样微孔比表面积所占比例随粒径减小呈减小趋势，微孔比表面所占比例介于 69.806%～93.738%之间，分别在＜0.01 mm 和3～4 mm 处取得最小值和最大值，最大值是最小值的 1.343 倍，增长倍数介于1.044～1.343 之间。

马场矿煤样过渡孔比表面积(S_g)随粒径减小先减小后增大，过渡孔比表面积介于 0.207～1.411 m^2/g 之间，分别在 0.25～0.5 mm 和＜0.01 mm 处取得最小值和最大值，最大值是最小值的 6.818 倍，增长倍数介于 1.188～6.818 之间。该矿煤样过渡孔比表面积所占比例随粒径减小呈增大趋势，过渡孔比表面所占比例介于 5.494%～11.746%之间，分别在 0.25～0.5 mm 和＜0.01 mm 处取得最小值和最大值，最大值是最小值的 2.138 倍，增长倍数介于 1.016～2.138 之间。

马场矿煤样中孔比表面积(S_z)随粒径减小而增大，中孔比表面积介于 0.033～2.161 m^2/g 之间，分别在 3～4 mm 和＜0.01 mm 处取得最小值和最大值，最大值是最小值的 65.890 倍，增长倍数介于 1.345～65.890 之间。该矿煤样中孔比表面积所占比例随粒径减小呈增大趋势，中孔比表面所占比例介于0.647%～17.99%之间，分别在3～4 mm和<0.01 mm处取得最小值和最大值，最大值是最小值的27.802倍，增长倍数介于1.408～27.802之间。

马场矿煤样大孔比表面积(S_d)随粒径减小而增大，大孔比表面积介于0.001 5～0.285 m²/g之间，分别在1～3 mm和0.01～0.08 mm处取得最小值和最大值，最大值是最小值的190.267倍，增长倍数介于1.133～190.267之间。该矿煤样大孔比表面积所占比例随粒径减小呈增大趋势，大孔比表面所占比例介于0.125%～5.298%之间，分别在0.5～1 mm和0.01～0.08 mm处取得最小值和最大值，最大值是最小值的170.903倍，增长倍数介于1.065～170.903之间。

由表3-9可知，阳泉五矿煤样总比表面积随粒径减小先减小后增大，总比表面积介于2.748～5.873 m²/g之间，分别在0.5～1 mm和0.01～0.08 mm处取得最小值和最大值，最大值是最小值的2.137倍，增长倍数介于1.203 4～2.137之间。

表3-9　阳泉五矿不同粒径煤样累积比表面积测定结果

粒径 D /mm	参数	S_t /(m²/g)	阶段比表面积及其分布							
			S_w /(m²/g)	百分比 /%	S_g /(m²/g)	百分比 /%	S_z /(m²/g)	百分比 /%	S_d /(m²/g)	百分比 /%
<0.01	真值	4.798	3.380	70.448	0.564	11.761	0.402	8.367	0.452	9.424
	倍数	1.746	1.486	1.082	1.555	1.289	6.353	5.747	155.931	140.657
0.01～0.08	真值	5.873	3.825	65.122	1.131	19.259	0.576	9.801	0.342	5.818
	倍数	2.137	1.681	1.000	3.117	2.110	9.108	6.732	117.828	86.836
0.08～0.2	真值	3.520	2.478	70.405	0.691	19.636	0.254	7.206	0.097	2.753
	倍数	1.281	1.089	1.081	1.904	2.151	4.013	4.949	33.414	41.090
0.2～0.25	真值	3.898	3.054	78.356	0.558	14.320	0.223	5.716	0.063	1.609
	倍数	1.419	1.342	1.203	1.538	1.569	3.525	3.926	21.621	24.015
0.25～0.5	真值	3.535	2.674	75.644	0.641	18.139	0.192	5.422	0.028	0.795
	倍数	1.286	1.176	1.162	1.767	1.987	3.033	3.724	9.690	11.866
0.5～1	真值	2.748	2.275	82.791	0.375	13.626	0.086	3.145	0.012	0.438
	倍数	1.000	1.000	1.271	1.032	1.493	1.367	2.160	4.138	6.537
1～3	真值	3.307	2.848	86.104	0.363	10.972	0.091	2.742	0.006	0.181
	倍数	1.203	1.252	1.322	1.000	1.202	1.435	1.883	2.069	2.702
3～4	真值	4.343	3.881	89.350	0.396	9.127	0.063	1.456	0.003	0.067
	倍数	1.580	1.706	1.372	1.092	1.000	1.000	1.000	1.000	1.000

阳泉五矿煤样微孔比表面积(S_w)随粒径减小呈先减小后增大规律,微孔比表面积介于 2.275~3.881 m²/g 之间,分别在 0.5~1 mm 和 3~4 mm 处取得最小值和最大值,最大值是最小值的 1.706 倍,增长倍数介于 1.089~1.706 之间。该矿煤样微孔比表面积所占比例随粒径减小呈减小趋势,微孔比表面所占比例介于 65.122%~89.35%之间,分别在 0.01~0.08 mm 和 3~4 mm 处取得最小值和最大值,最大值是最小值的 1.372 倍,增长倍数介于 1.081~1.372 之间。

阳泉五矿煤样过渡孔比表面积(S_g)随粒径减小呈增大趋势,过渡孔比表面积介于0.363~1.131 m²/g 之间,分别在 1~3 mm 和 0.01~0.08 mm 处取得最小值和最大值,最大值是最小值的 3.117 倍,增长倍数介于 1.032~3.117 之间。该矿煤样过渡孔比表面积所占比例随粒径减小呈增大趋势,过渡孔比表面所占比例介于9.127%~19.636%之间,分别在 3~4 mm 和 0.08~0.2 mm处取得最小值和最大值,最大值是最小值的 2.151 倍,增长倍数介于 1.202~2.151 之间。

阳泉五矿煤样中孔比表面积(S_z)随粒径减小而增大,中孔比表面积介于 0.063 2~0.576 m²/g 之间,分别在 3~4 mm 和 0.01~0.08 mm 处取得最小值和最大值,最大值是最小值的 9.108 倍,增长倍数介于 1.367~9.108 之间。该矿煤样中孔比表面积所占比例随粒径减小呈增大趋势,中孔比表面所占比例介于 1.456%~9.801%之间,分别在 3~4 mm 和 0.01~0.08 mm 处取得最小值和最大值,最大值是最小值的 6.732 倍,增长倍数介于1.883~6.732 之间。

阳泉五矿煤样大孔比表面积(S_d)随粒径减小而增大,大孔比表面积介于 0.002 9~0.452 m²/g 之间,分别在 3~4 mm 和<0.01 mm 处取得最小值和最大值,最大值是最小值的 155.862 倍,增长倍数介于 2.069~155.862 之间。该矿煤样大孔比表面积所占比例随粒径减小呈增大趋势,大孔比表面所占比例介于 0.067%~9.424%之间,分别在 3~4 mm 和<0.01 处取得最小值和最大值,最大值是最小值的 140.657 倍,增长倍数介于 2.702~140.657 之间。

由表 3-10 可知,白龙山矿煤样总比表面积随粒径减小呈波动性增加趋势,总比表面积介于 2.053~7.026 m²/g 之间,分别在 3~4 mm 和<0.01 mm 处取得最小值和最大值,最大值是最小值的 3.422 倍,增大倍数介于 1.035~3.422 之间。

表 3-10　白龙山矿不同粒径煤样累积比表面积测定结果

粒径 D /mm	参数	S_t /(m^2/g)	阶段比表面积及其分布							
			S_w /(m^2/g)	百分比 /%	S_g /(m^2/g)	百分比 /%	S_z /(m^2/g)	百分比 /%	S_d /(m^2/g)	百分比 /%
<0.01	真值	7.026	4.584	65.240	0.697	9.917	1.576	22.426	0.170	2.417
	倍数	3.422	3.179	1.000	1.883	1.000	18.364	6.059	30.873	9.052
0.01～0.08	真值	3.300	2.187	66.256	0.563	17.050	0.342	10.352	0.209	6.342
	倍数	1.607	1.516	1.016	1.520	1.719	3.981	2.797	38.055	23.753
0.08～0.2	真值	2.194	1.442	65.720	0.563	25.666	0.155	7.082	0.034	1.532
	倍数	1.069	1.000	1.007	1.522	2.588	1.811	1.914	6.109	5.738
0.2～0.25	真值	2.691	2.061	76.608	0.442	16.434	0.145	5.374	0.043	1.583
	倍数	1.311	1.429	1.174	1.195	1.657	1.685	1.452	7.746	5.929
0.25～0.5	真值	2.160	1.670	77.312	0.370	17.133	0.090	4.171	0.030	1.385
	倍数	1.052	1.158	1.185	1.000	1.728	1.050	1.127	5.436	5.187
0.5～1	真值	2.317	1.714	73.999	0.501	21.613	0.086	3.701	0.016	0.686
	倍数	1.129	1.189	1.134	1.353	2.179	1.000	1.000	2.891	2.569
1～3	真值	2.124	1.515	71.323	0.506	23.828	0.094	4.419	0.009	0.429
	倍数	1.035	1.050	1.093	1.367	2.403	1.094	1.194	1.655	1.607
3～4	真值	2.053	1.481	72.141	0.468	22.792	0.099	4.799	0.006	0.267
	倍数	1.000	1.027	1.106	1.264	2.298	1.148	1.297	1.000	1.000

白龙山矿煤样微孔比表面积(S_w)随粒径减小呈增大趋势，微孔比表面积介于 1.442～4.584 m^2/g 之间，分别在 0.08～0.2 mm 和<0.01 mm 处取得最小值和最大值，最大值是最小值的 3.179 倍，增长倍数介于 1.027～3.179 之间。该矿煤样微孔比表面积所占比例随粒径减小先增大后减小，微孔比表面所占比例介于 65.24%～77.312%之间，分别在<0.01 mm 和 0.25～0.5 mm 处取得最小值和最大值，最大值是最小值的 1.185 倍，增大倍数介于 1.007～1.185 之间。

白龙山矿煤样过渡孔比表面积(S_g)随粒径减小先增大后减小再增大，过渡孔比表面积介于 0.370～0.697 m^2/g 之间，分别在 0.25～0.5 mm 和<0.01 mm 处取得最小值和最大值，最大值是最小值的 1.883 倍，增大倍数介于 1.195～1.883之间。该矿煤样过渡孔比表面积所占比例随粒径减小先减小后增大再减小，过渡孔比表面所占比例介于 9.917%～25.666%之间，分别在<0.01 mm 和

0.08～0.2 mm 处取得最小值和最大值，最大值是最小值的 2.588 倍，增大倍数介于 1.657～2.588 之间。

白龙山矿煤样中孔比表面积(S_z)随粒径减小呈先减小后增大趋势，中孔比表面积介于 0.085 8～1.576 m^2/g 之间，分别在 0.5～1 mm 和<0.01 mm 处取得最小值和最大值，最大值是最小值的 18.364 倍，增大倍数介于 1.050～18.364 之间。该矿煤样中孔比表面积所占比例随粒径减小先减小后增大，中孔比表面所占比例介于 4.171%～22.426%之间，分别在 0.25～0.5 mm 和<0.01 mm 处取得最小值和最大值，最大值是最小值的 6.059 倍，增大倍数介于 1.127～6.059 之间。

白龙山矿煤样大孔比表面积(S_d)随粒径减小呈先减小后增大趋势，大孔比表面积介于 0.005 48～0.209 m^2/g 之间，分别在 3～4 mm 和0.01～0.08 mm 处取得最小值和最大值，最大值是最小值的 38.055 倍，增大倍数介于 1.655～38.055之间。该矿煤样大孔比表面积所占比例随粒径减小呈增大趋势，大孔比表面所占比例介于 0.267%～6.342%之间，分别在 3～4 mm 和 0.01～0.08 mm 处取得最小值和最大值，最大值是最小值的23.753倍，增长倍数介于 1.607～23.753之间。

为直观观察煤样总比表面积及各孔径段比表面积随粒径变化关系，用平均颗粒直径 $\overline{D}$ 代替对应的粒径区间，将总比表面积及各孔径段比表面积分别对平均颗粒直径 $\overline{D}$ 进行作图，结果如图 3-13 所示。

由图 3-13 可以看出，对于所有粒径煤样，微孔比表面积占主导地位。马场矿和阳泉五矿煤样总比表面积随粒径减小整体呈先减小后增大趋势，但在较大粒径时减小幅度相对较小，在较小粒径时总比表面积快速增加。白龙山矿煤样则随粒径减小呈增大趋势，初期增大幅度较小，但粒径较小时，增大幅度急剧上升。微孔比表面积和过渡孔比表面积变化趋势则与总比表面积变化趋势类似。故微孔和过渡孔比表面积之和随粒径变化趋势与总比表面积变化趋势类似。三种煤样的中孔和大孔比表面积则是随着粒径减小总体呈增加趋势，在较大粒径时增加幅度较小，粒径逐渐减小时中孔和大孔比表面积则快速增加。中孔和大孔比表面积之和变化趋势则与中孔和大孔各自的比表面积随粒径变化趋势一致。

由图 3-13 可知，总比表面积最大值主要集中在<0.01 mm 和 0.01～0.08 mm等百微米粒径以下，这是因为煤在粉碎细化过程中，大、中孔碎裂成小孔增加了煤体内比表面积和粗糙度，为甲烷在煤粉表面的吸附提供了更多的接触面，有利于增强煤粉表面吸附性能[180]，马场矿和阳泉五矿煤样总比表面积最小值均在 0.5～1 mm 处取得，而白龙山矿煤样总比表面积最小值在 3～4 mm 处取得。

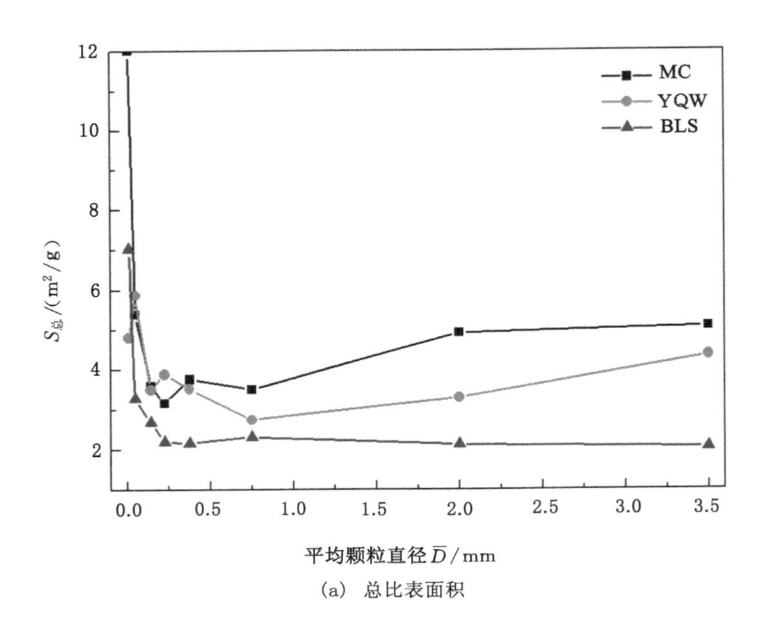

(a) 总比表面积

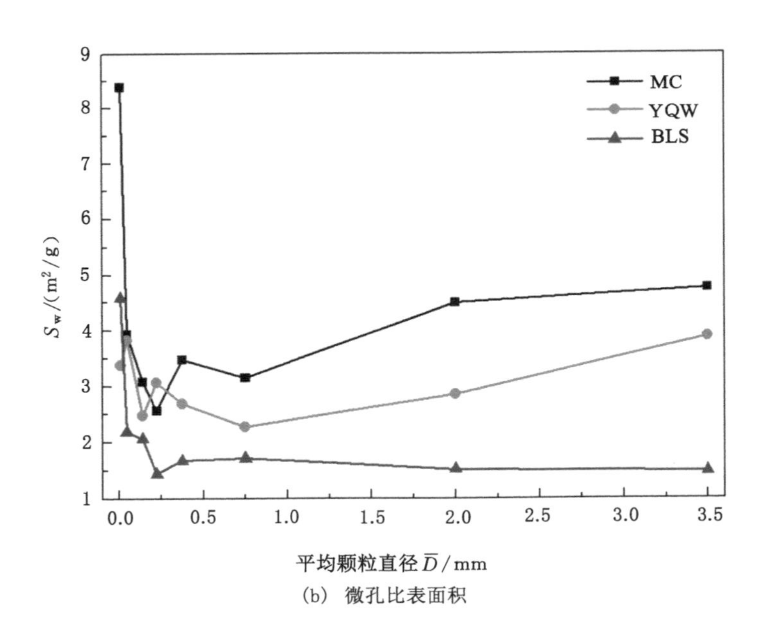

(b) 微孔比表面积

图 3-13 不同粒径粉煤孔隙比表面积演化特征

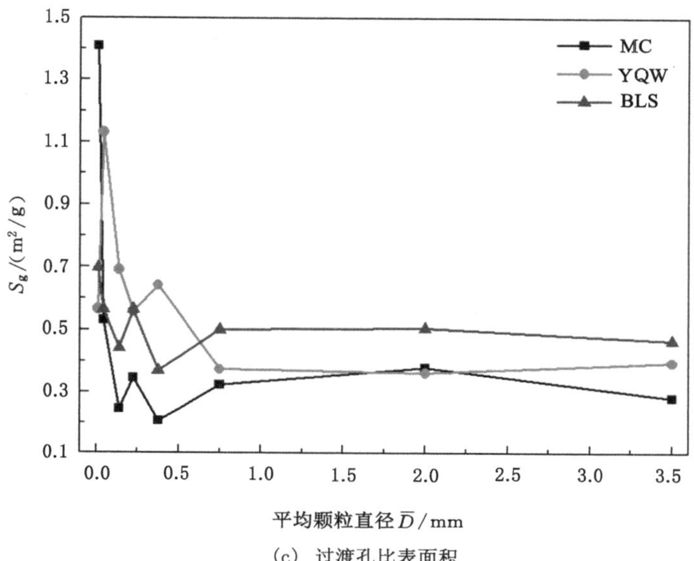

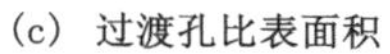
(c) 过渡孔比表面积

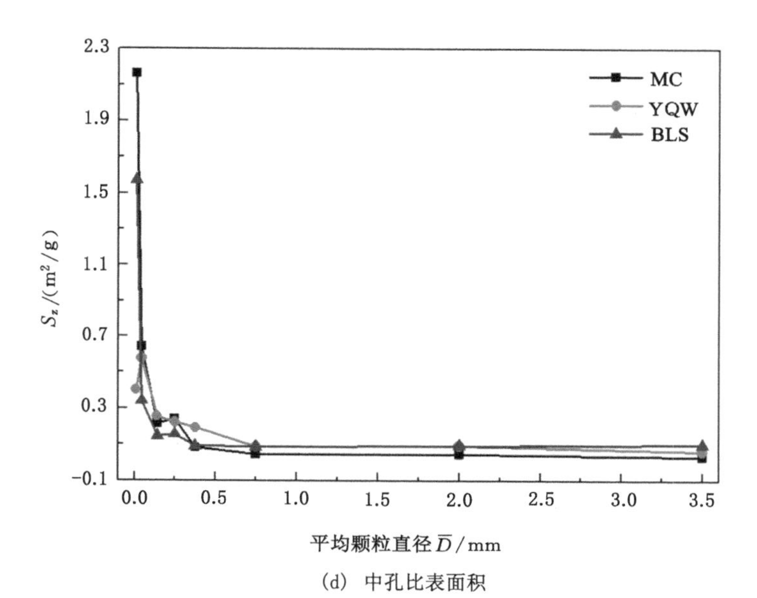

(d) 中孔比表面积

图 3-13(续)

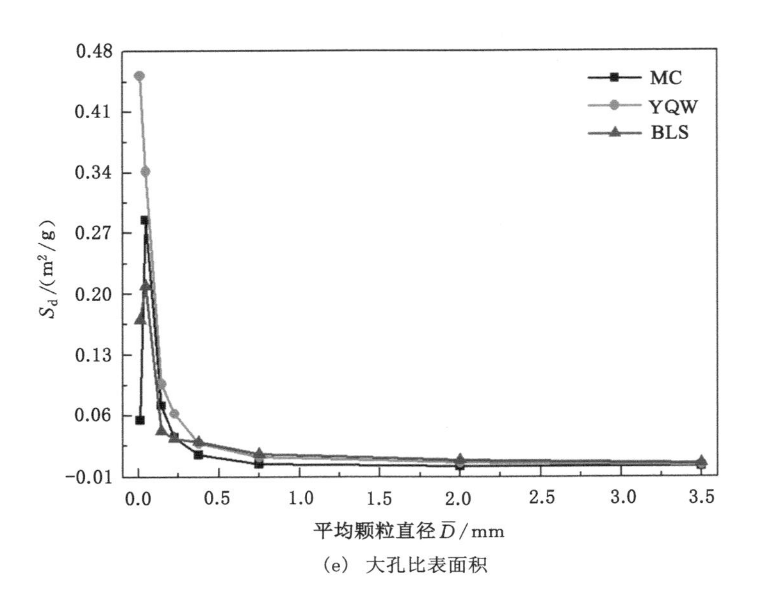

(e) 大孔比表面积

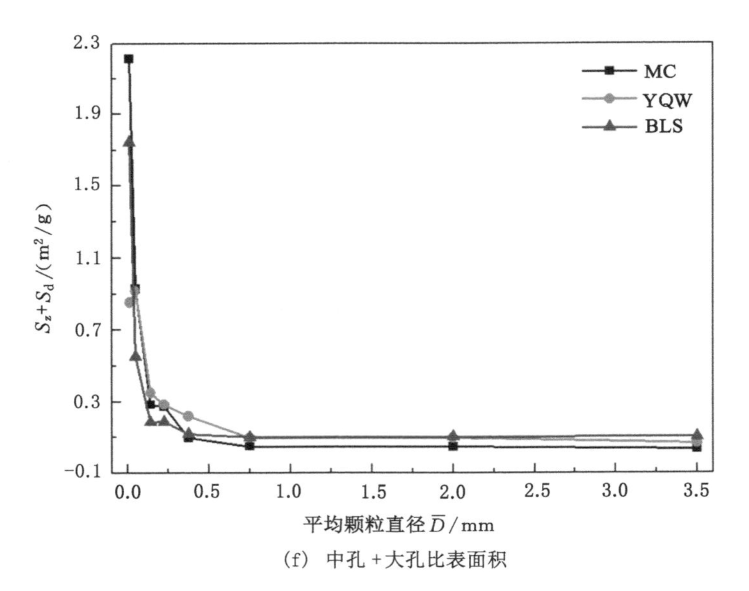

(f) 中孔+大孔比表面积

图 3-13(续)

微孔比表面积最小值集中范围则不一致，马场矿煤样和白龙山矿煤样微孔比表面积最大值均在＜0.01 mm 处取得，阳泉五矿煤样微孔比表面积最大值在3～4 mm 处取得。

微孔比表面积占比最小值集中在＜0.01 mm 和 0.01～0.08 mm 之间，而微孔比表面积占比最大值集中范围不一致，马场矿和阳泉五矿煤样微孔比表面积最大值均在 3～4 mm 处取得，而白龙山矿煤样微孔比表面积最大值则在 0.25～0.5 mm 处取得。

过渡孔比表面积最小值集中范围也不一致，马场矿和白龙山矿煤样过渡孔比表面积最小值均在 0.25～0.5 mm 处取得，阳泉五矿煤样过渡孔比表面积最小值在 1～3 mm 处取得；过渡孔比表面积最大值集中在＜0.01 mm 和 0.01～0.08 mm等百微米粒径以下；过渡孔比表面积占比最小值集中范围不一致，而最大值则主要集中在＜0.01 mm 和 0.08～0.2 mm 之间。

中孔比表面积及其占比最大值和最小值集中范围相同，最小值集中在 3～4 mm 和 0.5～1 mm，而最大值集中在＜0.01 mm 和 0.01～0.08 mm。

大孔比表面积及其占比最大值和最小值集中范围亦相同，最小值集中在3～4 mm 和 1～3 mm，而最大值集中在＜0.01 mm 和 0.01～0.08 mm。

3.7 煤样孔隙长度演化特征分析

孔长分布密度 $L_v(r)$ 可用式(3-15)表示：

$$L_v(r)=\frac{\mathrm{d}L}{\mathrm{d}r} \tag{3-15}$$

对圆柱形孔满足：

$$\mathrm{d}V=D_v(r)\mathrm{d}r=\pi r^2\mathrm{d}L \tag{3-16}$$

则有：

$$L_v(r)=\frac{D_v(r)}{\pi r^2} \tag{3-17}$$

据式(3-17)可知，对于圆柱形孔用开口孔面积除以体积分布函数就可得到单位孔半径长度，即孔长分布密度 $L_v(r)$，其随孔半径 r 的变化情况如图 3-14 所示。

由图 3-14 可知，MC＜0.01 mm、YQW＜0.01 mm 粒径煤样孔长分布密度函数均随着孔半径的增加而减小，即这两个煤样的累积孔长增长速度在孔半径

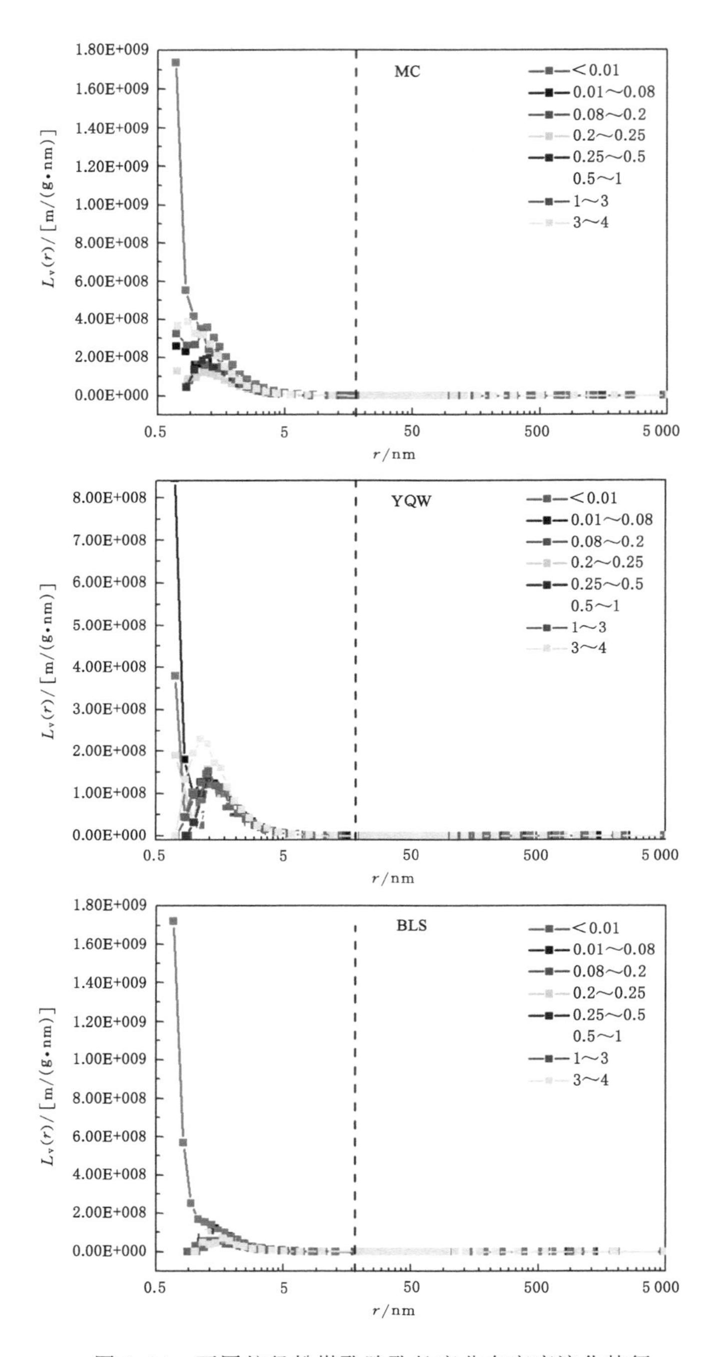

图 3-14 不同粒径粉煤孔隙孔长度分布密度演化特征

较小时迅速增加，随着孔半径的增大，累积孔长增长速度减小，表面在孔径较小时，煤样的孔隙数目或孔长较长，随着孔半径的增大，煤样的孔隙数目或孔长逐渐减小。YQW<0.01 mm 和 YQW0.01～0.08 mm 煤样在孔半径介于 0.5～0.8 nm 时随着孔半径的增大而减小，表明在 0.5～0.8 nm 时累积孔数目或孔长增长速度由快逐渐变缓，到 0.8 nm 时增长速度最小，即孔半径在 0.5～0.8 nm 时，对应孔半径的孔数目或孔长逐渐减小；YQW<0.01 mm 和 YQW0.01～0.08 mm煤样在孔半径为 0.8～1.6 nm 时随孔半径的增大而增大，说明该孔径累积孔数目或孔长增长速度逐渐加快，到 1.6 nm 时达到最大，即在孔半径为 0.8～1.6 nm 时，对应孔半径孔数目或孔长逐渐增加。YQW<0.01 mm 和 YQW0.01～0.08 mm 煤样在孔半径大于 1.6 nm 时随着孔半径的增大再次减小，说明累积孔数目或孔长随着孔半径的增加而逐渐减小，即在该孔径段范围内对应孔半径、孔数目或孔长逐渐减小。除 MC<0.01 mm、YQW<0.01 mm、YQW<0.01 mm 及 YQW0.01～0.08 mm 外，其余煤样均表现为在孔半径为 0.5～1.6 nm 时随孔半径增加而增大，在 1.6 nm 左右时随孔半径增加而减小，即在 1.6 nm 左右时存在一个极大值。这说明这些煤样的累积孔数目或孔长增长速度随孔半径的增加由缓变快到 1.6 nm 时达到最大后又逐渐变缓，即对应孔半径的孔数目或孔长开始较小，后逐渐增大，到 1.6 nm 时达到最大值，后又逐渐减小。

由图 3-14 还可看出，对于不同粒径煤样孔长分布密度函数不同，为更便于观察总孔长 $L_t(r_i)$ 随孔半径 r_i 的变化关系，将图 3-14 中的孔长分布密度函数 $L_v(r)$ 对孔半径 r 进行积分便可得到孔半径 r_i 对应克煤总孔长 $L_g(r_i)$。因为在煤样内瓦斯发生吸附/解吸时，煤颗粒间是并行进行的，故用孔半径 r_i 对应的克煤总孔长 $L_g(r_i)$ 除以克煤所包含的煤颗粒数 N_g，便可得到单颗粒煤中孔半径 r_i 对应的总孔长 $L_t(r_i)$。

假设煤颗粒为正方体，正方体边长用煤的平均颗粒直径 $\overline{D}$ 表示，则克煤所包含的煤颗粒数 N_g 可用式(3-18)进行估算：

$$N_g = \frac{1}{\rho_{假} \cdot \overline{D}^2} \tag{3-18}$$

表 3-11 所示为不同粒径煤样克煤所含的煤颗粒数，对于同一种煤，克煤颗粒数随粒径减小呈幅度加剧的增长趋势，且不同煤样克煤颗粒数亦不同。

表 3-11　不同粒径煤样克煤所含的煤颗粒数

粒径 D/mm	克煤颗粒数 N_g		
	MC	YQW	BLS
<0.01	1.02×10^9	1.34×10^9	2.55×10^7
0.01～0.08	9.69×10^6	1.17×10^7	5.54×10^5
0.08～0.2	2.56×10^5	2.97×10^5	3.75×10^4
0.2～0.25	5.62×10^4	6.63×10^4	9.01×10^3
0.25～0.5	1.10×10^4	1.37×10^4	2.85×10^3
0.5～1	1.34×10^3	1.60×10^3	3.93×10^2
1～3	6.40×10	8.19×10	1.79×10^1
3～4	1.07×10	1.49×10	3.53×10^0

利用单颗粒煤样的孔半径对应的总孔长 $L_t(r)$ 对孔半径 r 进行作图，得到图 3-15。

由图 3-15 可知，随孔半径增加，单颗粒煤样中孔半径 r_i 对应总孔长 $L_t(r_i)$ 整体呈减小趋势，且孔半径越小单颗粒煤中孔半径 r_i 对应总孔长 $L_t(r_i)$ 减小速度越快，由此说明瓦斯更易从较大孔中进出。据 $L_t(r)$ 与孔半径 r 可知，最大孔半径对应的总孔长最小，用 $L_{tmin}(r_{max})$ 表示单颗粒煤中最大孔半径 r_{max} 对应的总孔长，同理，用 $L_{tmax}(r_{min})$ 表示最小孔半径对应的单颗粒煤总孔长，此总孔长值最大。为观察单颗粒煤中各孔半径 r 对应的总孔长 $L_t(r)$ 随粒径变化规律，将马场矿、阳泉五矿、白龙山矿在给定粒径煤样的 $L_{tmin}(r_{max})$ 和 $L_{tmax}(r_{min})$ 值作为代表分别列于表 3-12、表 3-13、表 3-14 中。

表 3-12　马场矿不同粒径单颗粒煤样最大和最小总孔长

粒径 D/mm	MC			
	$L_{tmin}(r_{max})$	倍数	$L_{tmax}(r_{min})$	倍数
<0.01	3.81×10^{-6}	1.00×10^0	5.86×10^{-1}	1.00×10^0
0.01～0.08	2.20×10^{-3}	5.76×10^2	2.68×10^1	4.56×10^1
0.08～0.2	1.21×10^{-1}	3.18×10^4	7.02×10^2	1.19×10^3
0.2～0.25	1.08×10^{-1}	2.83×10^4	2.24×10^3	3.82×10^3
0.25～0.5	2.28×10^{-1}	5.98×10^4	4.10×10^3	6.99×10^3
0.5～1	4.58×10^{-1}	1.20×10^5	2.59×10^4	4.42×10^4
1～3	5.48×10^0	1.43×10^6	6.90×10^5	1.17×10^6
3～4	5.34×10^1	1.40×10^7	1.23×10^7	2.10×10^7

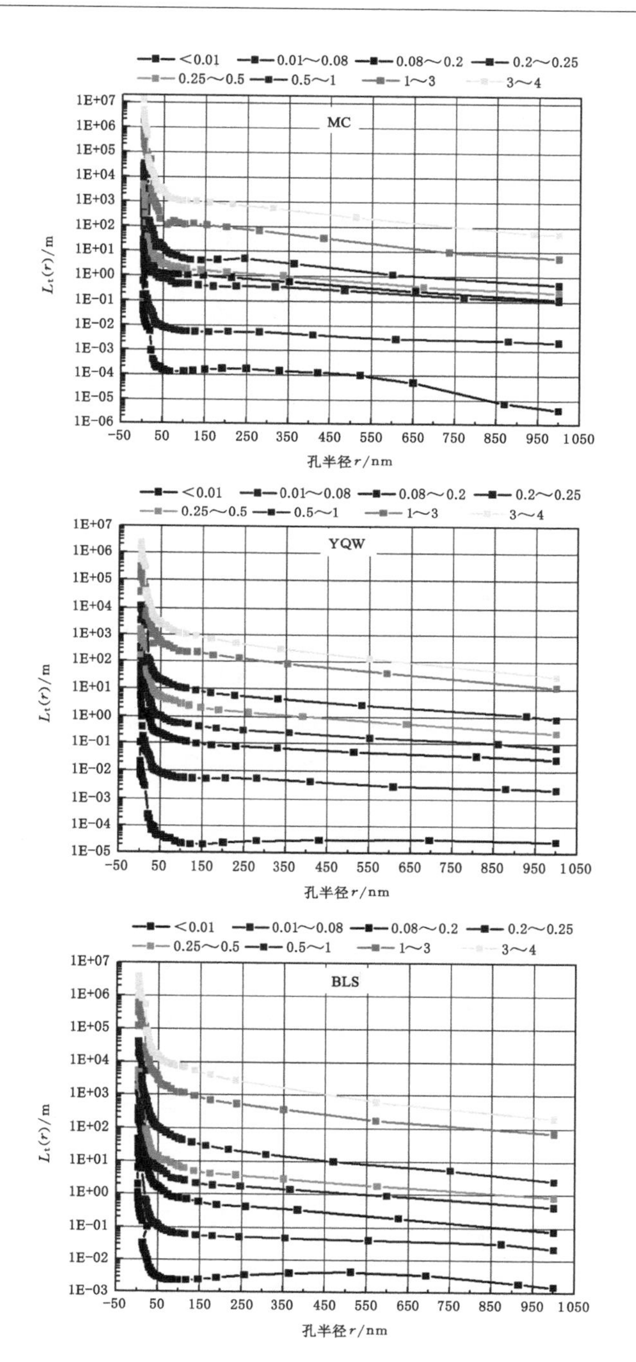

图 3-15　不同粒径单颗粒煤样总孔长与孔半径变化关系图

表 3-13　阳泉五矿不同粒径单颗粒煤样的最大和最小总孔长

粒径 D/mm	*YQW*			
	$L_{tmin}(r_{max})$	倍数	$L_{tmax}(r_{min})$	倍数
<0.01	2.60×10^{-5}	1.00×10^{0}	1.00×10^{-1}	1.00×10^{0}
0.01～0.08	2.20×10^{-3}	8.44×10	2.68×10	2.67×10^{2}
0.08～0.2	2.65×10^{-2}	1.02×10^{3}	6.36×10	6.35×10^{2}
0.2～0.25	6.81×10^{-2}	2.61×10^{3}	1.01×10^{3}	1.01×10^{4}
0.25～0.5	2.46×10^{-1}	9.44×10^{3}	1.49×10^{3}	1.49×10^{4}
0.5～1	8.41×10^{-1}	3.22×10^{4}	1.17×10^{4}	1.17×10^{5}
1～3	1.17×10	4.51×10^{5}	2.97×10^{5}	2.97×10^{6}
3～4	2.78×10	1.06×10^{6}	2.23×10^{6}	2.22×10^{7}

由表 3-12 可知，马场矿煤样 $L_{tmin}(r_{max})$ 和 $L_{tmax}(r_{min})$ 值均随粒径减小而减小，表明随着粒径减小，单颗粒煤扩散路径变短，瓦斯更易从煤孔内进出。且以<0.01 mm 的值为基准，不同粒径煤样的总孔长值与该值作比，得到随粒径增大孔长增大倍数（简称倍数），通过观察倍数随粒径变化关系发现，随着粒径增大，倍数基本呈增幅变大的增长趋势。$L_{tmin}(r_{max})$ 值介于 $3.81\times10^{-6}\sim5.34\times10^{1}$ 之间，对应倍数介于 $1.00\times10^{0}\sim1.40\times10^{7}$ 之间，$L_{tmax}(r_{min})$ 值介于 $5.86\times10^{-1}\sim1.23\times10^{7}$ 之间，倍数介于 $1.00\times10^{0}\sim2.10\times10^{7}$ 之间。对比表 3-12 中数据可见，颗粒粒径对较大孔径的影响较较小孔径小。综上所述，粒径对瓦斯在煤中扩散路径的影响非常显著，粒径减小，瓦斯更易在煤孔内进出。

由表 3-13 可知，阳泉五矿煤样的 $L_{tmin}(r_{max})$ 和 $L_{tmax}(r_{min})$ 值亦随粒径减小而减小，其 $L_{tmin}(r_{max})$ 值介于 $2.60\times10^{-5}\sim2.78\times10^{1}$ 之间，对应倍数介于 $1.00\times10^{0}\sim1.06\times10^{6}$ 之间，$L_{tmax}(r_{min})$ 值介于 $1.00\times10^{-1}\sim2.23\times10^{6}$ 之间，倍数介于 $1.00\times10^{0}\sim2.22\times10^{7}$ 之间，其余规律与马场矿煤样得到的规律相同。

由表 3-14 可知，白龙山矿煤样的 $L_{tmin}(r_{max})$ 和 $L_{tmax}(r_{min})$ 值亦随粒径减小而减小，其 $L_{tmin}(r_{max})$ 值介于 $1.54\times10^{-3}\sim2.00\times10^{2}$ 之间，对应倍数介于 $1.00\times10^{0}\sim1.3\times10^{5}$ 之间，$L_{tmax}(r_{min})$ 值介于 $2.29\times10^{1}\sim3.8\times10^{6}$ 之间，倍数介于 $1.00\times10^{0}\sim1.65\times10^{5}$ 之间，其余规律与马场矿及阳泉五矿煤样得到的规律相同。

表 3-14 白龙山矿不同粒径单颗粒煤样的最大和最小总孔长

粒径 D/mm	YQW			
	$L_{tmin}(r_{max})$	倍数	$L_{tmax}(r_{min})$	倍数
<0.01	1.54×10^{-3}	1.00×10^{0}	2.29×10^{1}	1.00×10^{0}
0.01～0.08	2.20×10^{-2}	1.43×10	3.49×10^{1}	1.52×10^{0}
0.08～0.2	7.67×10^{-2}	4.98×10	3.09×10^{2}	1.34×10^{1}
0.2～0.25	4.19×10^{-1}	2.72×10^{2}	1.91×10^{3}	8.37×10^{1}
0.25～0.5	8.16×10^{-1}	5.30×10^{2}	5.28×10^{3}	2.30×10^{2}
0.5～1	2.50×10^{0}	1.62×10^{3}	4.02×10^{4}	1.75×10^{3}
1～3	7.29×10^{1}	4.74×10^{4}	8.50×10^{5}	3.71×10^{4}
3～4	2.00×10^{2}	1.30×10^{5}	3.80×10^{6}	1.65×10^{5}

上述研究结果表明，对于不同煤，单颗粒煤样的总孔长存在差异，但对于同一种煤的给定粒径煤样，孔半径越大，单颗粒煤样的总孔长越小，即孔半径越大，瓦斯更易从煤样的孔道内进出。随颗粒粒径减小，单颗粒煤样的总孔长减小，即随煤样颗粒的直径减小，瓦斯在煤样中的扩散路径急剧减小，瓦斯更易从煤样的孔道内进出，且煤样颗粒对较大孔半径单颗粒煤样的总孔长影响较较小孔半径单颗粒煤样的总孔长较小。

3.8 煤样孔形演化特征分析

压汞曲线和液氮吸附曲线的形态可反映煤样的孔结构信息，根据煤孔隙连通性将煤样的孔隙分为两端开口孔、一端开口孔和封闭孔三种。根据曲线是否存在“滞后环”可初步研究煤样的孔隙连通性。两端开口孔具有“滞后环”，一端开口孔不具“滞后环”，但对于“墨水瓶”曲线会出现阶段性突降“滞后环”[141]。

结合压汞曲线压力小于 34 MPa(对应 20 nm)部分及液氮吸附等温线相对压力 p/p_0<0.9(对应 20 nm)部分进行孔形定性分析，再结合煤孔长度演化特征数据，得到不同粒径下单颗粒煤的半定量孔形结构，从而得到不同粒径煤孔形演化特征。

图 3-16 所示为马场矿不同粒径煤样孔形演化特征。对比不同粒径煤样的半定量孔形特征发现，大于 20 nm 孔均以两端开口型为主，表明瓦斯在其中更易进出。除 MC<0.01 mm 煤样外，均在 2 nm 左右出现墨水瓶形孔，且在 2 nm 左右至 20 nm 孔半径的孔均以两端开口型为主。除 MC3～4 mm 煤样外，在小于 2 nm 孔径段均以一端开口型为主，表明在破碎过程中，煤孔隙连通性变差。

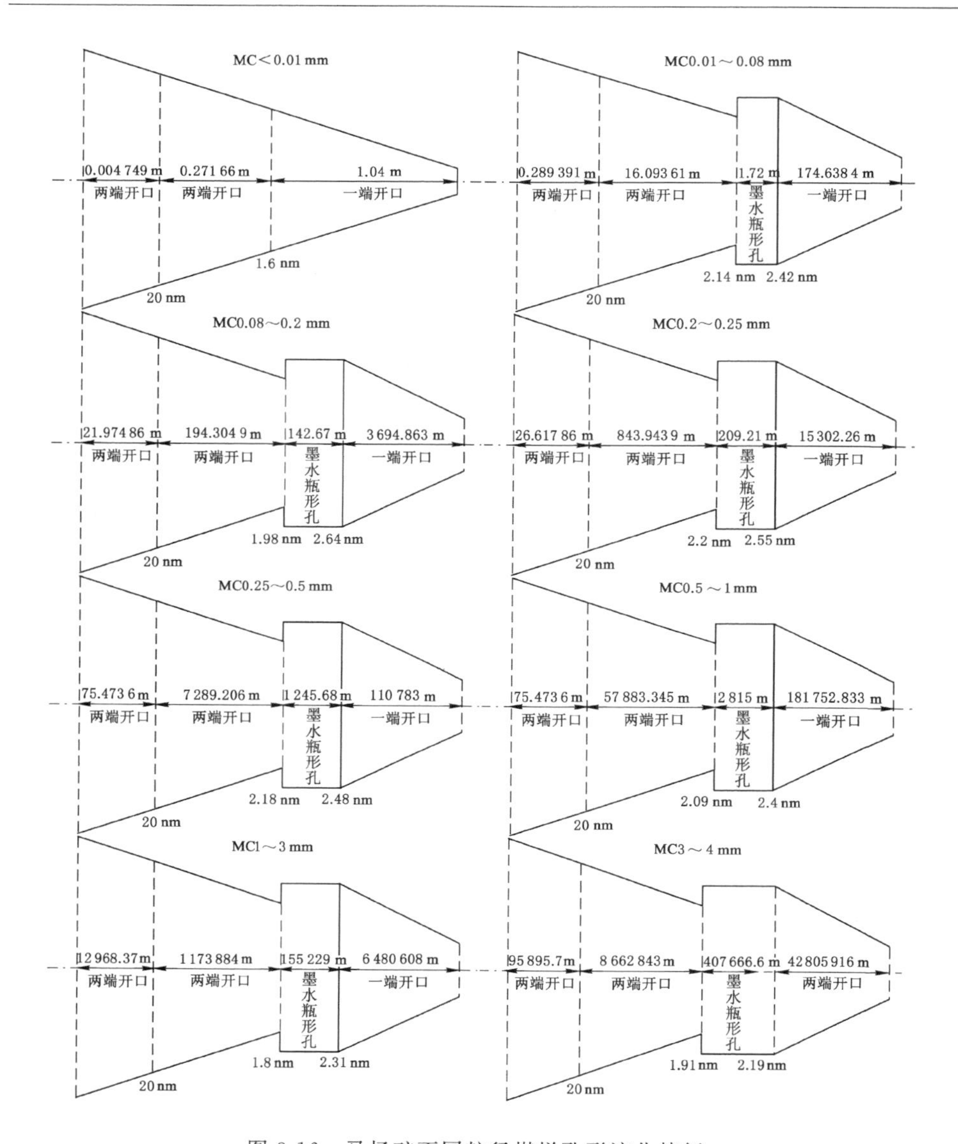

图 3-16　马场矿不同粒径煤样孔形演化特征

通过观察马场矿各孔径的总孔长发现，随着粒径减小，各孔径的总孔长逐渐减小，粒径减小到微米级时，墨水瓶形孔消失。因墨水瓶形孔的存在表明瓦斯储集能力较强，而墨水瓶形孔腔体越长，表明储集瓦斯能力越强，但放散能力较差，因此，上述孔形随粒径变化情况表明，随粒径减小，单颗粒煤储集瓦斯能力变小，但放散能力逐渐增强。

图 3-17 所示为阳泉五矿不同粒径煤样的孔形演化特征。对比不同粒径煤样的半定量孔形特征发现，与马场矿煤样孔形类似，大于 20 nm 孔均以两端开口型为主，表明瓦斯在其中更易进出。在 2 nm 左右至 20 nm 孔半径的孔均以两端开口型为主。不同的是，除 YQW＜0.01 mm 煤样外，YQW0.01～0.08 mm 煤样亦不存在墨水瓶形孔，除 YQW0.08～0.2 mm 煤样外，在小于 2 nm 左右孔径段均以两端开口型为主。

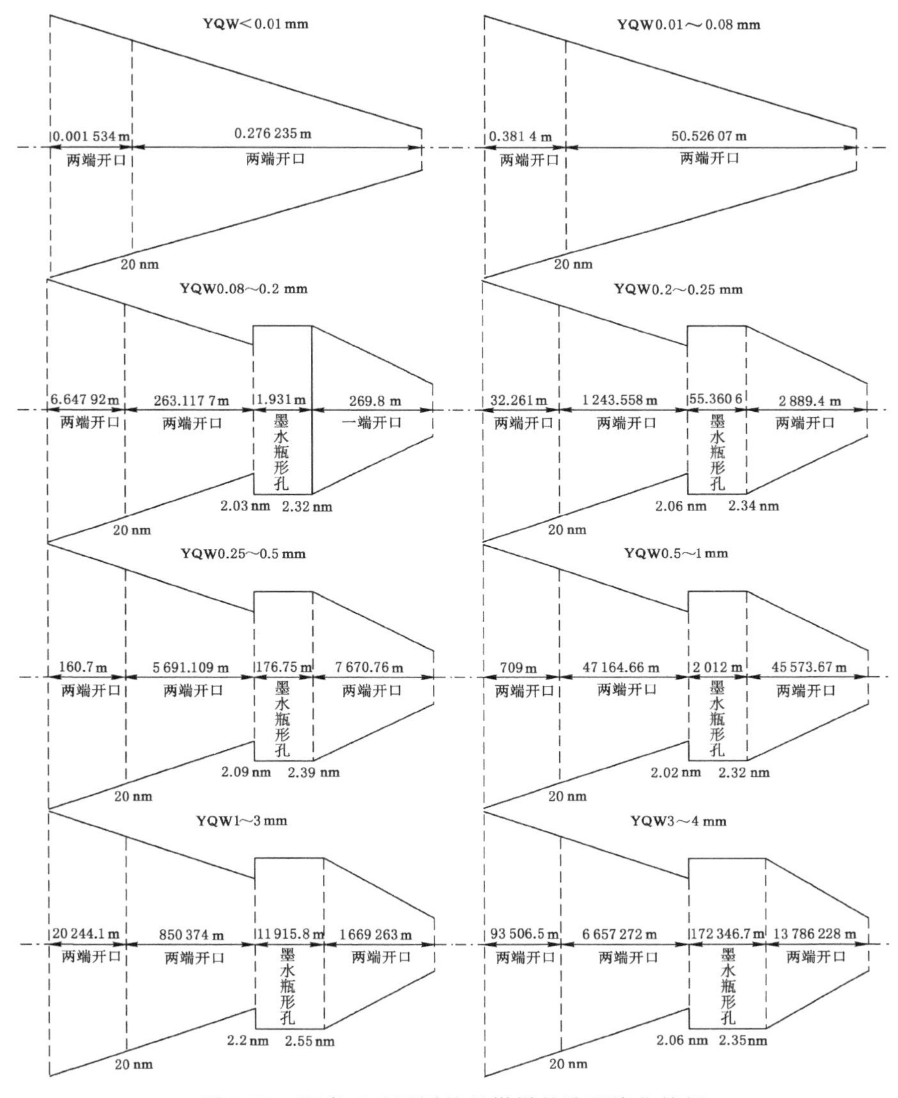

图 3-17　阳泉五矿不同粒径煤样的孔形演化特征

通过观察阳泉五矿煤样不同孔径的总孔长发现，随粒径减小，各孔径的总孔长亦逐渐减小，粒径减小到百微米级以下时，墨水瓶形孔消失。表明随粒径减小，单颗粒煤样的储集瓦斯能力变小，放散能力逐渐增强。

图 3-18 所示为白龙山矿不同粒径煤样的孔形演化特征。对比不同粒径煤样的半定量孔形特征发现，与马场矿煤样孔形类似，大于 20 nm 孔均以两端开口型

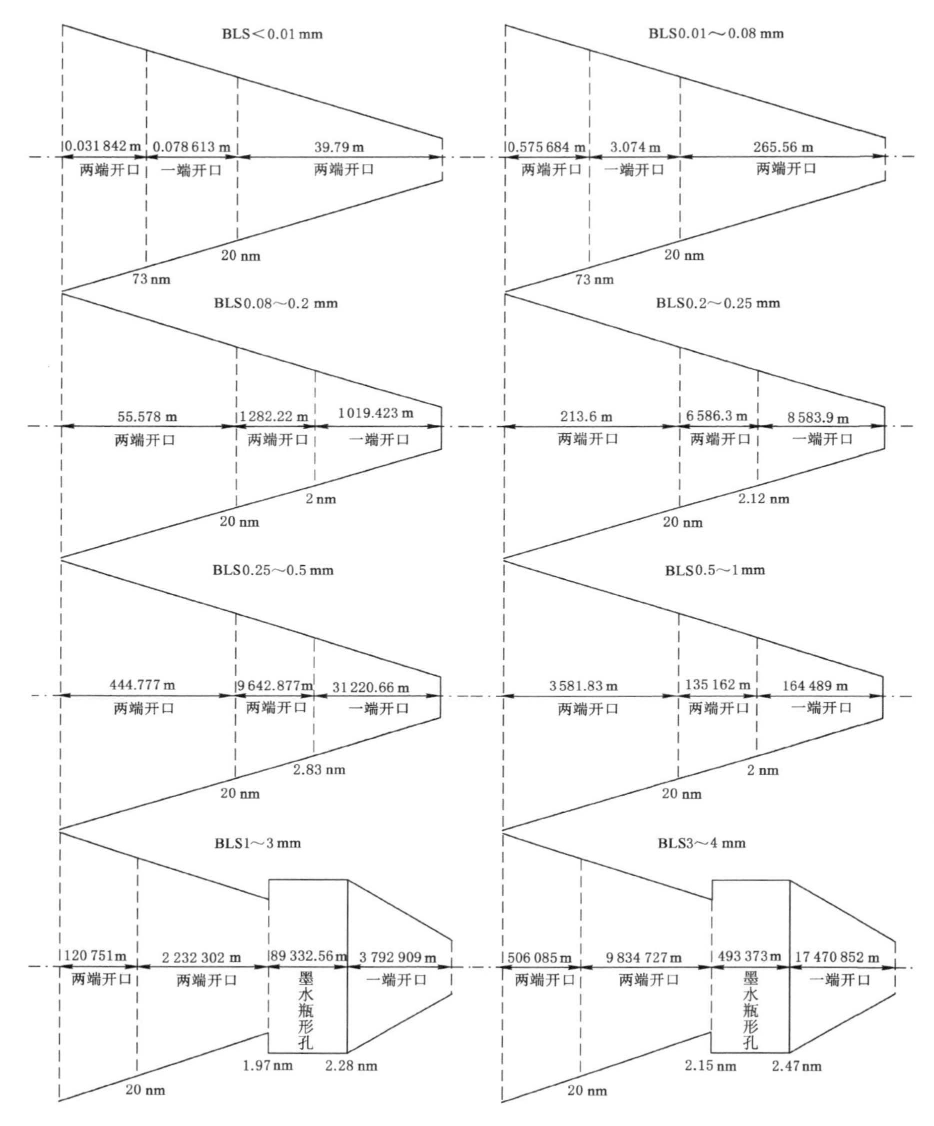

图 3-18　白龙山矿不同粒径煤样的孔形演化特征

为主，表明瓦斯在其中更易进出。除 BLS＜0.01 mm 和 BLS0.01～0.08 mm煤样外，在 2 nm 左右至 20 nm 孔半径的孔均以两端开口型为主。白龙山矿只有 BLS1～3 mm 和 BLS3～4 mm 煤样存在墨水瓶形孔，除 BLS ＜0.01 mm和 BLS0.01～0.08 mm煤样外，在＜2 nm 左右孔径段均以一端开口型为主。

通过观察白龙山矿煤样一端开口型孔所处孔径的范围可知，BLS＜0.01 mm 和 BLS0.01～0.08 mm 粒径煤样一端开口型孔均处于 20～73 nm 孔半径间，而其余粒径煤样的一端开口型孔均处于小于 2 nm 的孔径段，因瓦斯在较大孔半径内运移，因此，随着粒径减小，瓦斯放散能力增强。

通过观察白龙山矿煤样各孔径的总孔长发现，随粒径减小，各孔径的总孔长亦逐渐减小，粒径减小到毫米级以下时，墨水瓶形孔消失。表明随粒径减小，单颗粒煤储集瓦斯能力变小，放散能力逐渐增强。粒径减小到百微米以下时，小于 2 nm 左右微孔由一端开口型变为两端开口型，表明煤孔隙连通性变好，瓦斯放散能力增强。

3.9　本章小结

（1）计算机模拟结果表明，煤样的孔半径越小、孔数目越多，煤样的总比表面积越大。随煤粉粒度减小，煤样的孔总比表面积呈增加趋势，且随着破碎程度增加其增幅越来越大。总比表面积的增加主要由于破碎过程中新增加的煤样颗粒外比表面积。内比表面积在破碎过程中整体变化不明显，只有在破碎程度较大时才稍有减小。

（2）对煤样孔容的研究发现：毫米级粒径煤样孔容以过渡孔和中孔为主，随粒径减小逐渐过渡到以中大孔为主；总孔容随粒径减小整体呈增大趋势，主要原因是中大孔逐渐破碎为微孔和过渡孔，故随着破碎程度加深，煤样孔隙容纳瓦斯的能力增强。总孔容增大倍数介于 1.17～28.50 之间。

（3）各煤样孔比表面积均以微孔为主，随粒径减小总比表面积变化趋势不一致：马场矿和阳泉五矿煤样总比表面积随粒径减小呈 U 形趋势，U 形左侧总比表面积大于右侧总比表面积；白龙山矿煤样总比表面积随粒径减小而增大，总比表面积增加倍数介于 1.03～3.78 之间。

（4）单颗粒煤样的孔半径 r_i 对应总孔长值 $L_t(r_i)$ 随孔半径增加，整体呈减小趋势，表明孔半径越大，瓦斯更易从煤孔道内进出；孔半径越小，单颗粒煤中孔半径 r_i 对应总孔长 $L_t(r_i)$ 增速越快，表明瓦斯在较小孔内更难运移，说明粒径对较小孔的改造作用更大。

（5）获得了煤样半定量孔形特点：不同粒径煤样半径，大于 2 nm 孔形基本以两端开口型为主；小于 2 nm 左右孔形无一致性变化规律。随粒径减小，各孔径的总孔长均逐渐减小，均存在墨水瓶形孔消失情况，不同的是，马场矿煤样墨水瓶形孔在微米级粒径时消失，阳泉五矿煤样墨水瓶形孔在百微米级粒径以下时消失，白龙山矿毫米级粒径以下煤样均无墨水瓶形孔。墨水瓶形孔的存在表明瓦斯储集能力较强，而墨水瓶形孔腔体越长，表明储集瓦斯能力越强，但放散能力较差，故上述孔形随粒径变化情况表明，随粒径减小，单颗粒煤储集瓦斯能力变小，但放散能力逐渐增强。

4 煤样孔内瓦斯运移微观理论模型

有关煤样孔内瓦斯运移微观理论研究方面，部分学者从孔隙尺寸角度研究了瓦斯在煤孔内的吸附/解吸动力学特性，对瓦斯在煤孔的扩散过程进行研究，普遍采用诺森扩散系数 K_n 表示孔径大小与甲烷分子平均自由程之比，$K_n>10$ 为菲克扩散，$0.1<K_n<10$ 为过渡性扩散，$K_n<0.1$ 为诺森扩散[181-183]。陈强等[184]研究了不同孔隙直径中页岩气的传质方式，结果表明，气体在不同孔隙直径中的传质方式是动态变化的。

4.1 煤样孔内瓦斯运移模型的建立

瓦斯在煤中的传输与储存一直是研究者们感兴趣的问题。由于煤的微纳米孔中势能的存在，使得微纳米孔中流体的性质与主体流体的性质相差甚远，流体在微孔中的相态也十分丰富，润湿传递、毛细凝聚等现象都能在微纳米孔系统中观察到，使得在几兆帕压力下就能吸附存储大量瓦斯。因此，研究微纳米孔隙中流体的特性十分必要。

瓦斯若在煤孔隙内表面上发生吸附反应，首先要从瓦斯气体主体扩散到煤颗粒表面的孔口处，接着在小孔中扩散，最终在孔内表面上吸附。为此，等温条件下，煤的吸附可分为四个基本过程：气膜运移（瓦斯分子在煤粒表面的气膜中扩散）、孔内运移（瓦斯分子在细孔内的气相中扩散）、表面运移（已经吸附在孔壁上的瓦斯分子在不离开孔壁状态下运移到相邻吸附位上）、孔壁吸附（靠近孔壁表面的瓦斯分子吸附在孔壁的吸附位上）。根据上述描述建立瓦斯分子在煤粒内孔隙中扩散与吸附的模型，如图 4-1 所示。

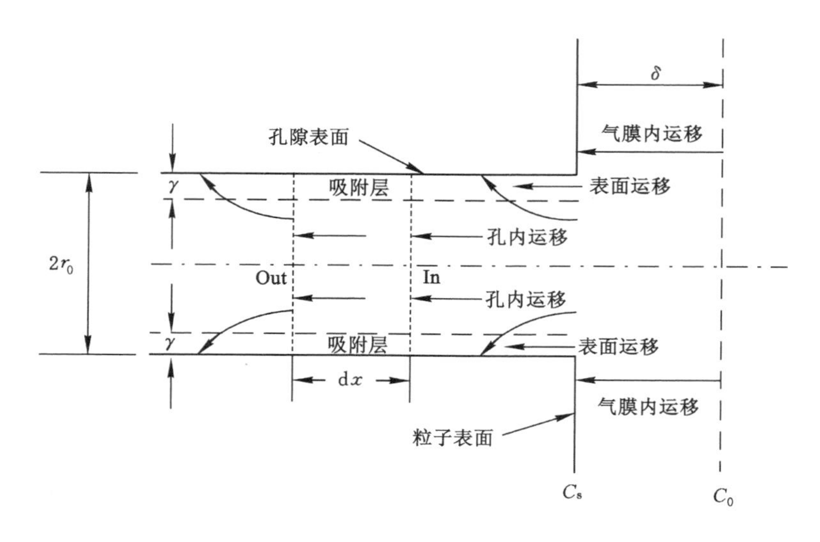

图 4-1 煤样孔内瓦斯运移模型

4.2 煤样孔内瓦斯理想受力分析

为研究煤孔内瓦斯的运移情况，需对煤样孔内瓦斯受力情况进行分析，在此提出如下假设：煤样孔是等截面圆柱形孔；瓦斯在煤孔内的运移是层流；孔道外气体浓度（压力）是恒定的；气体为不可压缩流体；只考虑沿孔道方向的运移。基于上述假设，选取图 4-1 中所示微元体为研究对象，不考虑孔壁粗糙度的影响，即假设煤样孔表面是光滑均匀的，则微元体内气固界面为弯月形，如图 4-2 所示。瓦斯在运动过程中主要受微纳米孔道两端大气压差 $p_{ext}-p_{int}$ 及弯曲界面周边界面张力 dF 的作用，此外，孔壁处吸附层瓦斯和瓦斯气相主体（对于强吸附煤壁，靠近煤壁瓦斯密度会增加，该部分瓦斯密度介于吸附层内瓦斯密度及由气压确定的瓦斯密度间，故此处称为半游离相）瓦斯还存在黏性阻力 $F_{黏}$ 的作用。其中，孔道两端大气压差 $p_{ext}-p_{int}$ 可看作常数，此力处处与界面垂直，表面张力 dF 沿弯曲界面边界线的切线方向，气体黏性阻力存在于吸附相和半游离相气体间。

为准确判定煤样孔中瓦斯沿孔道运移情况，将对煤矿中吸附态和半游离状态瓦斯分别求合力。为分析孔道两端大气压差 $p_{ext}-p_{int}$ 对孔内瓦斯运移的影响，将界面分成无限个小面元 dA，取其中任一小面元 ，并将大气压差分解为沿孔中心线和垂直于孔中心线方向，如图 4-3 所示。

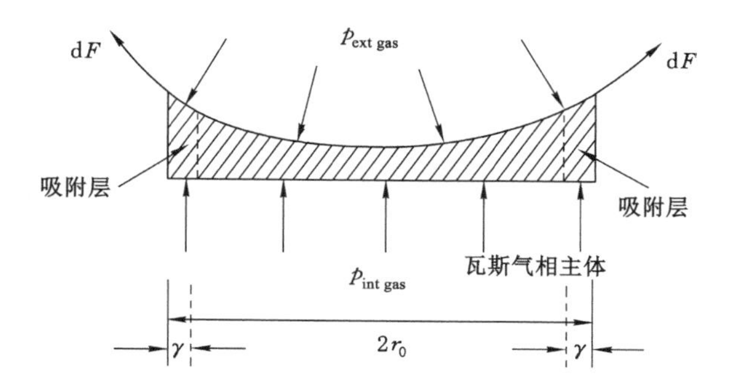

图 4-2 煤样孔内弯月形界面瓦斯受力分析

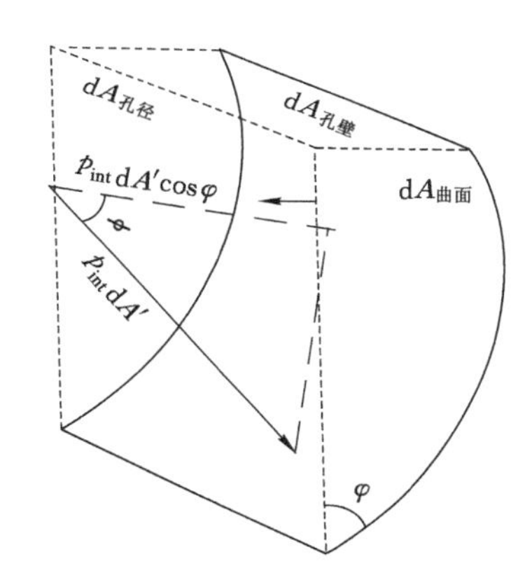

图 4-3 煤样孔内弯月形界面气压差分解示意图

由上述分析可知，沿孔半径方向的分力起到让气体分子沿孔中心线方向运移的作用，则沿孔中心线方向处于吸附相和半游离相内瓦斯受到的压差合力分别为：

$$F_{吸(沿孔中心线)}=\iint_{A_{吸}}(p_{\text{int}}-p_{\text{ext}})\mathrm{d}A_{吸}\cos\varphi=(p_{\text{int}}-p_{\text{ext}})\pi(2r_0\gamma-\gamma^2) \tag{4-1}$$

$$F_{游(沿孔中心线)}=\iint_{A_{游}}(p_{\text{int}}-p_{\text{ext}})\mathrm{d}A_{游}\cos\varphi=(p_{\text{int}}-p_{\text{ext}})\pi(r_0-\gamma^2) \tag{4-2}$$

式中 p_{ext}——煤孔内未吸附瓦斯时压力，抽真空时，$P_{\text{ext}}=0$；

p_{int}——煤孔内瓦斯气相主体压力，假设孔口处有足够大气源，则该压力即为煤孔口处瓦斯压力，Pa；

$A_{游}$——半游离相气压作用面积，m²；

$A_{吸}$——吸附相气压差作用面积，m^2；

r_0——煤孔半径，m；

γ——吸附层厚度，对于 CH_4 吸附质，假设为单层吸附，则吸附层厚度等于甲烷分子直径，m。

为分析界面张力对孔内瓦斯运移的影响，将圆周分成许多小段，每段长度为 dl，则在这一小段上的表面张力 dF 为：

$$dF = \sigma dl \tag{4-3}$$

式中 σ——单位长度流体表面张力，N/m。

表面张力方向如图 4-4 所示，如将 dF 分解为垂直和平行于孔中心线的两个分量，由图很易求出 dl 上平行于中心线方向分力为 $dF_{/\!/} = dF\sin\varphi_1$，垂直于中心线方向分力为 $dF_{\perp} = dF\cos\varphi_1$。

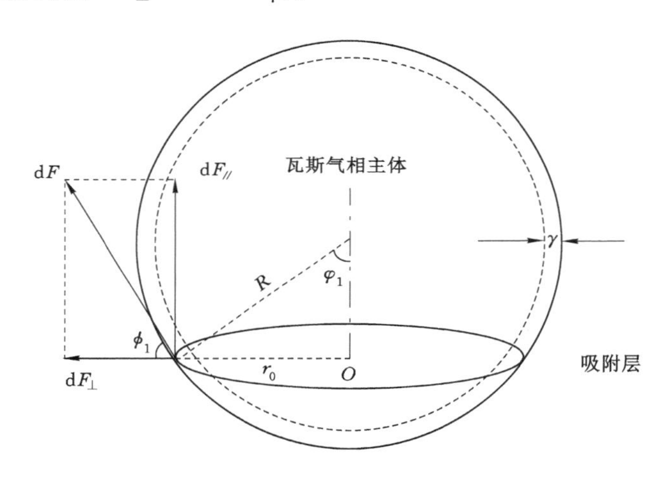

图 4-4 煤样孔内弯月形界面张力分解示意图

故平行于孔中心线方向表面张力合力为：

$$F_{表面张力(平行中心线)} = \int \sigma dl \sin\varphi_1 = \sigma\sin\varphi_1 \int dl = \sigma\frac{r_0}{R}\cdot 2\pi r_0^2\frac{\sigma}{R} \tag{4-4}$$

由于对吸附层和半游离相瓦斯进行单独分析，故分别将半游离瓦斯和吸附瓦斯视为一个整体，故吸附层和半游离相界面处的黏性阻力为：

$$F_{黏} = \eta\left(\frac{du}{dr}\right)dA = \frac{4\eta\bar{u}}{(r_0-\gamma)}2\pi(r_0-\gamma)x = 8\pi x\eta\bar{u} \tag{4-5}$$

式中 η——气体黏性系数，Pa·s；

$\frac{du}{dr}$——速度梯度。

吸附层与煤样孔壁界面处所受黏性阻力为：

$$F_{黏} = \eta\left(\frac{\mathrm{d}u}{\mathrm{d}r}\right)\mathrm{d}A = \frac{4\eta\bar{u}}{r_0}2\pi r_0 x = 8\pi x\eta\bar{u} \tag{4-6}$$

由于吸附层与半游离相内瓦斯运移速率不同，故吸附层受到吸附层与煤样孔壁界面处黏性阻力作用，而半游离相瓦斯受到吸附层与半游离相界面的黏性阻力作用，故黏性阻力总是阻止瓦斯的运移。

综上分析，吸附相和半游离相气体沿煤样孔内中心线方向所受合力分别为：

$$F_{吸(平行中心线)} = (p_{\mathrm{int}} - p_{\mathrm{ext}})\pi(2r_0\gamma - \gamma^2) + 2\pi r_0^2\frac{\sigma}{R} - 8\pi x\eta x' \tag{4-7}$$

$$F_{游(平行中心线)} = (p_{\mathrm{int}} - p_{\mathrm{ext}})\pi(r_0 - \gamma)^2 - 8\pi x\eta x' \tag{4-8}$$

4.3 煤样孔内瓦斯运移动力学特性分析

4.3.1 煤样孔内吸附相瓦斯动力学特性分析

目前，表面扩散存在于整个扩散过程中，尚无统一计算方法，本书认为煤吸附层内的扩散为表面扩散。吸附层内瓦斯主要沿煤样孔壁表面运移，由于靠近煤壁，主要表现为煤壁与瓦斯的碰撞吸附，故吸附层内的瓦斯除受到气压差、黏性阻力作用外，还受煤壁与瓦斯界面张力影响。

由于吸附层气体受到平行于中心线方向力 $F_{吸(平行中心线)}$ 的作用而发生运动，据牛顿第二定律可得：

$$F_{吸(平行中心线)} = m_{吸}a \tag{4-9}$$

式中 $m_{吸}$——煤孔吸附层内瓦斯质量，kg；

a——沿孔中心线方向气体加速度，$\mathrm{m^2/s}$。

由 4.2 节受力分析可知，吸附层内瓦斯运移方程为：

$$F_{吸(平行中心线)} = \frac{\mathrm{d}(m_{吸}\bar{u})}{\mathrm{d}t} \tag{4-10}$$

即

$$(p_{\mathrm{int}} - p_{\mathrm{ext}})\pi(2r_0\gamma - \gamma^2) + 2\pi r_0^2\frac{\sigma}{R} - 8\pi x\eta x' = \frac{\mathrm{d}(\rho_{吸}\pi(2r_0\gamma - \gamma^2)xx')}{\mathrm{d}t} \tag{4-11}$$

由朗格缪尔吸附等温线方程推算得，$\rho_{吸} = \frac{bp}{1+bp}\rho_{液CH_4}$，其中 $\rho_{液CH_4} = 142.271\ \mathrm{kg/m^3}$。

由于煤对瓦斯的强吸附性，式(4-11)中满足 $r_0 \approx R$，故可将式(4-11)中的 R 用 r_0 进行替换，以便对式(4-11)进行求解。

令 $a=\dfrac{8\eta}{\rho_{吸}(2r_0\gamma-\gamma^2)}$，$b=\dfrac{p_{int}-p_{ext}}{\rho_{吸}}+\dfrac{2r_0\sigma}{\rho_{吸}(2r_0\gamma-\gamma^2)}$，则有：

$$x=\sqrt{\frac{2b}{a}\left[t-\frac{1}{a}(1-e^{-at})\right]} \tag{4-12}$$

时间为 t 时，孔道吸附层内瓦斯量 Q 满足：

$$m=\rho_{吸}\pi(2r_0\gamma-\gamma^2)\sqrt{\frac{2b}{a}\left[t-\frac{1}{a}(1-e^{-at})\right]} \tag{4-13}$$

设孔道长度为 L，则孔道被填充满时有：

$$m_{x=L}=\rho_{吸}\pi(2r_0\gamma-\gamma^2)L \tag{4-14}$$

此时孔道被填充满，扩散不再进行。

4.3.2 煤样孔内半游离相瓦斯动力学特性分析

由于半游离相气体受到沿煤样孔中心线方向力 $F_{游(平行中心线)}$ 的作用而发生运动，根据牛顿第二定律可得：

$$F_{游(平行中心线)}=m_{游}a \tag{4-15}$$

式中 $m_{游}$——煤孔内半游离相瓦斯质量，kg；

a——沿孔中心线方向气体加速度，m^2/s。

若半游离相内气体不受煤壁吸附作用，据实际气体状态方程可得，游离气体满足状态方程：

$$pV=\frac{m}{M}RTZ \tag{4-16}$$

式中 p——气体压力，Pa；

V——气体体积，m^3。

由 4.2 节受力分析可知，游离相气体的运移方程为：

$$F_{游(平行中心线)}=\frac{d(m_{游}\bar{u})}{dt} \tag{4-17}$$

即

$$(p_{int}-p_{ext})\pi(r_0-\gamma)^2-8\pi x\eta x'=\frac{d(\rho\pi(r_0-\gamma)^2xx')}{dt} \tag{4-18}$$

式中，$\rho_{游}$ 为半游离相气体密度，若半游离相内气体完全以游离状态存在，则实际气体状态方程 $\rho_{游}=\dfrac{p_{int}M}{RTZ}$。然而，在半游离相内由于固体壁的作用，越靠近煤壁气体密度越大，并不完全符合实际气体状态方程，故在此添加一个密度调和因子 k，$0<k\leqslant1$，故半游离相密度变为 $\rho_{游}=\dfrac{p_{int}M}{RTZk}$，密度调和因子 k 与吸附平衡压力 P 及具体煤样有关，需要通过实验测定获得。

令 $a=\dfrac{8\eta}{\rho(r_0-\gamma)^2}$，$b=\dfrac{p_{\text{int}}-p_{\text{ext}}}{\rho}$，对式(4-18)进行积分得：

$$x=\sqrt{\frac{2b}{a}\left[t-\frac{1}{a}(1-\mathrm{e}^{-at})\right]} \tag{4-19}$$

则时间为 t 时，孔道内半游离相瓦斯量 Q 满足：

$$m=\rho_{\text{游}}\ \pi(r_0-\gamma)^2\sqrt{\frac{2b}{a}\left[t-\frac{1}{a}(1-\mathrm{e}^{-at})\right]} \tag{4-20}$$

设孔道长度为 L，则孔道被填充满时有：

$$m_{x=L}=\rho_{\text{游}}\ \pi(r_0-\gamma)^2L \tag{4-21}$$

设孔道可扩散长度为 L，由于孔道端口的阻力会对撞击到其上的分子产生一个冲量，使得分子扩散在极短时间内达到平衡。即当 $x>L$ 时，$x'=0$，即瓦斯扩散现象终止。在吸附层和半游离相内，扩散在煤粉的较大孔隙中同时进行，增大了瓦斯在煤样孔内的扩散总通量；当煤壁表面吸附作用很强时，半游离相内瓦斯密度增加，单位时间内扩散通量增大，对吸附性极强的煤壁而言，密度较大的半游离相瓦斯占很大比重，相当于瓦斯在实际煤样孔中的吸附层厚度增加。

4.4 煤样孔内瓦斯平衡量影响因素理论分析

煤样孔内存储瓦斯量的多少既影响瓦斯抽采效果，且对于高瓦斯矿井突出危险性亦增加，故预测煤样孔内瓦斯吸附量对推进煤与瓦斯突出机理具有重要的作用。因煤样孔内吸附层瓦斯主要受煤样孔半径、煤孔长及表面吸附位决定，而煤样孔内的半游离相瓦斯主要受煤样孔容、吸附平衡压力及密度调和因子决定，因密度调和因子 k 与具体的吸附平衡压力及煤样有关，故本次理论分析是在 $k=1$ 的情况下研究各影响因素对煤孔内瓦斯量的影响。

4.4.1 煤样孔半径对煤样孔内瓦斯平衡量的影响

煤是复杂多孔介质，其内存在着各种半径的孔隙，而孔半径对煤样孔内瓦斯量有重要影响，故研究孔半径对煤样孔内瓦斯影响有重要意义。将煤样孔内瓦斯转化为标况，则假设单颗粒煤样给定孔半径 r 内吸附层瓦斯量用 $Q_a(r)$ 表示，给定半径孔内半游离相瓦斯量用 $Q_y(r)$ 表示，则在给定孔长 $L=1$ m、压力吸附常数 $b=0.15$ 的情况下，单颗粒煤样孔内吸附层瓦斯量 $Q_a(r)$ 及半游离相瓦斯量 $Q_y(r)$ 在给定吸附平衡压力条件下与孔半径的关系如图 4-5 所示。

由图 4-5 可知，在孔长一定情况下，随孔半径增加，吸附层内瓦斯呈线性增加，在给定参数及孔半径范围的情况下，吸附层内瓦斯量由 0.45 nm 孔中的 1.26×10^{-10} mL 增至 1 000 nm 中的 5.18×10^{-7} mL，即孔半径增大 2 222 倍，煤

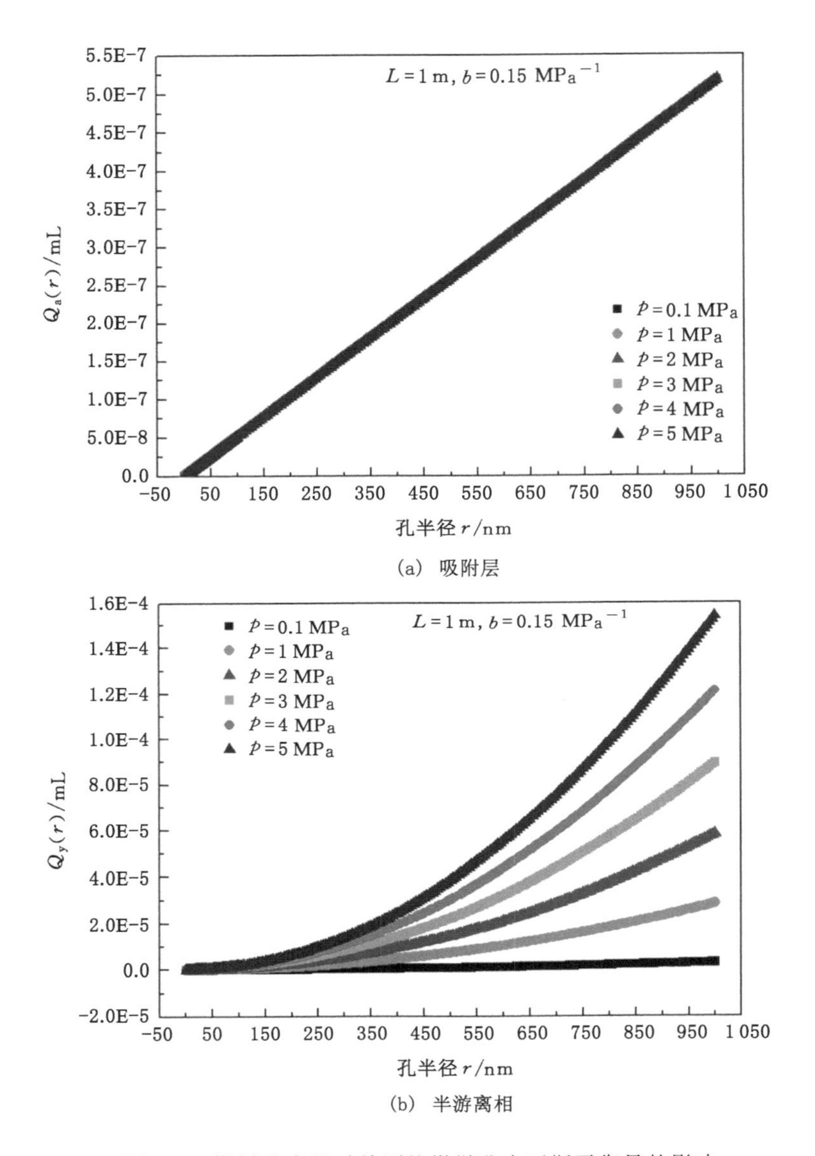

(a) 吸附层

(b) 半游离相

图 4-5 煤样孔半径对单颗粒煤样孔内瓦斯平衡量的影响

样孔吸附层内瓦斯量增大 4 114.6 倍，而半游离相瓦斯随孔半径增加呈增幅加剧的增大趋势，当孔半径由 0.45 nm 增大到 1 000 nm 时，煤样孔内半游离相瓦斯量变化情况如表 4-1 所示。

表 4-1 煤样孔内半游离相瓦斯量变化情况

吸附平衡压力/MPa	煤样孔内半游离相瓦斯平衡量/mL		
	0.45 nm	1 000 nm	$Q_y(1\ 000)/Q_y(0.45)$
0.1	3.62×10^{-15}	2.79×10^{-6}	7.71×10^{8}
1	3.69×10^{-14}	2.84×10^{-5}	7.71×10^{8}
2	7.54×10^{-14}	5.81×10^{-5}	7.71×10^{8}
3	1.15×10^{-13}	8.89×10^{-5}	7.71×10^{8}
4	1.57×10^{-13}	1.21×10^{-4}	7.71×10^{8}
5	2.00×10^{-13}	1.54×10^{-4}	7.71×10^{8}

由表 4-1 可知，随孔半径增加，煤样孔内半游离相瓦斯量急剧增加，孔半径增大 2 222 倍，煤样孔内游离瓦斯量增大 7.71×10^{8} 倍。

由上述分析可以看到，孔半径对半游离相瓦斯量影响大于对吸附相瓦斯量的影响，煤样孔内瓦斯总量随孔半径增大显著增加。由图 4-5 还可发现，随压力增大，吸附相内瓦斯几乎不变，而半游离相内瓦斯则随压力增大而增大。这是由于吸附相瓦斯主要受煤样孔壁表面吸附位及液态甲烷气体密度影响，受煤壁表面积影响较大，而半游离相瓦斯主要受煤样孔容积影响，煤样孔容积越大，半游离相瓦斯量越大。

4.4.2 煤样孔半径对煤样孔内瓦斯运移平衡时间的影响

煤样孔内瓦斯运移平衡时间也可以反映煤的吸附/解吸性能，在煤样给定情况下，煤样孔内吸附平衡时间越短，说明瓦斯运移速度越快，在突出发生时的贡献也越大。为此，研究孔半径对煤样孔内瓦斯运移平衡时间的影响有重要意义。

假设煤样孔长 $L=1$ m，压力吸附常数 $b=0.15$ MPa^{-1}，单颗粒煤样内所有孔均为一端开口圆柱形。用 $t_a(r)$表示单颗粒煤样给定孔半径吸附层瓦斯运移平衡时间，$t_y(r)$表示单颗粒煤给定孔半径半游离相瓦斯运移平衡时间，则$t_a(r)$与 $t_y(r)$在给定压力下随孔半径 r 的变化关系如图 4-6 所示。

由图 4-6 可知，在给定假设条件下，煤样孔内吸附层和半游离相瓦斯运移平衡时间均随孔半径增加而呈幅度变缓的减小趋势，即吸附/解吸发生时，瓦斯首先在煤大孔内发生吸附/解吸，再依次在较小孔内发生吸附/解吸现象。瓦斯在煤孔吸附层内的吸附平衡时间受平衡压力影响较小，煤样孔吸附层瓦斯平衡量由 0.45 nm 的 2.02×10^{7} s 降至 1 000 nm 的 1.04×10^{4} s，即孔半径增大2 222倍，吸附平衡时间降为原来的 1/1 950。当孔半径由 0.45 nm 增至 1 000 nm 时，煤样孔内半游离相瓦斯平衡时间如表 4-2 所示。

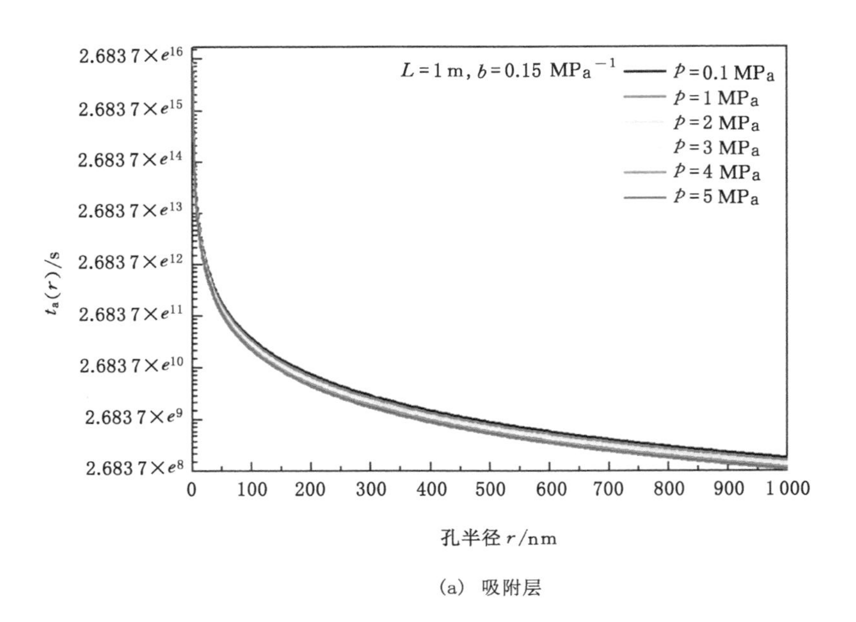

(a) 吸附层

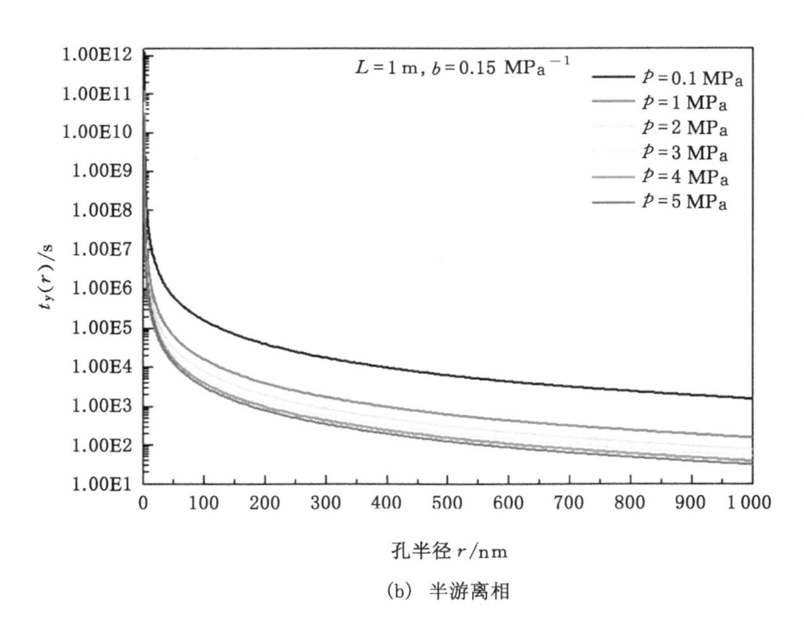

(b) 半游离相

图 4-6 煤样孔半径对瓦斯运移平衡时间的影响

表 4-2 煤样孔半径对单颗粒煤样孔半游离相瓦斯平衡时间的影响

吸附平衡压力/MPa	煤样孔内半游离相瓦斯平衡时间/s		
	0.45 nm	1 000 nm	$t_y(1\ 000)/t_y(0.45)$
0.1	1.23×10^{12}	1.60×10^{3}	7.71×10^{8}
1	1.23×10^{11}	1.60×10^{2}	7.71×10^{8}
2	6.17×10^{10}	8.01×10^{1}	7.71×10^{8}
3	4.12×10^{10}	5.34×10^{1}	7.71×10^{8}
4	3.09×10^{10}	4.00×10^{1}	7.71×10^{8}
5	2.47×10^{10}	3.20×10^{1}	7.71×10^{8}

由表 4-2 可知，随孔半径增加，煤样孔内半游离相瓦斯平衡时间急剧减小，孔半径增大 2 222 倍，吸附平衡时间平均变为原来的 $1/(7.71\times10^{8})$。

由图 4-6 还可以发现，孔半径较小时瓦斯在吸附层内的运移平衡时间要小于在半游离相的运移平衡时间，随着孔半径的增加，瓦斯在吸附层内的运移平衡时间大于在半游离相内的运移平衡时间。这是由于孔较小时，在孔长一定的情况下，煤样孔比表面积及孔容都很小，能够进入孔内的瓦斯量较少，瓦斯在煤壁分子作用力下快速运移，这时以吸附为主。随着孔半径的增加，煤样孔比表面积增加速率小于煤样孔容增加速率，半游离相瓦斯进入孔内的阻碍减小，故半游离相瓦斯的运移时间缩短。孔半径对半游离相瓦斯运移平衡时间的影响要大于吸附相瓦斯运移平衡时间，说明煤样孔内发生吸附/解吸时，瓦斯首先进入较大孔中，较大孔越发育，瓦斯放散能力越强。

4.4.3 煤样孔长对煤样孔内瓦斯平衡量影响

孔长是煤样孔形参数之一，煤样孔长增加，会加大瓦斯在煤样孔内的运移通道长度，不利于瓦斯在煤孔中的运移；在孔半径一定的情况下，孔长增加还会加大煤样孔比表面积及容积，易形成瓦斯积聚。因此，研究煤孔长变化对煤样孔内瓦斯平衡量影响对煤吸附/解吸性能有重要帮助。

假设吸附平衡压力 $p=1$ MPa，压力吸附常数 $b=0.15\ \text{MPa}^{-1}$，分别给定孔半径为 $r=10$ nm 和 $r=100$ nm。若用 $Q_a(L)$ 表示单颗粒煤样给定孔长孔吸附层瓦斯量，用 $Q_y(L)$ 表示单颗粒煤给定孔长孔半游离相瓦斯量，则 $Q_a(L)$ 和 $Q_y(L)$ 随煤孔长变化情况如图 4-7 所示。

由图 4-7 可知，在孔半径一定的情况下，煤样孔内吸附层和半游离相瓦斯量均随孔长增加而呈线性增加，孔半径为 10 nm 时，煤样孔吸附层内瓦斯量由孔长为 2×10^{6} m 的 0.010 2 mL 增至 1×10^{7} m 时的 0.050 7 mL，即孔长增大为原来的 5 倍，煤样孔吸附层瓦斯量增大为原来的 5 倍。同理，煤样孔内半游离相瓦

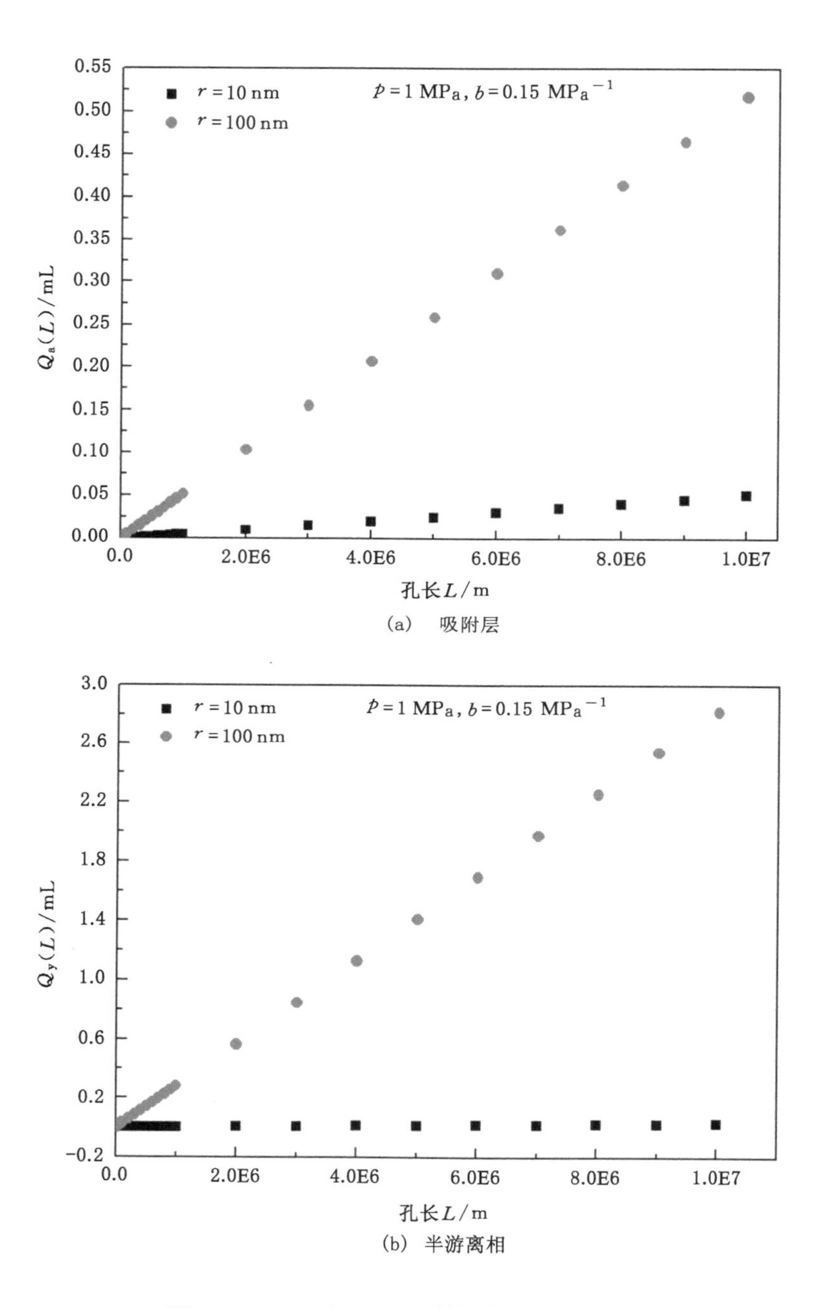

图 4-7 $Q_a(L)$和$Q_y(L)$随煤样孔长变化情况

斯量增大为原来的 5 倍，在孔半径为 100 nm 时，煤样孔吸附层瓦斯量和半游离瓦斯量亦增长为原来的 5 倍。上述现象发生的原因是吸附层瓦斯主要受煤比表面积控制，而半游离相瓦斯主要受煤样孔容控制，而煤样孔比表面积和孔容均与孔长呈线性关系，故有 $Q_a(L)$ 和 $Q_y(L)$ 随孔长增加而线性增长。

4.4.4　煤样孔长对煤样孔内瓦斯运移平衡时间影响

煤样孔长为瓦斯在煤样孔道内的扩散通道长度，煤样孔长的增加即煤样孔内瓦斯扩散通道的增加将增加瓦斯在煤内运移的难度，故研究煤样孔长对瓦斯在煤孔内运移时间的影响具有重要作用，进而为解释煤与瓦斯突出提供理论依据或重要参考。图 4-8 所示分别为孔半径为 $r=10$ nm 和 $r=100$ nm，吸附平衡压力 $p=1$ MPa 及压力吸附常数 $b=0.15$ MPa^{-1} 时瓦斯在单颗粒煤样孔吸附层内运移平衡时间 $t_a(\text{L})$ 和半游离相运移平衡时间 $t_y(L)$ 随煤孔长变化关系图。

由图 4-8 可知，在压力及孔半径一定的情况下，孔长增加，吸附平衡时间急剧增加，即随着孔长的增加，吸附平衡时间增速也逐渐加大。表 4-3 所示为孔长分别为 2×10^6 m、4×10^6 m、6×10^6 m、8×10^6 m、1×10^7 m 时，煤样孔吸附层和半游离相瓦斯运移平衡时间，并以 2×10^6 m 孔长内瓦斯量为基准，计算煤样孔内瓦斯量随孔长的变化关系。

表 4-3　孔长对煤样孔吸附层和半游离相瓦斯运移平衡时间的影响

孔长/m	煤样孔吸附层瓦斯运移平衡时间/s				煤样孔半游离相瓦斯运移平衡时间/s			
	10 nm	倍数	100 nm	倍数	10 nm	倍数	100 nm	倍数
2×10^6	3.96×10^{18}	1.00	3.96×10^{17}	1.00	6.96×10^{18}	1.00	6.45×10^{16}	1.00
4×10^6	1.58×10^{19}	4.00	1.58×10^{18}	4.00	2.79×10^{19}	4.00	2.58×10^{17}	4.00
6×10^6	3.56×10^{19}	9.00	3.56×10^{18}	9.00	6.27×10^{19}	9.00	5.81×10^{17}	9.00
8×10^6	6.33×10^{19}	1.60×10^1	6.33×10^{18}	1.60×10^1	1.11×10^{20}	1.60×10^1	1.03×10^{18}	1.60×10^1
1×10^7	9.90×10^{19}	2.50×10^1	9.89×10^{18}	2.50×10^1	1.74×10^{20}	2.50×10^1	1.61×10^{18}	2.50×10^1

由表 4-3 可知，在表中给定孔长的情况下，煤样孔长增大 n 倍，煤样孔吸附层和半游离相瓦斯运移平衡时间均相等，均增大至原来的 n^2 倍。由煤样吸附/游离平衡时间可知，在孔长一定的情况下，瓦斯在吸附层内的运移平衡时间小于瓦斯在游离相内的运移平衡时间，这是因为在吸附层内煤壁表面存在剩余表面张力，故瓦斯在与煤壁表面接触时，在表面张力作用下瓦斯分子会被吸引到煤壁，而游离相内的瓦斯则不存在煤壁表面张力的作用，故运移平衡时间相对较长。由图 4-8还可以发现，随着孔半径的增加，瓦斯运移平衡时间明显缩短，即表明瓦斯更易在较大孔内进出。

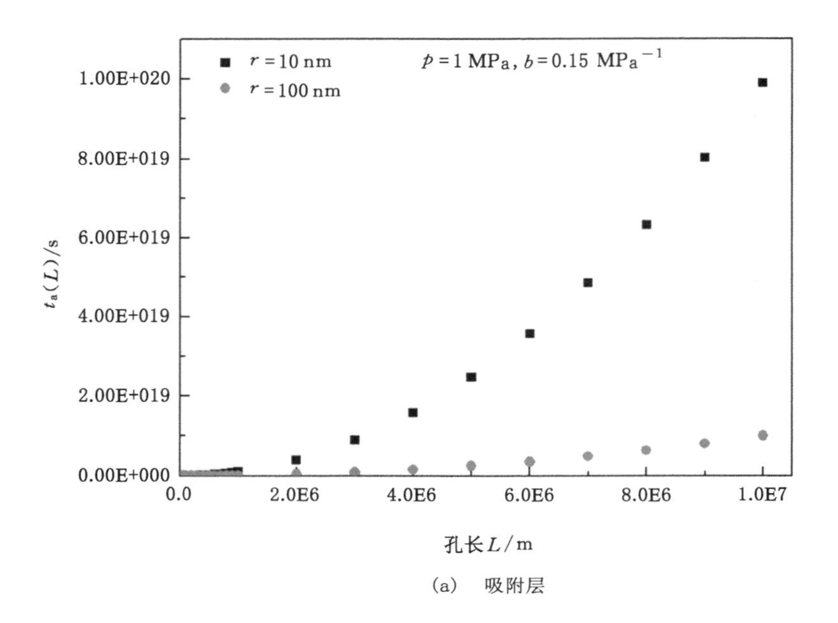

(a) 吸附层

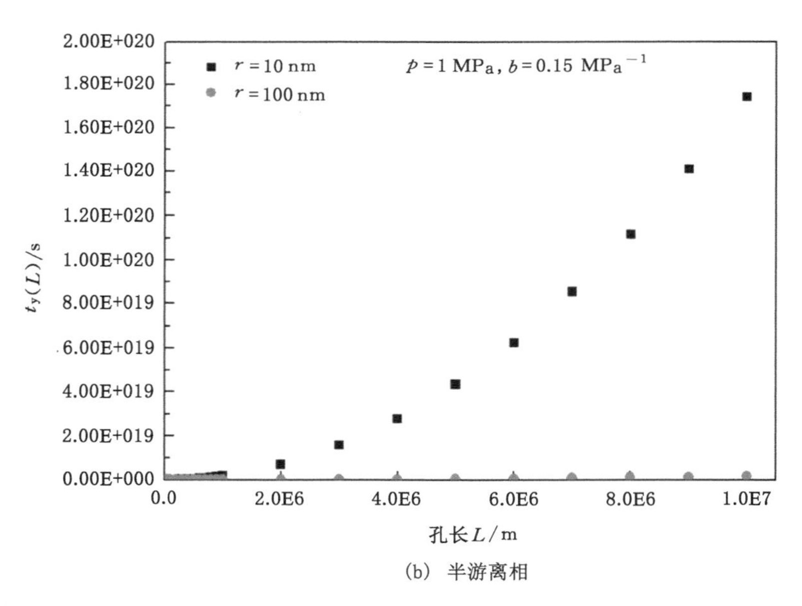

(b) 半游离相

图 4-8 煤样孔长对瓦斯运移平衡时间的影响

4.4.5 吸附常数 *b* 对煤样孔内瓦斯平衡量的影响

因压力吸附常数 b 决定表面吸附位数目，进而影响煤表面吸附层内甲烷密度，而对游离相瓦斯没有影响，故本小节只给出吸附常数 b 对单颗粒煤样孔吸附层内瓦斯的影响，用 $Q_a(b)$ 表示在给定压力吸附常数 b 下单颗粒煤样孔吸附层内瓦斯平衡量，则在给定孔长 $L=1$ m，孔半径 $r=10$ nm，压力 p 分别为1 MPa、2 MPa 和 3 MPa 的情况下，$Q_a(b)$随压力吸附常数 b 的变化情况如图 4-9 所示。

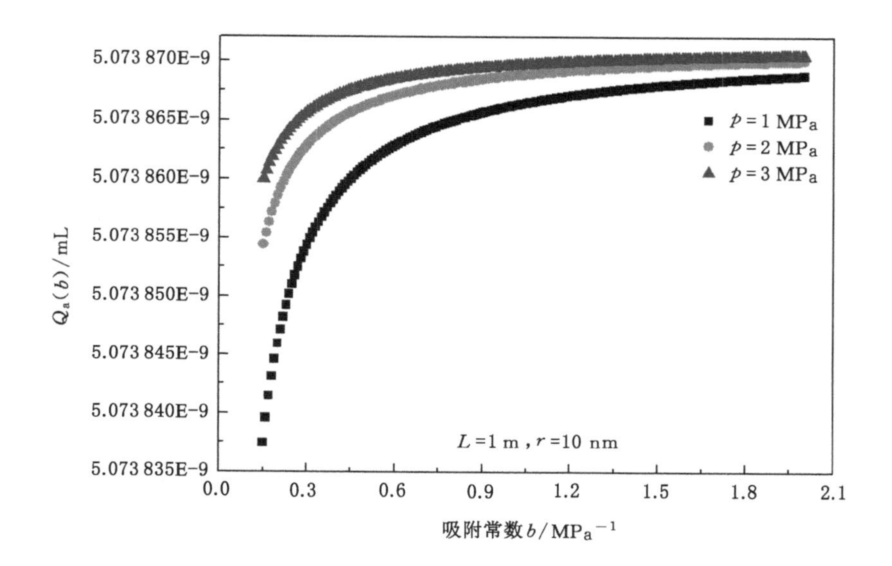

图 4-9 吸附常数 b 对单颗粒煤样孔吸附层内瓦斯平衡量的影响

由图 4-9 可知，在孔半径、孔长及压力给定的情况下，单颗粒煤吸附层内瓦斯量随 b 增大而增大，且随着压力吸附常数 b 的增加，吸附层内瓦斯量增速逐渐减小。即初期增幅很大，随着 b 值增大，增幅逐渐减小。且对于三个吸附平衡压力下的曲线，在 b 值较小时分离较远，随着 b 值的增大，逐渐靠近，即在 b 值给定情况下，吸附量随压力增大，开始增加很快，后增幅逐渐减小，这与朗格缪尔吸附等温线表现的结果一致，且由图 4-9 中纵坐标最小值为 $5.073\ 835\times10^{-9}$、最大值为 $5.073\ 87\times10^{-9}$ 可知，虽然吸附常数 b 对吸附平衡量有影响，但影响不是很大。

4.4.6 吸附常数 *b* 对煤样孔内瓦斯运移平衡时间的影响

压力吸附常数 b 在吸附等温线中表现为 b 越大，吸附量随压力上升越快，然而吸附常数 b 在吸附运移平衡时间中的应用却未见相关研究。吸附平衡时间亦可以表征煤样吸附能力的强弱，研究吸附常数 b 对吸附平衡时间的影响有重要意义。用 $t_a(b)$ 表示在给定压力吸附常数 b 时瓦斯在单颗粒煤样孔吸附层内的运移平衡时间，则在给定孔长 $L=1$ m，孔半径 $r=10$ nm，压力 p 分别为1 MPa、2 MPa 和 3 MPa 时 $t_a(b)$ 随压力吸附常数 b 的变化关系如图 4-10 所示。

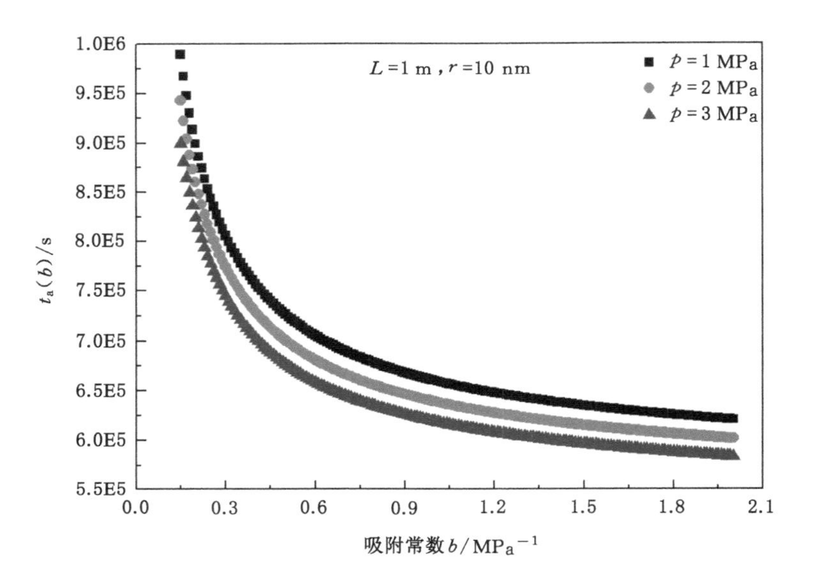

图 4-10　吸附常数 b 对煤样孔内瓦斯运移平衡时间影响

由图 4-10 可知，在孔长、孔半径及吸附平衡压力 p 一定的情况下，单颗粒煤样孔吸附层内瓦斯运移平衡时间 $t_a(b)$ 随着压力吸附常数 b 的增加而减小，且随着压力吸附常数 b 的增大，单颗粒煤孔吸附层内运移平衡时间 $t_a(b)$ 下降速度逐渐减小。即压力吸附常数 b 较小时，对运移平衡时间影响较大，随着压力吸附常数 b 的增加，影响逐渐减小。表 4-4 所示为吸附常数分别为 0.3 MPa^{-1}、0.6 MPa^{-1}、0.9 MPa^{-1}、1.2 MPa^{-1}、1.5 MPa^{-1}、1.8 MPa^{-1} 时煤样孔吸附层瓦斯运移平衡时间，并以吸附常数为 0.3 MPa^{-1} 煤样孔吸附层瓦斯运移平衡时间为基准，计算其他吸附常数下煤样孔吸附层内瓦斯运移平衡时间减少幅度。

表 4-4　吸附常数 b 对煤样孔吸附层瓦斯运移平衡时间的影响

吸附常数 /MPa^{-1}	煤样孔吸附层内瓦斯运移平衡时间/s					
	1 MPa	倍数	2 MPa	倍数	3 MPa	倍数
0.3	8.05×10^5	1.00	7.74×10^5	1.000	7.45×10^5	1.00
0.6	7.05×10^5	8.75×10^{-1}	6.81×10^5	8.80×10^{-1}	6.58×10^5	8.84×10^{-1}

表 4-4(续)

吸附常数 b /MPa^{-1}	煤样孔吸附层内瓦斯运移平衡时间/s					
	1 MPa	倍数	2 MPa	倍数	3 MPa	倍数
0.9	6.68×10^{5}	8.29×10^{-1}	6.46×10^{5}	8.35×10^{-1}	6.25×10^{5}	8.40×10^{-1}
1.2	6.47×10^{5}	8.04×10^{-1}	6.27×10^{5}	8.10×10^{-1}	6.07×10^{5}	8.16×10^{-1}
1.5	6.34×10^{5}	7.87×10^{-1}	6.14×10^{5}	7.94×10^{-1}	5.96×10^{5}	8.00×10^{-1}
1.8	6.25×10^{5}	7.76×10^{-1}	6.05×10V5	7.83×10^{-1}	5.87×10^{5}	7.89×10^{-1}

由表 4-4 可知，在给定吸附常数情况下，吸附常数增加 6 倍，吸附平衡压力为 1 MPa 时煤样孔吸附层瓦斯运移平衡时间减小为原来的 0.776 倍；吸附平衡压力为 2 MPa 时，吸附层内运移时间减小为原来的 0.783 倍；吸附平衡压力为 3 MPa时，减小为原来的 0.789 倍。以上分析表明吸附常数的增大可明显缩短煤样孔吸附层瓦斯运移平衡时间，且随压力增大，减小幅度缩小。

4.4.7 瓦斯吸附平衡压力对煤样孔内瓦斯平衡量的影响

根据朗格缪尔单分子层吸附理论，吸附平衡压力 p 对煤壁表面吸附位数目有重要影响，这会进一步影响煤样吸附层内瓦斯量。根据理想气体状态方程，吸附平衡压力 p 对游离相瓦斯压力具有重要影响，故研究给定孔径下瓦斯吸附平衡压力 p 对孔内瓦斯平衡量的影响具有重要意义。分别用 $Q_a(p)$ 和 $Q_y(p)$ 表示在给定吸附平衡压力 p 时单颗粒煤样孔吸附层和半游离相内瓦斯平衡量，则在孔半径 $r=10$ nm、孔长 $L=1$ m、压力吸附常数 $b=0.15$ MPa^{-1} 时，$Q_a(p)$ 和 $Q_y(p)$ 随压力 p 变化情况如图 4-11 所示。

如图 4-11 所示，吸附平衡压力 p 对单颗粒煤吸附层内瓦斯平衡量 $Q_a(p)$ 的影响表现为在初期 $Q_a(p)$ 随着 p 的增加快速增加，后增幅逐渐减小。吸附平衡压力 p 对游离相内瓦斯平衡量 $Q_y(p)$ 的影响表现为 $Q_y(p)$ 和 p 呈线性关系，它们之间满足理想气体状态方程。经对比吸附层和游离层内瓦斯平衡量变化，吸附平衡压力 p 对游离相的影响远远大于对吸附相的影响。由图 4-11 中煤孔吸附层内瓦斯运移量随吸附平衡压力变化关系图纵坐标最小值为 $5.073\,5\times10^{-9}$、最大值为 $5.073\,9\times10^{-9}$ 可知，吸附平衡压力对煤样孔吸附层内瓦斯平衡量影响较小。由图 4-11 中煤样孔半游离相内瓦斯运移量随吸附平衡压力变化关系图可知，压力由 1 MPa 增至 6 MPa 时，煤样孔半游离相内瓦斯运移量由 2.56×10^{-9} mL 增至 1.54×10^{-8} mL，最大倍数达 6 倍。

4.4.8 瓦斯吸附平衡压力对煤样孔内瓦斯运移平衡时间的影响

吸附平衡压力除对煤样孔内瓦斯平衡量有影响外，还会影响瓦斯平均自由程，进而会影响煤样孔内瓦斯运移平衡时间。若分别用 $t_a(p)$ 和 $t_y(p)$ 表示给定

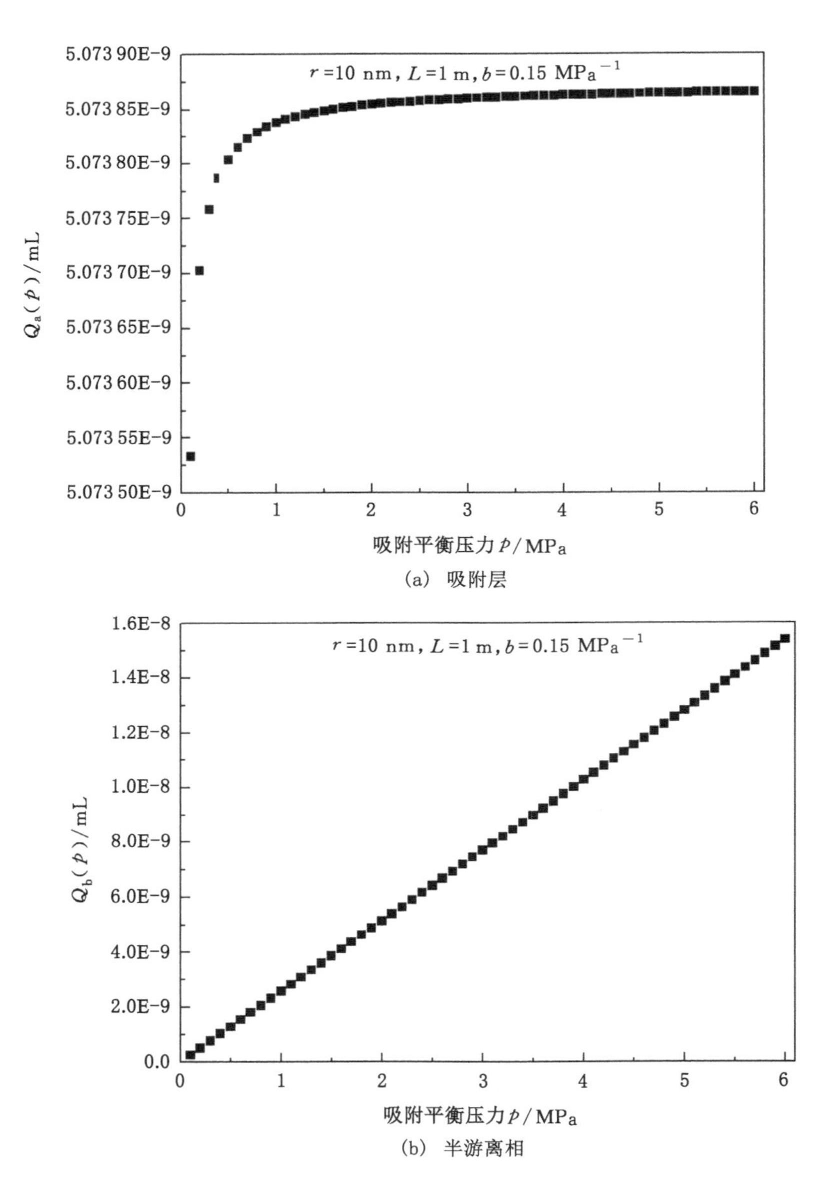

(a) 吸附层

(b) 半游离相

图 4-11 吸附平衡压力对单颗粒煤样孔内瓦斯平衡量的影响

压力下瓦斯在单颗粒煤孔吸附层和半游离相内瓦斯运移平衡时间，则在孔长 $L=1$ m、孔半径 $r=10$ nm、压力吸附常数 $b=0.15$ MPa^{-1} 时，$t_a(p)$ 和 $t_y(p)$ 随吸附平衡压力 p 的变化关系如图 4-12 所示。

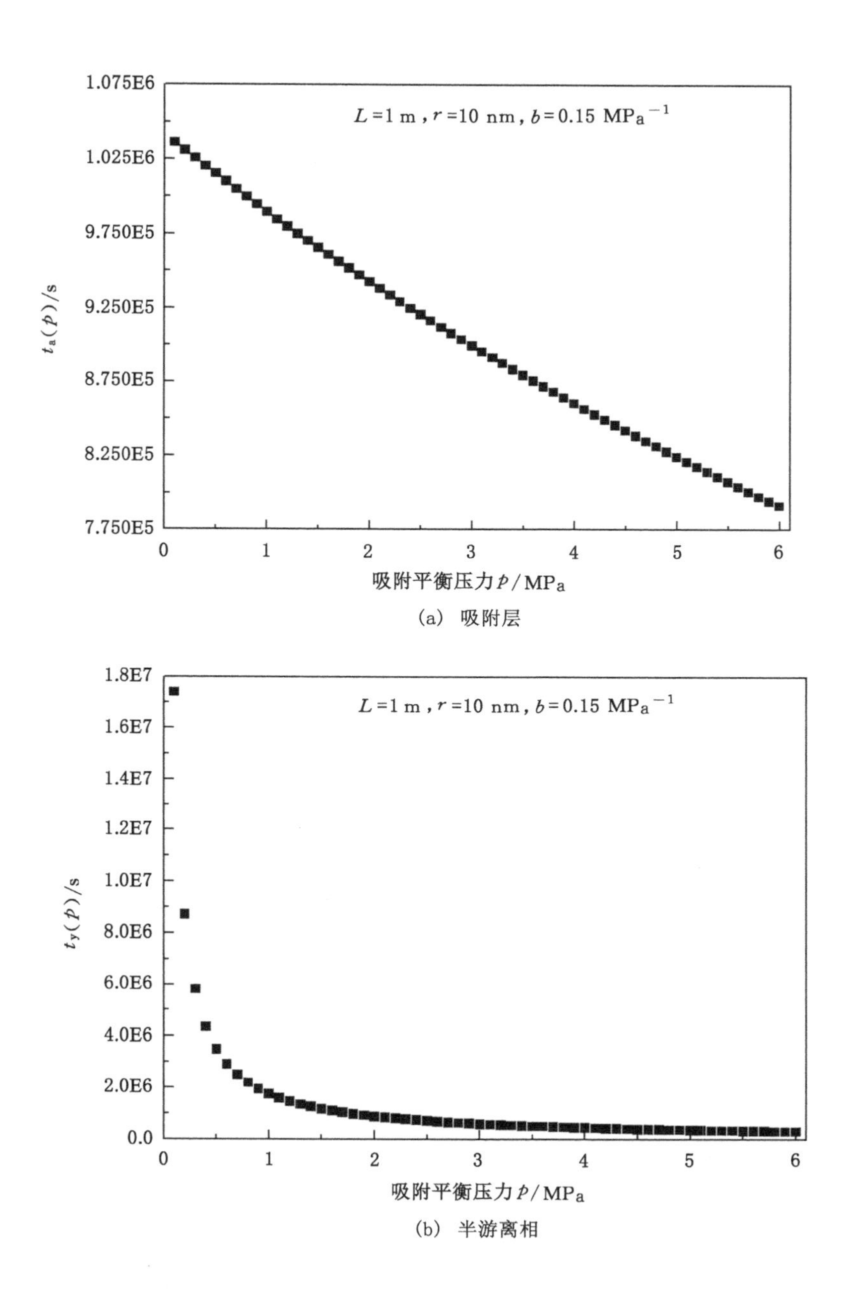

(a) 吸附层

(b) 半游离相

图 4-12　吸附平衡压力对瓦斯运移平衡时间的影响

由图 4-12 可知，瓦斯在单颗粒煤吸附层内运移平衡时间 $t_a(p)$ 随着压力 p 的增大基本呈线性减小趋势，而在游离相内运移平衡时间 $t_y(p)$ 则随着压力 p 的增大迅速减小，即在低压段运移平衡时间较长，随着压力的增大，运移平衡时间迅速缩短，且瓦斯在吸附层内的运移平衡时间明显小于在游离相内的运移平衡时间。表 4-5 所示为吸附平衡压力分别为 1 MPa、2 MPa、3 MPa、4 MPa、5 MPa、6 MPa 时，煤样孔吸附层和半游离相内瓦斯运移平衡时间，并以 1 MPa 为基准，计算运移平衡时间随压力变化关系。

由表 4-5 可知，对于表中给定吸附平衡压力，压力增大 6 倍，煤样孔吸附层内瓦斯运移平衡时间缩短为原来的 0.799 倍，而煤样孔半游离相内瓦斯运移平衡时间缩短为原来的 0.166 倍，因此吸附平衡压力对瓦斯在半游离相内的运移平衡时间影响较大。

表 4-5　吸附平衡压力 P 对煤样孔吸附层和半游离相内瓦斯运移平衡时间的影响

吸附平衡压力 /MPa	煤样孔吸附层内瓦斯运移平衡时间/s		煤样孔半游离相内瓦斯运移平衡时间/s	
	时间	倍数	时间	倍数
1	9.89×10^5	1.00	1.74×106	1.00
2	9.42×10^5	9.52×10^{-1}	8.70×10^5	5.00×10^{-1}
3	8.99×10^5	9.08×10^{-1}	5.80×10^5	3.33×10^{-1}
4	8.60×10^5	8.69×10^{-1}	4.35×10^5	2.50×10^{-1}
5	8.24×10^5	8.32×10^{-1}	3.48×10^5	2.00×10^{-1}
6	7.91×10^5	7.99×10^{-1}	2.90×10^5	1.66×10^{-1}

4.5　煤吸附/解吸动力学特性预测

由第 3 章 3.6 和 3.7 节可知，随着煤样粒径的减小，煤样扩散路径明显变短，孔形发生明显变化，而这会进一步影响煤吸附/解吸动力学特性。

4.5.1　煤样孔半径对瓦斯吸附/解吸动力学特性的影响

假设煤样孔形为一端开口圆柱形孔，在 120 min 内，瓦斯在所有孔内均未达到平衡，分别用 $Q_a(t)$ 和 $Q_y(t)$ 表示瓦斯在单颗粒煤样孔吸附层和半游离相内的瓦斯量，则在压力 $p=1$ MPa，吸附常数 $b=0.15$ MPa^{-1}，孔半径 r 分别为 2 nm、5 nm、10 nm 和 20 nm 时的吸附/解吸动力学曲线如图 4-13 所示。

由图 4-13 可知，在给定时间 t 时，随孔半径 r 增加，单颗粒煤样孔内瓦斯量

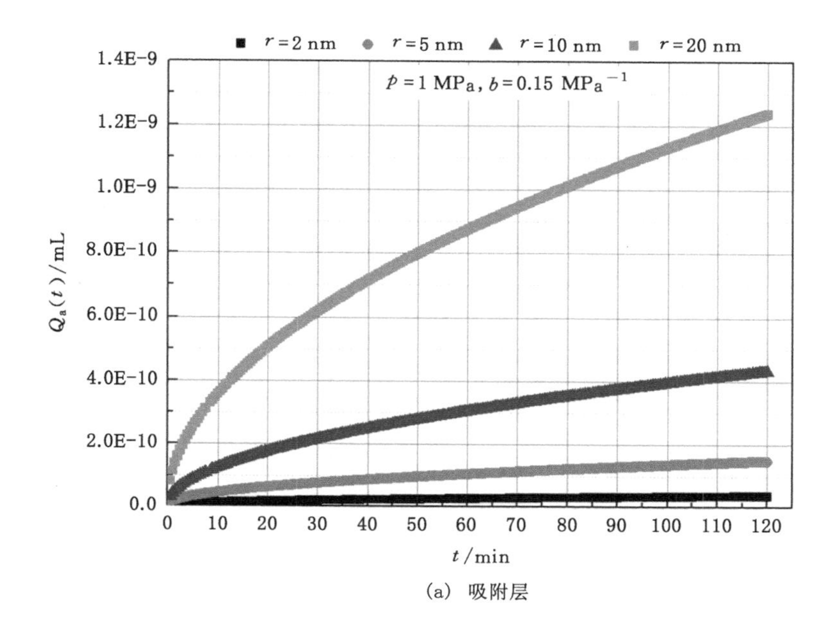

(a) 吸附层

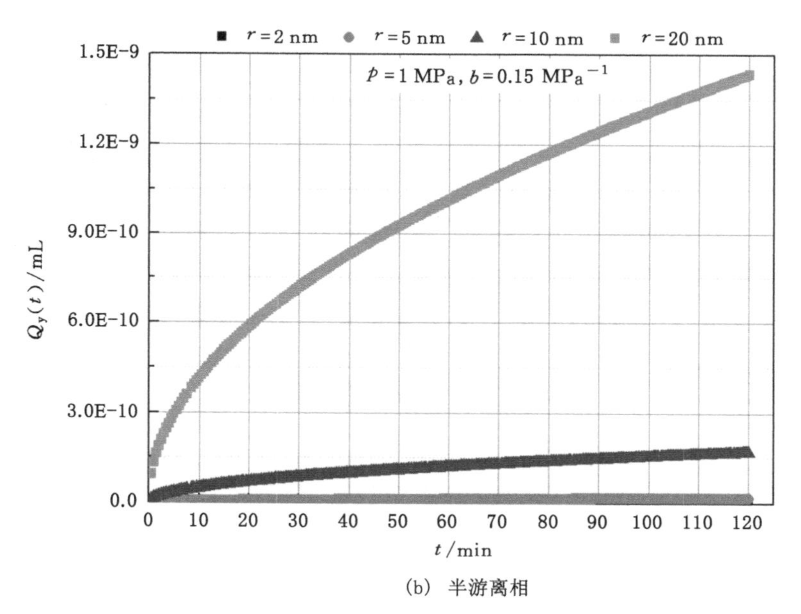

(b) 半游离相

图 4-13 煤样孔半径对瓦斯吸附/解吸动力学特性的影响

呈增幅加剧的增大趋势。将 60 min 和 120 min 时不同半径煤样孔吸附层和半游离相内的瓦斯量列于表 4-6 中。

表 4-6 煤样孔半径对瓦斯吸附/解吸动力学特性的影响

孔半径/nm	吸附层瓦斯平衡量/mL				半游离相内瓦斯平衡量/mL			
	60 min	倍数	120 min	倍数	60 min	倍数	120 min	倍数
2 nm	2.50×10^{-11}	1.00	3.54×10^{-11}	1.00	5.39×10^{-13}	1.00	7.62×10^{-13}	1.00
5 nm	1.06×10^{-10}	4.23	1.50×10^{-10}	4.23	1.30×10^{-11}	2.41×10^{1}	1.84×10^{-11}	1.88×10^{3}
10 nm	3.06×10^{-10}	1.24×10^{1}	4.33×10^{-10}	1.24×10^{1}	1.19×10^{-10}	2.20×10^{2}	1.68×10^{-10}	2.20×10^{2}
20 nm	8.75×10^{-10}	3.49×10^{1}	1.24×10^{-9}	3.49×10^{1}	1.01×10^{-9}	1.88×10^{3}	1.43×10^{-9}	1.88×10^{3}

由表 4-6 可知，以 2 nm 煤样孔内瓦斯平衡量为基准，孔半径增大到 10 倍时，吸附层内瓦斯平衡量增大到 3.49×10^{1} 倍，半游离相内瓦斯平衡量增大到 1.88×10^{3} 倍，因此，孔半径对煤样孔半游离相内瓦斯平衡量的影响要大于吸附层。

4.5.2 吸附常数 *b* 对瓦斯吸附/解吸动力学特性的影响

由前所述，吸附常数 b 决定煤壁表面吸附位，影响煤的吸附/解吸性能，故研究吸附常数 b 对瓦斯在煤孔内吸附/解吸动力学特性的影响有重要作用。图 4-14所示为给定吸附平衡压力 $p=1$ MPa、孔半径 $r=10$ nm 时，对应压力吸附常数 b 分别为 0.15 MPa^{-1}、0.5 MPa^{-1}、1 MPa^{-1}、1.5 MPa^{-1}时的吸附/解吸动力学曲线。

由图 4-14 可知，随着压力吸附常数 b 的增加，单颗粒煤样孔吸附层内瓦斯吸附/解吸动力学曲线越靠上，且曲线越来越靠近，即随着吸附常数 b 的增加，其对吸附/解吸动力学特性的影响越来越小，而吸附常数 b 对游离相内瓦斯则没有任何影响。表 4-7 所示为时间分别为 60 min 和 120 min 时给定半径煤样孔吸附层和游离相内瓦斯量以及以 $b=0.15$ MPa^{-1}煤样孔内瓦斯量为基准，计算出其他孔径瓦斯量与 $b=0.15$ MPa^{-1}瓦斯量的比值(倍数)。

表 4-7 吸附常数 *b* 对瓦斯吸附/解吸动力学特性的影响

吸附常数/MPa^{-1}	吸附层瓦斯平衡量/mL				半游离相内瓦斯平衡量/mL			
	60 min	倍数	120 min	倍数	60 min	倍数	120 min	倍数
0.15	3.06×10^{-10}	1.00	4.33×10^{-10}	1.00	1.19×10^{-10}	1.00	1.68×10^{-10}	1.00
0.5	3.57×10^{-10}	1.17	5.05×10^{-10}	1.17	1.19×10^{-10}	1.00	1.68×10^{-10}	1.00
1	3.75×10^{-10}	1.22	5.30×10^{-10}	1.22	1.19×10^{-10}	1.00	1.68×10^{-10}	1.00
1.5	3.82×10^{-10}	1.25	5.40×10^{-10}	1.25	1.19×10^{-10}	1.00	1.68×10^{-10}	1.00

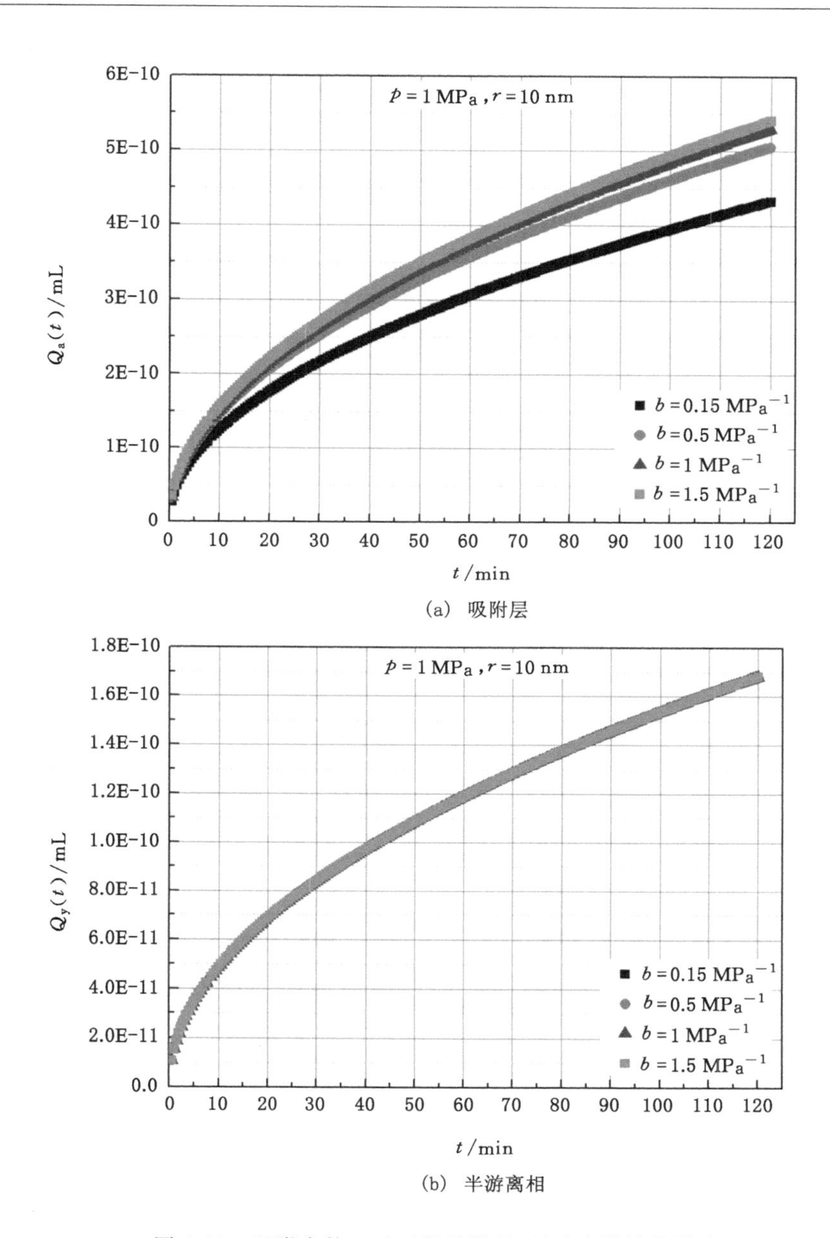

(a) 吸附层

(b) 半游离相

图 4-14　吸附常数 b 对瓦斯吸附/解吸动力学特性影响

由表 4-7 可知，在表中给定的吸附常数增大为原来的 10 倍时，吸附层内瓦斯平衡量变为原来的 1.25 倍，而对半游离相内的瓦斯平衡量没有影响。

4.5.3 吸附平衡压力对瓦斯吸附/解吸动力学特性的影响

吸附平衡压力越大，气体平均自由程越小，瓦斯更易进入煤样中更小的孔隙范围内，继而对煤样孔内瓦斯量产生影响，当孔半径 $r=10$ nm，吸附常数 $b=0.15\ \mathrm{MPa}^{-1}$，对应吸附平衡压力分别为 1 MPa、2 MPa、3 MPa 和 4 MPa 时，对应的吸附/解吸动力学曲线如图 4-15 所示。

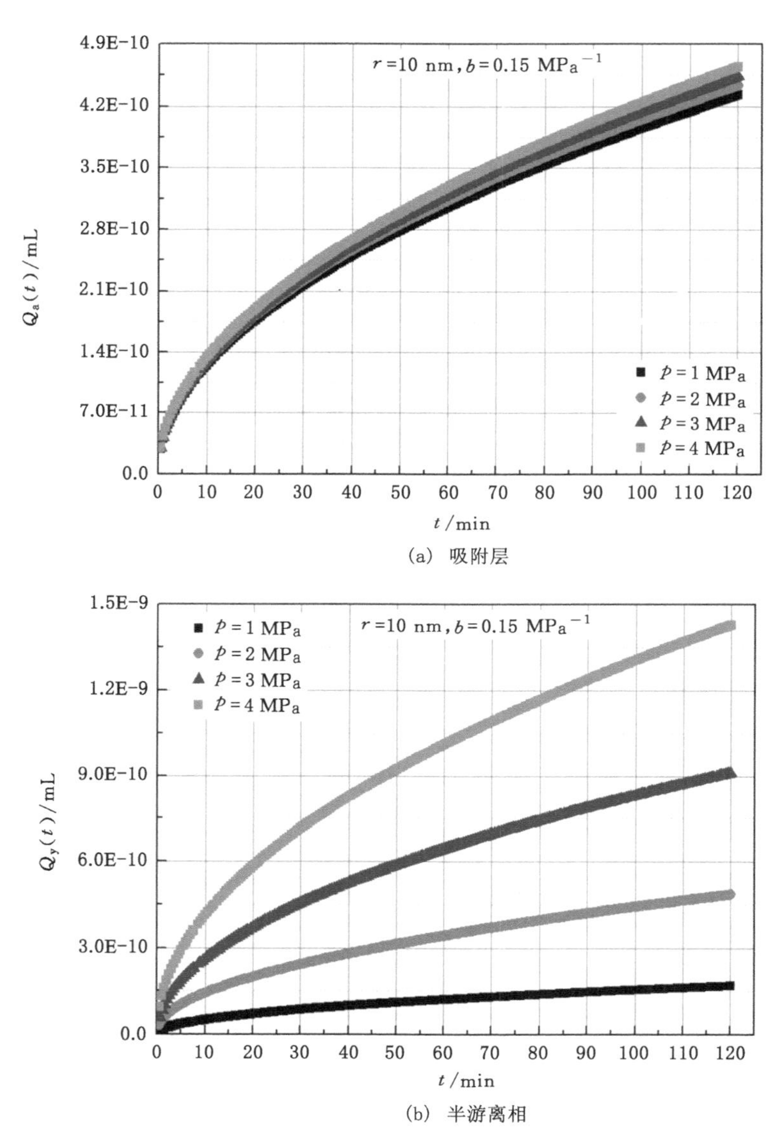

图 4-15 吸附平衡压力对瓦斯吸附/解吸动力学特性的影响

由图 4-15 可知，随着吸附平衡压力的增大，单颗粒煤吸附层和游离相内瓦斯量都逐渐增大，但压力对吸附量的影响不是很明显，对游离相的吸附量影响很大。随着压力的增大，吸附量迅速增加。表 4-8 所示为时间分别为 60 min和 120 min 时给定半径煤样孔吸附层和游离相内瓦斯量以及以 $p=1$ MPa煤样孔内瓦斯量为基准，计算出其他孔径瓦斯量与 $p=1$ MPa 瓦斯量的比值(倍数)。

由表 4-8 可知，吸附平衡压力增大为原来的 4 倍时，吸附层内瓦斯平衡量变为原来的 1.07 倍，而半游离相内瓦斯平衡量变为原来的 8.5 倍，说明吸附平衡压力对半游离相内瓦斯平衡量的影响较对吸附层内瓦斯平衡量的影响大。

表 4-8　吸附平衡压力对瓦斯吸附/解吸动力学特性影响

吸附平衡压力/MPa	吸附层瓦斯平衡量/mL				半游离相内瓦斯平衡量/mL			
	60 min	倍数	120 min	倍数	60 min	倍数	120 min	倍数
1	3.06×10^{-10}	1.00	4.33×10^{-10}	1.00	1.19×10^{-10}	1.00	1.68×10^{-10}	1.00
2	3.14×10^{-10}	1.02	4.43×10^{-10}	1.02	3.44×10^{-10}	2.89	4.86×10^{-10}	2.89
3	3.21×10^{-10}	1.05	4.54×10^{-10}	1.05	6.44×10^{-10}	5.42	9.11×10^{-10}	5.42
4	3.28×10^{-10}	1.07	4.64×10^{-10}	1.07	1.01×10^{-9}	8.50	1.43×10^{-9}	8.50

4.6　孔形损伤对瓦斯吸附/解吸动力学特性的影响

煤样在破碎过程中煤样孔形会发生损伤，这会进一步影响煤的吸附/解吸性能，假设煤样孔均为圆柱形孔，则孔形可分为一端开口、两端开口和墨水瓶形，本节内容即研究孔形损伤前后煤粉吸附/解吸动力学曲线变化情况。

4.6.1　等半径煤样孔损伤对瓦斯吸附/解吸动力学特性影响

图 4-16 所示为孔长 $L=0.1$ m 的一端开口等半径圆柱形孔在端口处发生损伤，变为等半径两端开口圆柱形孔，损伤前瓦斯只能在开口端进入煤样孔内，而损伤后瓦斯可在圆柱形孔两端同时进入煤样孔内，从而引起给定时间煤样孔内瓦斯平衡量的改变。

如图 4-16 所示，损伤前后吸附层和游离相瓦斯平衡量均未发生变化，改变的是运移平衡时间。如损伤前瓦斯在吸附层内的运移平衡时间约为 165 min，而损伤后瓦斯在吸附层内的运移平衡时间约为 42 min，损伤前时间约为损伤后的 3.93 倍。而瓦斯在游离相内的运移平衡时间在损伤前约为 290 min，损伤后

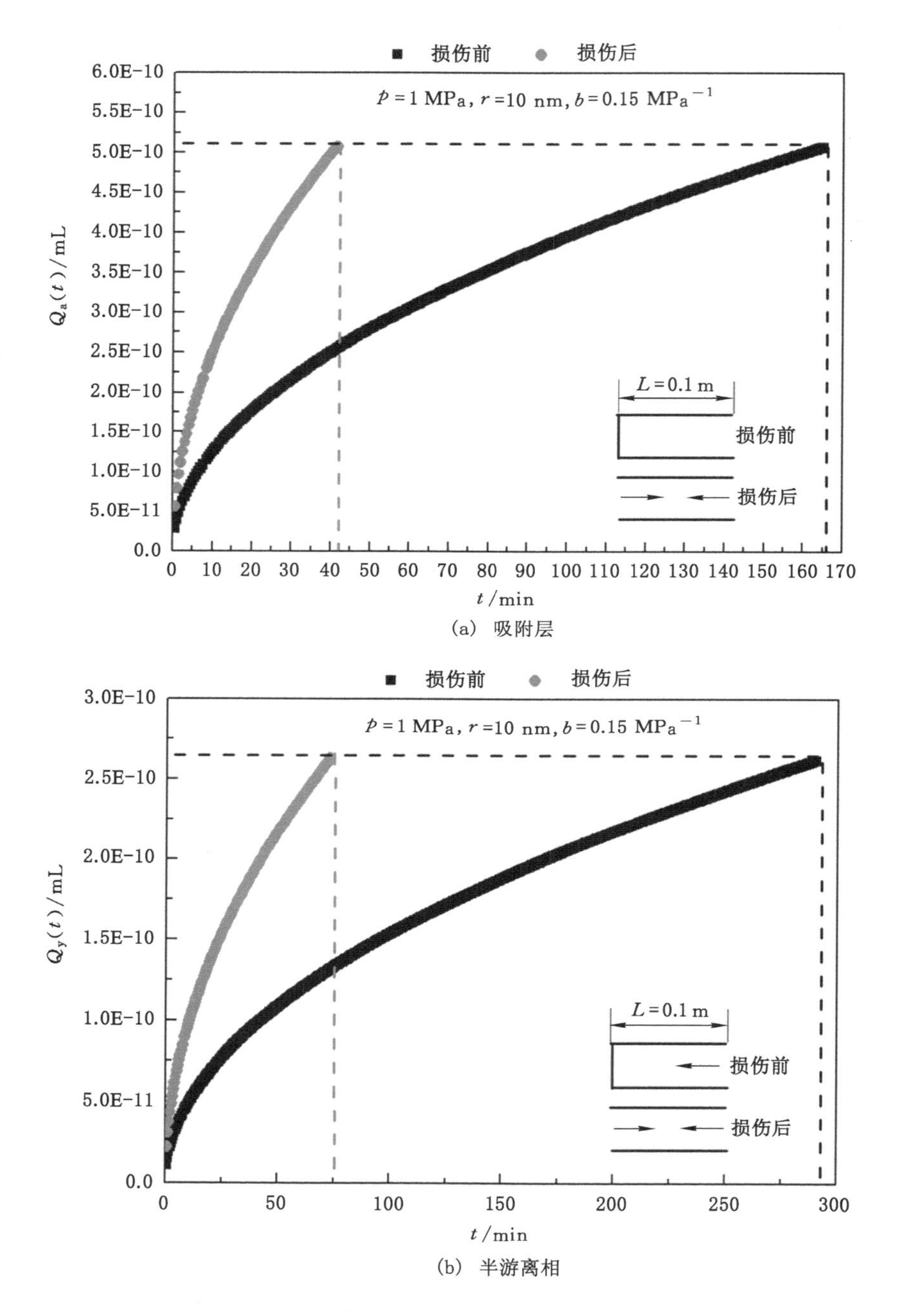

(a) 吸附层

(b) 半游离相

图 4-16 端口损伤对瓦斯吸附/解吸动力学特性的影响

约为 55 min，损伤前运移平衡时间约为损伤后的 5.27 倍。由上述分析可知，损伤前后运移平衡时间大大缩短，且瓦斯在游离相内的运移平衡时间缩短幅度更大。

除在端口处发生损伤外，煤颗粒还有可能在煤孔中间的任意位置发生破裂，图 4-17 给出了孔长为 0.1 m 的一端开口圆柱形孔在 1/2 位置发生损伤前后，煤样孔内瓦斯吸附/解吸动力学曲线。

如图 4-17 所示，损伤前后吸附层和游离相瓦斯平衡量亦未发生变化，改变的是运移平衡时间，且运移平衡时间的减小值与端口损伤的相同。不同的是在 1/2 处损伤会由于两端开口型孔优先达到平衡而出现拐点。瓦斯在吸附层内的拐点在 10 min 左右出现，而在游离相内的拐点则在 20 min 左右出现。

为充分说明一端开口型孔损伤前后情况，在此给出了在距开口端 1/4 处损伤后，瓦斯在煤孔中的吸附/解吸动力学曲线变化情况，结果如图 4-18 所示。

如图 4-18 所示，损伤前后吸附层和游离相瓦斯平衡量同前两种损伤相同，亦未发生变化，与 1/2 处损伤相同的是损伤后吸附/解吸动力学曲线也出现了拐点，出现拐点的时间即为 1/4 两端开口孔达到吸附平衡的时间，即在吸附层内拐点出现在 5 min 左右，而在游离相的拐点出现在 2 min 左右。此外，1/4处损伤前后运移平衡时间与前两种损伤不同，该种损伤发生后，瓦斯在吸附层内的运移平衡时间约为 95 min，而在游离相内的运移平衡时间约为 165 min。在吸附层和游离相内损伤前运移平衡时间分别为损伤后的 1.74 和 1.79 倍，运移平衡时间亦大大缩短，只是缩短程度小于前两种损伤。

综上分析，无论何种损伤，损伤前后吸附平衡量不会发生变化，变化的是瓦斯运移平衡时间，而损伤后的运移平衡时间主要由最终达到吸附平衡的孔长决定，但无论何种损伤，运移平衡时间都将因为扩散路径的变短而缩短。

4.6.2 墨水瓶形孔损伤对瓦斯吸附/解吸动力学特性的影响

由 3.7 节孔形随粒径变化演化特征分析可知，煤颗粒中，尤其是大颗粒煤中往往存在墨水瓶形孔，而这种孔的特点是易储存瓦斯，但不利于瓦斯的排放，故研究墨水瓶形孔损伤前后瓦斯吸附/解吸动力学特性变化情况，对研究煤与瓦斯吸附/解吸性能可以提供理论帮助，并为进一步解释煤与瓦斯突出机理提供有利说明。由于墨水瓶形孔较复杂，故本书中只研究图 4-19 和图 4-20 所示的两种极端情况，以说明该类型孔损伤前后对瓦斯在煤中的吸附/解吸动力学特性的影响。

图 4-19 所示为孔口半径 $r_1=10$ nm、腔体半径 $r_2=20$ nm 的墨水瓶形孔，损伤为 $r=10$ nm、$L=0.05$ m 的一端开口圆柱形孔和 $r=20$ nm、$L=0.05$ m 的

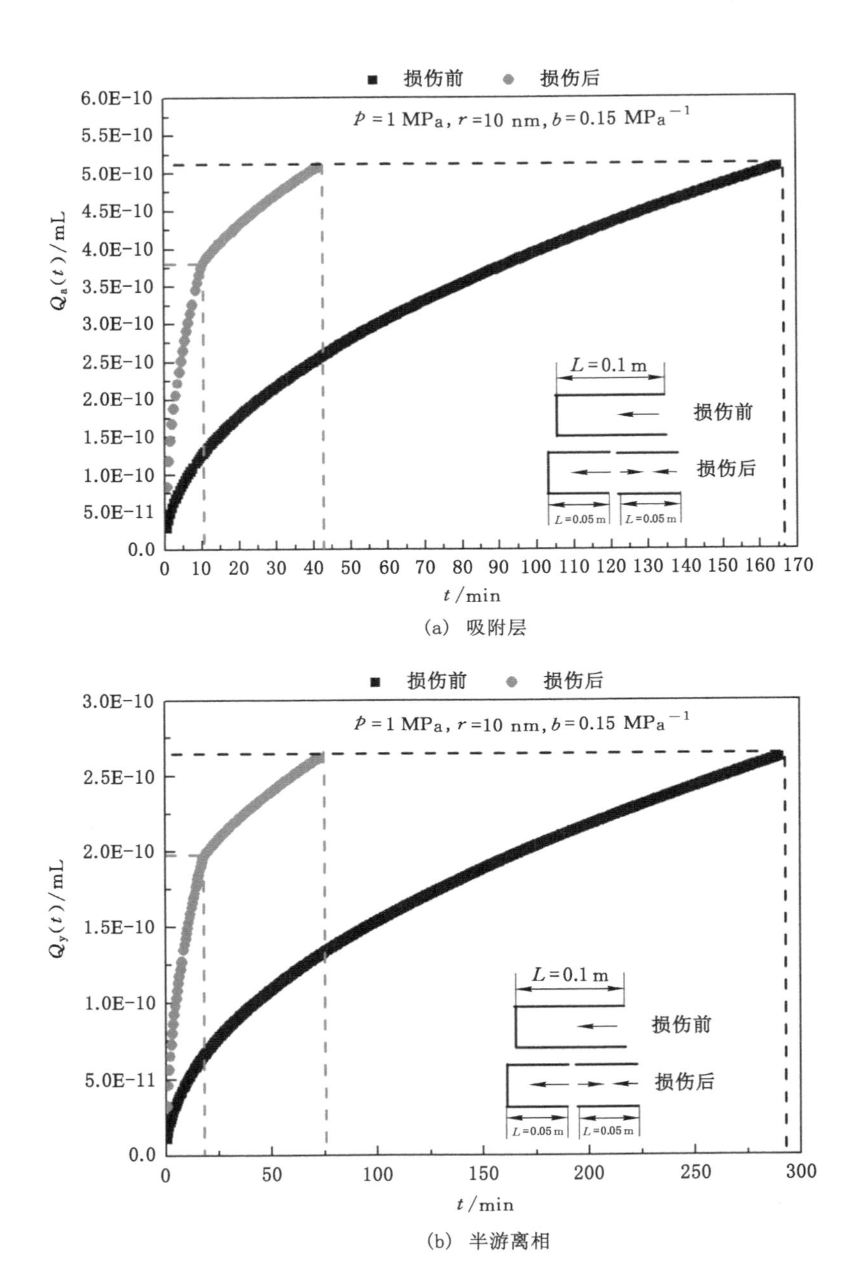

(a) 吸附层

(b) 半游离相

图 4-17 一端开口变为 1/2 处损伤对瓦斯吸附/解吸动力学特性的影响

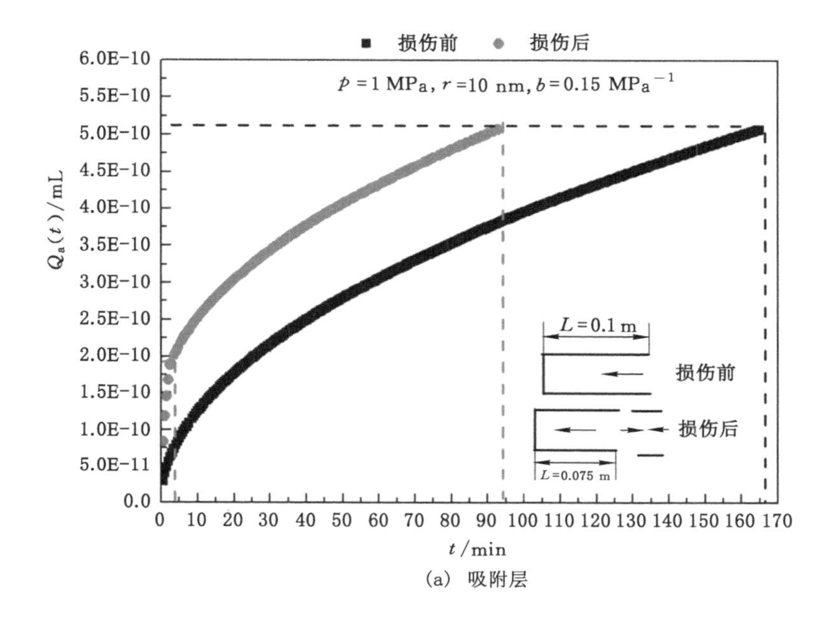

(a) 吸附层

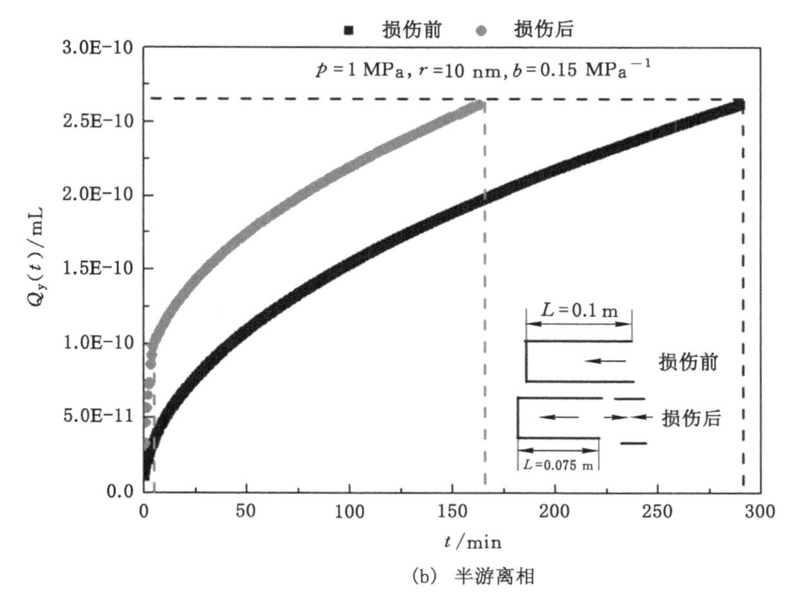

(b) 半游离相

图 4-18 一端开口变为近开口端 1/4 处损伤对瓦斯吸附/解吸动力学特性的影响

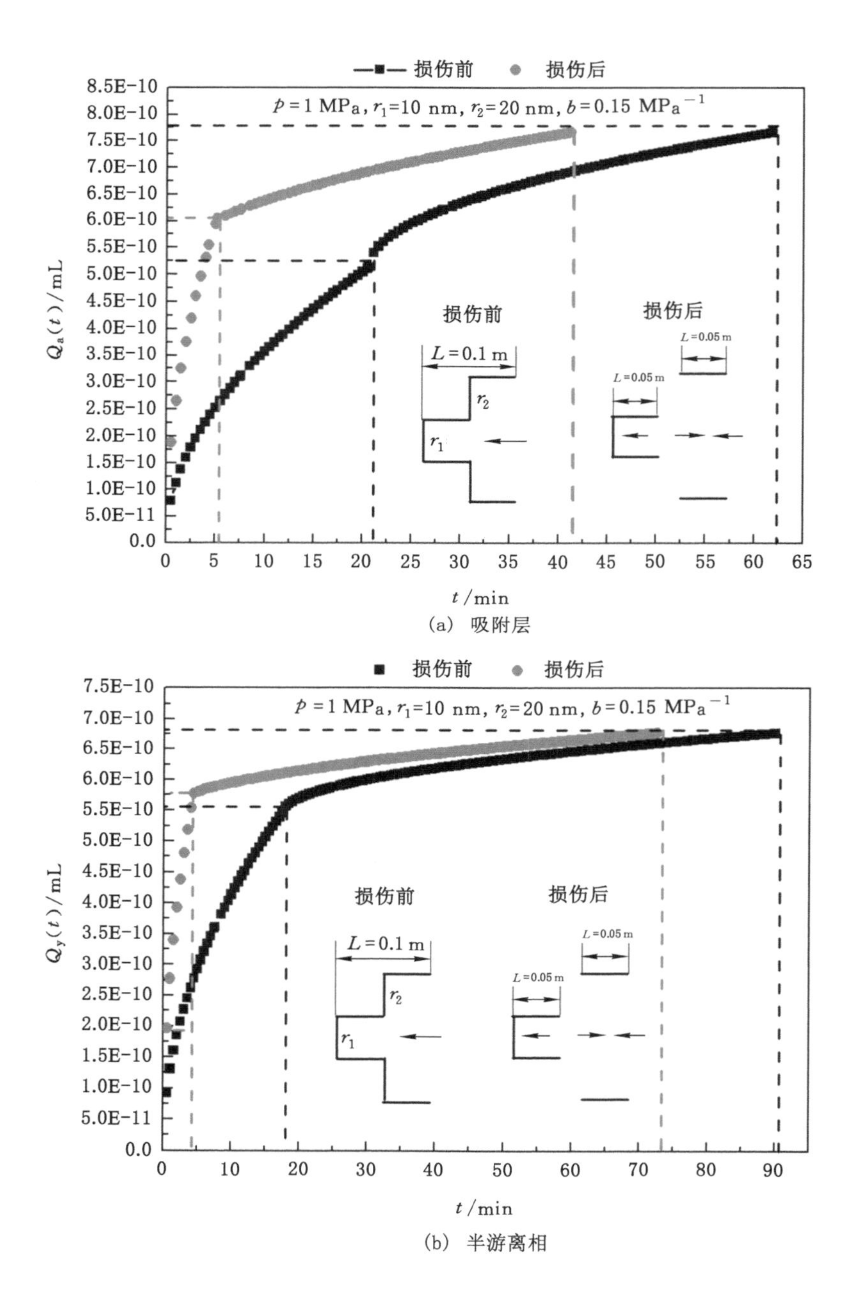

图 4-19 墨水瓶形孔半径处损伤对瓦斯吸附/解吸动力学特性的影响

两端开口圆柱形孔后，在压力 $p=1$ MPa、$b=0.15$ MPa^{-1} 条件下的吸附/解吸动力学曲线。

如图 4-19 所示，由于墨水瓶形孔存在孔半径的变化，故损伤前吸附/解吸动力学曲线存在拐点，损伤后的曲线也存在拐点，这时的拐点是因为其中一段孔优先达到吸附平衡造成的。与圆柱形孔类似，损伤前后吸附平衡量均未发生变化，发生变化的是瓦斯在煤孔内的运移平衡时间，即损伤前瓦斯在吸附层内的运移平衡时间约为 62.5 min，在游离相内的运移平衡时间约为 89 min，而损伤后相应的运移平衡时间分别变为 42 min 和 74 min，在吸附层和游离相内损伤前后运移平衡时间之比分别为 1.49 和 1.2 倍，运移平衡时间缩短。

墨水瓶形孔运移平衡时间除断裂为等半径圆柱形孔外，还有可能由一端开口损伤为两端开口型，图 4-20 所示为孔口半径 $r_1=10$ nm，腔体半径 $r_2=20$ nm 的一端开口墨水瓶形孔，损伤为两端开口墨水瓶形孔前后的吸附/解吸动力学曲线。

如图 4-20 所示，损伤前后吸附平衡量相等，但瓦斯在吸附层内的运移平衡时间由损伤前的 62.5 min 变为损伤后的 30.5 min 左右，损伤前后运移平衡时间之比为 2.05。而瓦斯在游离相内的运移平衡时间由损伤前的 89 min 变为损伤后的 41 min，损伤前后运移平衡时间之比为 2.17。即该种损伤较图 4-19 所示损伤，运移平衡时间缩短更多，更有利于瓦斯运移。

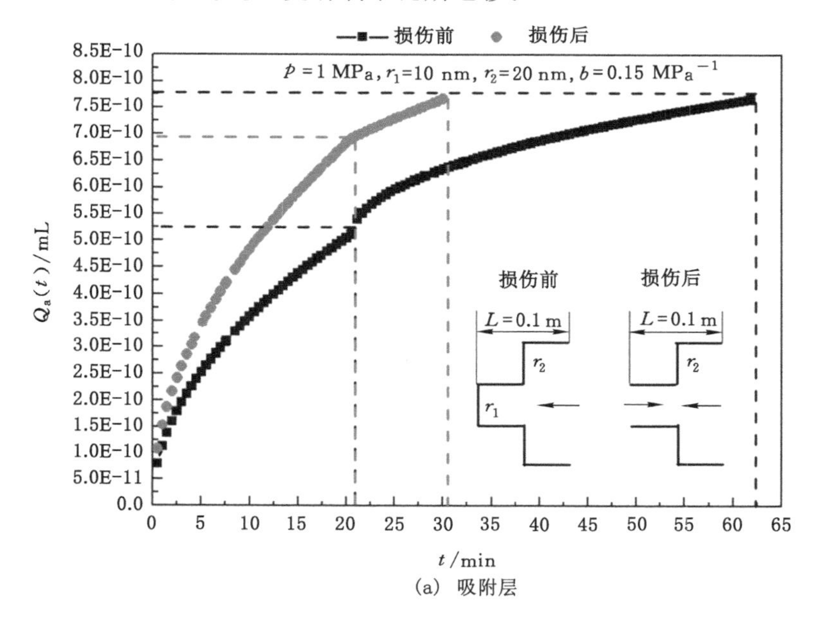

(a) 吸附层

图 4-20　墨水瓶形孔断口处损伤对瓦斯吸附/解吸动力学特性的影响

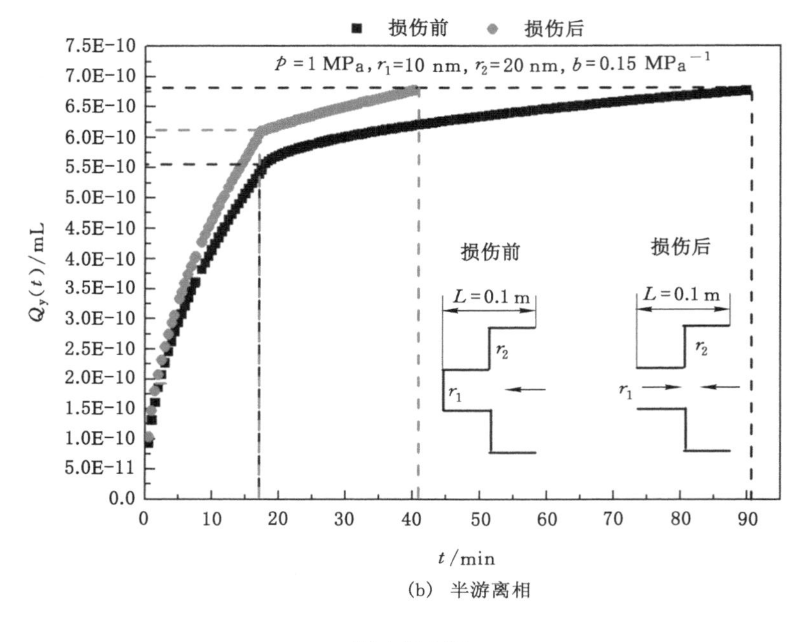

(b) 半游离相

图 4-20(续)

4.7 本章小结

煤样在破碎过程中扩散路径明显变短，孔形明显损伤，而这会进一步影响煤的吸附/解吸性能。本章建立了孔道内瓦斯运移模型，并在此基础上分析了煤样孔自身结构参数(孔半径 r，孔长 L)，吸附平衡压力 p 及朗格缪尔吸附常数 b 对煤样孔内瓦斯运移平衡量的影响，以及运移平衡时间、吸附/解吸动力学曲线，孔形(孔半径、孔长、孔形)损伤前后对瓦斯吸附/解吸性性能的改变，主要结论如下：

(1) 运用毛细力学及流体力学原理建立了煤样孔内瓦斯运移微观模型，该模型中包括孔道所处环境参数(吸附平衡压力 p，温度 T)，孔隙结构参数(孔半径 r，孔长 L)，表征煤吸附能力的参数(表面张力 σ，朗格缪尔吸附常数 b)等，运用该模型可以从孔尺寸角度对煤样孔内瓦斯吸附/解吸动力学特性进行理论分析。

(2) 孔半径 r、孔长 L、吸附平衡压力 p 及朗格缪尔吸附常数 b 增大均会增大煤样孔吸附层及半游离相内瓦斯平衡量，各参数对吸附层内运移平衡量影响程度表现为:孔半径>孔长>吸附平衡压力≈吸附常数 b;对半游离相内运移平衡量影响程度表现为:孔半径>孔长≈吸附平衡压力>吸附常数 b。

(3) 孔长 L 的增大会明显加大瓦斯在煤孔内的运移平衡时间;孔半径 r、吸附常数 b 及吸附平衡压力的增大反而会减小瓦斯在煤孔内的运移平衡时间,上述三个参数的影响程度表现为:孔半径>吸附平衡压力>吸附常数 b。

(4) 在给定时间 t 下,孔半径 r 增大,单颗粒煤样孔内瓦斯量增幅逐渐加大。吸附常数 b 越大,单颗粒煤样孔吸附层内瓦斯吸附/解吸动力学曲线越靠上,且曲线越来越靠近,而吸附常数 b 对游离相内瓦斯则没有任何影响。吸附平衡压力 p 增大,单颗粒煤吸附层和游离相内瓦斯量均增大。孔半径、吸附常数 b 及平衡压力对吸附动力学影响程度表现为:孔半径>平衡压力>吸附常数 b。

(5) 对五种煤样孔损伤(A:等半径一端开口变为两端开口,B:一端开口在1/2处损伤,C:一端开口在近开口端1/4处损伤,D:墨水瓶形孔变径处损伤,E:墨水瓶形孔一端开口变为两端开口损伤)前后煤样孔瓦斯运移平衡量进行理论分析,结果表明:孔隙发生损伤后,瓦斯在煤孔内运移速度加快,但损伤前后煤样孔内瓦斯吸附平衡量不变;损伤前后运移平衡时间均缩短,损伤前后运移平衡时间缩短程度为:A=B>E>C>D。

5 煤颗粒内瓦斯运移宏观模型

5.1 煤粉瓦斯吸附宏观模型

5.1.1 朗格缪尔模型

煤的吸附甲烷量一般用朗格缪尔方程来表示[185-186]。当气体分子运动到固体表面上时，由于气体分子与固体表面分子之间的相互作用，气体分子会暂时停留在固体表面上，致使气体分子在固体表面上的浓度增大，这种现象称为气体分子在固体表面的吸附。

如果在固体表面上吸附的气体仅仅只有一个分子的厚度，则称作单分子层吸附；如果吸附层厚度超过一个分子，则称为多分子层吸附。朗格缪尔早在1916年就导出了单分子层吸附的状态方程，后人称之为朗格缪尔单分子层吸附方程，也就是通常简称的朗格缪尔方程。

假定固体表面是均匀的，对气体分子只做单分子层吸附。设气体的压力为p，未被气体分子吸附的表面积百分数为θ_0，气体分子吸附的速度与气体的压力成正比，也与未被气体分子吸附的表面积成正比，则吸附速度计算公式为：

$$R_a = cp\theta_0 \tag{5-1}$$

式中　c——比例系数。

气体脱附的速度与吸附气体分子所覆盖的表面积的百分数成正比，也与被吸附的气体分子中那些具备脱离表面、逸向空间所需能量的分子所占比例成正比。设吸附气体分子所覆盖的表面积的百分数为θ，ε_a为脱离表面逸向空间所需的最低能量，即吸附热，被吸附在表面的总分子数为N_a，其中能量超过ε_a的分子数为$N_a{}^*$，则有：

$$N_a{}^* / N_a = f e^{\varepsilon_a / kT} \tag{5-2}$$

式中　f——比例系数；

k——玻尔兹曼常数；

T——气体温度。

则脱附速度计算公式为：

$$R_{\mathrm{d}}=\mathrm{d}\theta \mathrm{e}^{\varepsilon_{\mathrm{a}}/kT} \tag{5-3}$$

式中　d——比例系数。

达到吸附平衡时吸附速度应等于脱附速度，即 $R_{\mathrm{a}}=R_{\mathrm{d}}$，所以得：

$$cp\theta_0=\mathrm{d}\theta \mathrm{e}^{\varepsilon_{\mathrm{a}}/kT} \tag{5-4}$$

未被气体分子吸附的表面积百分数 θ_0 与吸附气体分子所覆盖的表面积的百分数 θ 之和应等于 1，即：

$$\theta_0+\theta=1 \tag{5-5}$$

将式(5-5)代入式(5-4)，可得单分子层吸附方程，即：

$$\theta=\frac{bp}{1+bp} \tag{5-6}$$

式中　$b=\frac{c}{d}\mathrm{e}^{\varepsilon_{\mathrm{a}}/kT}$。

如果以 Q 表示单位固体表面上吸附的气体的量，a 表示单位固体表面上饱和吸附气体的量，则朗格缪尔公式转化为常用的形式，即：

$$\theta=\frac{abp}{1+bp} \tag{5-7}$$

在压力很低时，式(5-7)分母中的 bp 相对于 1 可以忽略不计，吸附气体量 Q 与压力 p 成正比；在压力很高时，式(5-7)分母中的 1 相对于 bp 可以忽略不计，吸附气体量 Q 达到饱和，即发生饱和吸附[186]。

这种模型较好地描述了低、中压力范围的等温吸附线，虽然，当气体中的吸附质分压较高，并且接近饱和蒸气压的时候，再用这个模型会产生偏差，但是综合各方面因素考虑，研究人员仍旧将其广泛应用于实验室内，应用率高达 99%以上。

5.1.2　弗罗因德利希吸附模型

弗罗因德利希吸附等温式[187]仅针对吸附极限很大的吸附剂和在中等压力范围内使用，在压力较高时将产生显著偏差，具体表达式为：

$$a=kp^{1/\mathrm{m}} \tag{5-8}$$

式中　a——以固体单位质量上所吸附气体的质量或标准状况下的体积所表示的吸附量，mol/g；

p——吸附平衡时气体的分压，Pa；

k，m——与吸附剂、吸附质种类和吸附温度有关的常数。

关于固体对气体的吸附，朗格缪尔认为，固体表面是均匀的，每个吸附位置对气体分子均具有相同的亲和力，并认为一个吸附位置只能吸附一个气体分子，形成单分子吸附层。现代理论认为，固体表面是不均匀的，提出吸附活性中心的概念。有研究者认为，由于固体表面的不均匀性，将导致形成不同类型的活性中心，这些不同类型的活性中心对气体分子的亲和力是不相同的。还有研究者认为，一个气体分子未必只能被一个活性中心所吸附，很有可能被固体表面上相邻的两个或两个以上的活性中心所吸附。例如，H_2 和 N_2 等气体分子，往往以单个原子吸附于固体表面上，可认为是两个活性中心吸附一个分子并产生解离的结果。因此，假定对于由一定数目的同种分子组成的理想气体，若其中有 N 个分子被固体表面上的 B 个活性中心所吸附，一般情况下均有 $N<B$。如前所述，由于不同类型的活性中心对气体分子的亲和力不同，表明每个气体分子可被不同数目的活性中心所吸附。所以，从统计的观点看，可认为平均每个气体分子将被 B/N 个活性中心所吸附，且有 $B/N>1$。令 $B/N=n$，那么，吸附过程可用下式描述：

$$A(g)+nM \Leftrightarrow nM^* \tag{5-9}$$

或者用下式描述：

$$\frac{1}{n}A(g)+M \Leftrightarrow M^* \tag{5-10}$$

式中　$A(g)$——气相中的气体分子；

M——固体表面上的空间活性中心；

M^*——已吸附了气体分子的活性中心。

若令 Γ 表示吸附平衡时的吸附量，即固体吸附剂单位表面积上所吸附的吸附质的物质的量，其值应与固体表面单位面积上被气体分子占据的活性中心数成正比，称为吸附质的表面浓度；Γ_∞ 表示极限吸附量，它与固体表面单位面积上的活性中心总数成正比；二者的差值(Γ_∞，$-\Gamma$)，则与吸附平衡时固体表面单位面积上尚未被气体分子占据的活性中心数(即空间活性中心数)成正比，称为吸附剂的自由表面浓度；p 为吸附平衡时吸附质的空间浓度，当吸附质为气体时，则表示气体的分压。对于吸附过程，勒沙特列原理可以适用，并认为吸附和脱附速率均遵守质量作用定律。所以，当达到吸附平衡时，对于式(5-9)、式(5-10)分别有以下关系，即：

$$K_1=\frac{T^n}{(T_\infty-T)^n p} \tag{5-11}$$

$$K_1=\frac{\Gamma^n}{(\Gamma_\infty-\Gamma)p^{1/n}} \tag{5-12}$$

式中，K_1 和 K_2 为吸附平衡常数，且 $K_2=K_1{}^{1/n}$，但所描述的是同一物理状态，若将式(5-12)加以改写，得：

$$\Gamma = K_2(\Gamma_\infty - \Gamma)p^{1/n} \tag{5-13}$$

$$\Gamma = \frac{\Gamma_\infty K_2 p^{1/n}}{1 + K_2 p^{1/n}} \tag{5-14}$$

以上两式是表达意思完全相同的两种不同的表达形式。因为在压力不太高时，Γ 比较小，因此，对于吸附极限很大的吸附剂，$\Gamma_\infty \gg \Gamma$，所以，$\Gamma_\infty - \Gamma \approx \Gamma_\infty$。在此情况下，式(5-13)就变为：

$$\Gamma \approx K_2 \Gamma_\infty p^{1/n} = K p^{1/n} \tag{5-15}$$

式(5-15)中，$K = K_2\Gamma_\infty$。定温下，给定的气固吸附体系为一常数，式(5-15)即为所要求的弗罗因德利希吸附等温式。有时为了实际应用上的方便，常将固体单位表面积上的吸附量 Γ 改用单位质量上的吸附量 a 来表示，这时，式(5-15)就可演化为式(5-8)。当然，式(5-8)中的常数 k 是与式(5-15)中的常数 K 不同的另一常数。

由上述推导过程可看出，建立弗罗因德利希吸附等温式所采用的物理模型和朗格缪尔吸附物理模型基本相同，二者的不同仅在于气体分子所能饱和的活性中心数目，可见，所得两个吸附等温式的形式应该是相似的，众所周知，朗格缪尔吸附等温式为：

$$\theta = \frac{bp}{1 + bp} \tag{5-16}$$

$$v = \frac{v_m bp}{1 + bp} \tag{5-17}$$

式中　b——吸附平衡常数。

由式(5-16)、式(5-17)可看出 $\theta = v/v_m$，称为覆盖度，v 为吸附量，v_m 为饱和吸附量。b，v 和 v_m 分别与式(5-13)、式(5-14)两式中的 K_2，Γ 和 Γ_∞ 意义相同。因为式(5-15)是式(5-14)在低压范围内的一种简化形式，所以，若把式(5-14)视为一种复杂形式的弗罗因德利希吸附等温式并和式(5-17)加以比较，可看出两式的形式是类似的。当 $n=1$ 时，两式是完全相同的。这时，弗罗因德利希吸附等温式就变成了朗格缪尔吸附等温式，某些单分子层吸附实验数据往往对这两个吸附等温式都能很好地符合。

5.1.3 BET 多分子层吸附模型

布鲁尼尔、埃密特和特勒于 1938 年提出的 BET 多分子层吸附理论，其表达方程即 BET 方程，推导所采用的模型的基本假设是：① 固体表面是均匀的，发生多层吸附；② 除第一层的吸附热外其余各层的吸附热等于吸附质的液化热。该理论解释了气体分子在固体表面的吸附现象，是对固体表面进行分析研究的重要理论基础。图 5-1 所示为 BET 多层吸附示意图。

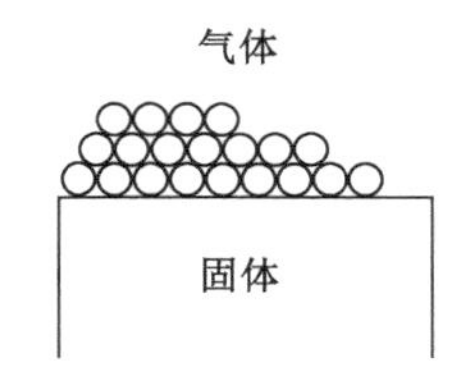

图 5-1　BET 多层吸附

BET 方程是建立在朗格缪尔吸附理论基础上的，但同时还认为：物理吸附为分子间力，被吸附的分子与气相分子之间仍有此种力，故可发生多层吸附，多层吸附与气体的凝聚相似[188]。吸附达到平衡时，每个吸附层上的蒸发速度等于凝聚速度，故能对每层写出相应的吸附平衡式，经过一定的数学运算得到 BET 方程：

$$V=\frac{V_m pC}{(p_s-p)[1-(p/p_s)+C(p/p_s)]} \tag{5-18}$$

式中　V——平衡压力为 p 时，吸附气体的总体积，m^3；

V_m——催化剂表面覆盖第一层满时所需气体的体积，m^3；

p——被吸附气体在吸附温度下平衡时的压力，Pa；

p_s——饱和蒸汽压力，Pa；

C——与被吸附有关的常数，与吸附质的汽化热有关。

此等温式被公认为测定固体表面积的标准方法。根据在给定温度下测得不同分压下某种气体的吸附体积，由图解法可求得 C 和 V_m 的值。若已知每个气体分子在吸附剂表面所占的面积，就可求得吸附剂的表面积。这就是测定吸附剂和催化剂表面积的 BET 法。

BET 方程最大的优势就是考虑到了由于样品吸附能力的不同，而带来的吸附层数之间的差异。但是由于模型过于复杂，而且只适用于处理相对压力在 0.05～0.35 之间的吸附数据，所以相对于朗格缪尔模型，较简单的朗格缪尔模型被更广泛使用来拟合数据。

5.1.4　杜比宁-阿斯塔霍夫方程吸附模型

固体表面吸附气体或液体，是由于吸附质处于吸附剂固体表面的吸附力场中，受到吸附力的作用，产生吸附位移的结果。吸附力场中某等位面的场强不仅与吸附剂和吸附质的性质、表面结构以及介质等因素有关，而且受等位面与固体表面间距离的影响，随距离增大而减小，至无限远处，场强为零，此等位面是零点位。吸附质在吸附力作用下沿场强方向所移动的距离称吸附位移，吸附力与吸附力场的场强和吸附质性质有关。对于吸附质系统，所做吸附功为：

$$\delta W = f\,\mathrm{d}l \tag{5-19}$$

式中 f——吸附力,N;

$\mathrm{d}l$——吸附位移,m。

处于吸附质体相和固体吸附剂表面之间的吸附层,称为吸附相。吸附相中,吸附力的作用大于分子热运动的作用,使吸附质分子间距离缩小,甚至产生凝聚或化学吸附。吸附质在吸附相的密度大于体相的密度,而且吸附相浓度呈梯度连续变化。

吸附过程是在一定条件下,吸附质分子受吸附力作用从体相进入吸附相,发生了位移相变化或化学变化(化学吸附),亦即物质的量变化的过程。

该理论是由波兰尼提出并经杜比宁等发展起来的一种吸附势理论[189],主要应用于微孔固体表面的吸附,该理论认为,吸附过程不是吸附剂表面分子对吸附质的吸附,而是吸附质分子在力场作用下的凝聚。在微孔结构中孔壁间距很小,其表面残余力场会产生力场叠加,会在微孔内形成叠加力场区域,使微孔内部对吸附质分子的引力场更强,吸附质分子会在微孔内部凝聚,而不是覆盖在微孔内壁上,是以凝聚后的液体状态填充了微孔内部体积,即微孔容积填充理论,并将 1 mol 气体凝聚为微孔内吸附态所需的功定义为吸附势,而且认为吸附势是一个与温度无关的参量,因而将不同温度下的吸附过程统一用同一条特征曲线来描述,由该模型建立的方程为:

$$v_{\mathrm{a}} = f(\varepsilon) = f(RT\ln(p_{\mathrm{s}}/p)) \tag{5-20}$$

式中 ε——吸附势;

R——普适气体常数,$\mathrm{J/mol^{-1}k^{-1}}$;

T——吸附平衡温度,K;

p——吸附平衡压力,Pa;

p_{s}——饱和蒸汽压,Pa。

该模型在压力极限为零时模型方程不能回归亨利定律,因此微孔填充理论只能应用于填充率大于 15%的吸附过程。

因此,杜比宁等进一步对该理论提出了修正,建立了多种经典的吸附等温方程,如杜比宁-阿斯塔霍夫(D-A)方程、杜比宁-兰德科维奇(D-R)方程等,其中 D-A 方程为:

$$\theta = \exp - [(A/E)^{q}] \tag{5-21}$$

$$A = RT\ln(p_{\mathrm{s}}/p) \tag{5-22}$$

式中 θ——微孔填充度;

A——微分摩尔吸附功,J;

E——特性吸附自由能;

R——气体常数，$J/mol^{-1}k^{-1}$；

T——吸附平衡温度，K；

p_s——饱和蒸汽压，Pa；

p——气体压强，Pa；

q——一个小整数。

当 D-A 方程中 $q=2$ 时则可表示为 R 方程，在 D-A 方程的基础上，其假设孔分布为高斯分布，此方程在孔隙尺寸分布较窄的均匀微孔体系的吸附中有很好的适用性。

这个方程的优点在于它与温度有关。如果将不同温度下的吸附数据绘制为吸附量对势能平方的对数，所有合适的数据通常应位于同一条曲线上，称为特征曲线，而特征曲线是检验是否可用的标准。并且，该方程克服了微孔填充理论只能应用于填充率大于 15%的吸附过程对的局限性。但是，相较于简单的朗格缪尔模型，这个有对数的方程更显得复杂。因此，相对而言，该方程的应用并不是特别多。

5.1.5 吉布斯方程

吉布斯吸附公式[190]是描述吸附作用的最基本的公式之一，根据吸附前后界面张力的变化可计算吸附量，进而得到界面上吸附分子的状态信息。其基本思想是采用经典热力学理论研究吸附平衡过程，将吸附气体作为二维微观流体，研究其吸附过程：

$$A\left(\frac{\partial \pi}{\partial P}\right)_{\mathrm{r}}=n\frac{RT}{P} \tag{5-23}$$

式中 A——吸附剂比表面积，cm^2；

π——表面铺张压力，N；

P——平衡态压力，N；

T——平衡态温度，K。

结合克拉伯龙方程来描述吸附相行为，则可导出如范德华方程等多种吸附等温线。

该方程通常用于计算稀溶液表面吸附的溶质量。但是由于要计算微分方程，计算过程复杂，一般很少应用。

5.1.6 托斯吸附模型

由于在低压下，朗格缪尔吸附模型及朗格缪尔-弗罗因德利希吸附模型都无法很好地描述亨利定律，因此提出了半经验吸附模型，即托斯吸附模型[191]：

$$V=\frac{V_{\mathrm{L}}K_{\mathrm{b}}P}{[1+(K_{\mathrm{b}}P)^{k}]^{1/k}} \tag{5-24}$$

式中　K_b——结合常数；

k——与温度、孔隙有关的参数。

这个方程几乎适用于所有 pH 范围，但主要是适用于低压情况下的吸附，所以对具体测量环境有一定的限制。

5.1.7　朗格缪尔-弗罗因德利希吸附模型

朗格缪尔-弗罗因德利希吸附模型[192]是基于朗格缪尔和弗罗因德利希吸附模型提出的，是一个经验模型，朗格缪尔-弗罗因德利希吸附模型如下：

$$V=\frac{V_L(bP)^m}{1+(bP)^m} \tag{5-25}$$

式中　b——常数；

m——吸附位与吸附分子校正系数。

该方程对朗格缪尔模型进行了修正，但修正后的方程过于复杂，所以实验室很少使用。

5.2　煤粉瓦斯解吸动力学宏观模型

瓦斯在煤颗粒内的吸附/解吸过程需要一定时间，故对煤-瓦斯这一系统而言，吸附/解吸量是时间的函数。因煤与瓦斯突出时存在着瓦斯快速解吸过程，因此，研究煤中瓦斯吸附/解吸动力学特性对推进突出机理具有重要意义。

前人对煤样中瓦斯吸附/解吸动力学特性进行了深入研究，英国剑桥大学 Barrer[193]通过对天然沸石中各种气体吸附过程进行研究，认为吸附和解吸是可逆过程，累积气体吸附/解吸量与时间平方根成正比。杨其銮等[194]基于煤粒球形及各向均质假设推导得出基于菲克扩散定律的煤粒瓦斯扩散模型，该模型得到众多学者[195-200]的认可。孙重旭[201]研究煤粒瓦斯解吸规律，认为煤粒径较小时瓦斯解吸量随时间的变化符合幂函数关系。安丰华等[202]通过实验及部分理论分析研究煤粒瓦斯解吸特性，认为瓦斯解吸量随时间符合对数函数关系。王恩元等[203]从实验角度得出朗格缪尔吸附/解吸动力学模型，且陈向军等[204]经实验证实，瓦斯吸附/解吸动力学特性符合朗格缪尔模型。现有常见模型表达式如下：

（1）巴雷尔式

剑桥大学巴雷尔在通过大量的实验研究和理论分析发现，解吸是吸附过程的逆过程，且气体累计吸附量和解吸量与时间的平方根成正比。解吸量和解吸时间的关系式为：

$$\frac{Q_1}{Q_\infty}=\frac{2S}{V}\sqrt{\frac{Dt}{\pi}} \tag{5-26}$$

式中　Q_1——从开始到时间 t 时的累计解吸气体量，mL/g；

Q_∞——极限解吸气体量，mL/g；

S——单位重量试样的表面积，cm^2/g；

V——单位重量试样体积，mL/g；

t——解吸时间，min；

D——扩散系数，cm^2/s。

（2）文特式

文特通过分析实验数据得出，煤样解吸瓦斯量受多种因素的影响，其中包括煤中瓦斯浓度、煤体内压力状态、解吸时间以及煤样所处的环境温度，并建立了煤样解吸速率与解吸时间的关系式：

$$Q_t=\frac{v_1}{1-k_t}t^{1-k_t} \tag{5-27}$$

式中　Q_t——在 t 时间内煤体解吸瓦斯的总量，mL/g；

v_1——第 1 分钟内的瓦斯解吸速度，ML/(g · min)；

k_t——瓦斯解吸速率变化特征指数。

（3）乌斯基诺夫式

苏联学者乌斯基诺夫在经过大量实验数据研究后发现，达西定律在描述瓦斯在煤样中的解吸过程时存在一定的误差，而且达西定律对于煤解吸瓦斯的研究也不够深入。因此通过实验研究后总结出了和煤解吸瓦斯过程拟合良好的公式：

$$Q_t=v_0\left[\frac{(1+t)^{1-n}-1}{1-n}\right] \tag{5-28}$$

式中　Q_t——从开始到时间 t 的累积吸附解吸气体量，mL/(g · min)；

v_0——时间为 0 min 时的瓦斯解吸速度，mL/(g · min)；

n——取决于煤质等的系数。

（4）王佑安式

王佑安通过总结分析大量煤样解吸瓦斯的实验结果，发现煤的累计解吸瓦斯量的变化趋势可用朗格缪尔公式来表述：

$$Q_t=\frac{ABt}{1+Bt} \tag{5-29}$$

式中　Q_t——从开始到时间 t 的累计解吸瓦斯量，mL/g；

A、B——解吸常数。

(5) 艾黎式

艾黎以达西定律为基础模型，通过研究煤解吸瓦斯的特征，总结出瓦斯解吸量随时间变化的关系公式：

$$Q_t = Q_\infty \left[1 - e^{-\left(\frac{t}{t0}\right)^\infty}\right] \tag{5-30}$$

式中 Q_t——从开始到时间 t 时的累计解吸瓦斯量，mL/g；

Q_∞——极限解吸瓦斯量，mL/g；

t_0——时间常数；

n——与煤中裂隙发育程度有关的常数。

(6) 博特式

博特等通过对瓦斯涌出现象进行研究发现，煤样解吸瓦斯时的过程与沸石中瓦斯的解吸扩散过程相类似，并提出了煤样解吸瓦斯量与解吸时间之间的关系式：

$$Q_t = Q_\infty (1 - A e^{-\lambda t}) \tag{5-31}$$

式中 Q_t——经过 t 时煤解吸得到的瓦斯解吸量，mL/g；

Q_∞——极限解吸瓦斯量，mL/g；

A、λ——经验常数。

(7) 孙重旭式

孙重旭通过对煤粒瓦斯解吸规律的研究，认为煤样粒度较小时，煤中瓦斯解吸受扩散过程控制，其解吸瓦斯量随时间的变化可用下式表示：

$$Q_t = a t^i \tag{5-32}$$

式中 Q_t——试样压力解除后时间 t 内的累计瓦斯解吸量，cm^3/g；

a、i——与煤的瓦斯含量及结构有关的常数。

该方程仅仅适用于煤样粒度较小的情况：当煤样粒度较小时，煤中瓦斯解吸受扩散过程控制；当煤样粒度增大时，不能符合其规律。

上述学者均从煤颗粒尺寸角度对煤样中瓦斯吸附/解吸特性进行研究，对煤样中瓦斯吸附/解吸性能的研究具有重要意义，然而大量煤样中瓦斯吸附/解吸动力学实验表明，不同瓦斯吸附平衡压力下，煤样中瓦斯吸附/解吸动力学规律不同，上述模型没有将这一特点显现出来，且上述模型不能从孔隙微观角度得到孔隙特性对煤样中瓦斯解吸动力学特性的影响。

综上所述，瓦斯在煤内的扩散模型主要从宏观和微观角度分析，宏观角度为瓦斯在煤颗粒中的运移，其模型存在理论推导，但主要从实验中获得。微观模型主要从煤样孔尺寸角度研究瓦斯在煤颗粒中的运移。

5.3 分数阶分形扩散模型的建立

分数阶扩散方程是描述复杂多孔体系中各向异性扩散的有力工具，而在此之前经常用菲克经典扩散定律表述：

$$\frac{\partial c(r,t)}{\partial t}=\frac{D}{r^{d-1}}\frac{\partial}{\partial r}\left(r^{d-1}\frac{\partial c(r,t)}{\partial r}\right) \tag{5-33}$$

式中 c——扩散组分的浓度，kg/kg；

d——欧式空间分形维数；

D——扩散系数，m^2/s；

r——颗粒半径，m；

t——扩散时间，s。

煤是一种孔隙、裂隙双重介质，煤块内部分布着大小不一的孔裂隙结构，因为孔结构是影响瓦斯在煤中扩散的主要参数之一，故用欧式空间中的传统数学方法无法对此孔隙结构进行表述[205-208]。曼得勃罗定义此复杂的孔裂隙结构为分形体，用分形维数来定量表述此种空间分布特征。考虑到煤的实际多孔特征，可将描述孔结构表面粗糙度的分形维数 d_f 引入式(5-33)来替代欧式空间分形维数 d。分形空间中的扩散系数 D_e 已不再是常数，而是随径向距离 r 的增大而呈指数下降，具体表现为：$D_e=D_0r^{-\theta}$，其中 D_0 为扩散系数的指前系数，θ 为与煤多孔介质有关的结构参数，它表示扩散分子在分形介质中的随机行走路径[209-211]。

由于煤的吸附特性，煤中瓦斯的扩散不仅取决于现在的状态，还与前一刻的状态有关，而这种现象可用分数阶微分方程来表示，分数阶 υ 的范围为 $0<\upsilon<2$，其中慢化扩散现象满足 $0<\upsilon<1$，正常扩散满足 $\upsilon=1$，超常扩散满足 $1<\upsilon<2$。由于在煤分形多孔介质中存在扩散慢化现象，故此处选择 $0<\upsilon\leqslant 1$ 区间[212-214]。

通过上述替换，可获得基于分形原理的分数阶扩散方程：

$$\frac{\partial^{\upsilon} c(r,t)}{\partial t^{\upsilon}}=\frac{D_0}{r^{d_f-1}}\frac{\partial}{\partial r}\left(r^{d_f-1-\theta}\frac{\partial c(r,t)}{\partial r}\right),0<\upsilon\leqslant 1 \tag{5-34}$$

此处时间分数阶微分方程采用黎曼-刘维尔形式，具体定义为 $\frac{\mathrm{d}^{\upsilon}f(t)}{\mathrm{d}t^{\upsilon}}=\frac{\mathrm{d}}{\mathrm{d}t}\left[\int_0^t\frac{(t-\tau)^{-\upsilon}}{\Gamma(1-\upsilon)}f(\tau)\mathrm{d}\tau\right]$；$c(r,t)$ 是扩散组分的浓度，对于煤颗粒，吸附平衡时浓度为 c_0。当煤样暴露于大气中时，吸附状态瓦斯变为游离状态，沿着煤样半径方

向会出现浓度梯度，表面浓度设为 c_1，初始和边界条件如下：

$$c(r,t)\mid_{t=0}=c_0, 0\leqslant r<r_0 \tag{5-34a}$$

$$\frac{\partial c(r,t)}{\partial r}\mid_{r=0}=0, t\geqslant 0 \tag{5-34b}$$

$$c(r,t)\mid_{r=r_0}=c_1, t\geqslant 0 \tag{5-34c}$$

式中　c_0——扩散组分的初始吸附平衡浓度，kg/m^3；

r_0——颗粒半径，m。

为了使用分离变量法，必须将边界条件齐次化，令 $u(r,t)=c(r,t)-c_1$，则式(5-34)变为：

$$\frac{\partial^{\upsilon} u(r,t)}{\partial t^{\upsilon}}=\frac{D_0}{r^{d_f-1}}\frac{\partial}{\partial r}\left(r^{d_f-1-\theta}\frac{\partial u(r,t)}{\partial r}\right), 0<\upsilon\leqslant 1 \tag{5-35}$$

$$u(r,t)\mid_{t=0}=c_0-c_1, 0\leqslant r<r_0 \tag{5-35a}$$

$$\frac{\partial u(r,t)}{\partial r}\mid_{r=0}=0, t\geqslant 0 \tag{5-35b}$$

$$u(r,t)\mid_{r=r_0}=0, t\geqslant 0 \tag{5-35c}$$

用分离变量法求解，设 $u(r,t)=T(t)R(r)$ 为非零特解，代入式(5-35)得：

$$\frac{1}{D_0T(t)}\times\frac{\partial^{\upsilon}T(t)}{\partial t^{\upsilon}}=\frac{1}{r^{\theta}}\times\frac{R''}{R}+\frac{d-1-\theta}{r^{\theta+1}}\times\frac{R'}{R} \tag{5-36}$$

式(5-36)左、右两边分别是 t 和 r 的函数，因此必为常数，记为 $-\varepsilon^2$，于是得常微分方程：

$$T^{\upsilon}(t)+D_0\varepsilon^2T(t)=0 \tag{5-37}$$

$$\frac{1}{r^{\theta}}\times\frac{R''}{R}+\frac{d-1-\theta}{r^{\theta+1}}\times\frac{R'}{R}=-\varepsilon^2 \tag{5-38}$$

其中 $T^{\upsilon}(t)=\dfrac{\partial^{\upsilon}T(t)}{\partial t^{\upsilon}}$。

令 $x=\dfrac{2}{d_w}\times r^{\frac{d_w}{2}}$，$R(r)=x^{\alpha}\times f(x)$，其中 $d_w=2+\theta$，$\alpha=\dfrac{d_w-d_f}{d_w}$，经过一系列计算，则式(5-38)变为：

$$x^2f''(x)+xf'(x)+(\varepsilon^2x^2-\alpha^2)f(x)=0 \tag{5-39}$$

式(5-39)的通解为：

$$f(x)=AJ_{\alpha}(\varepsilon x)+BJ_{-\alpha}(\varepsilon x) \tag{5-40}$$

其中 A，B 为任意常数，$J_{\alpha}(\varepsilon x)$ 是 α 阶贝塞尔函数。

由于 $\alpha<0$，$\lim\limits_{x\to 0}x^{\alpha}J_{\alpha}(\varepsilon x)=\infty$，且 $\forall\alpha$，$\lim\limits_{x\to 0}x^{\alpha}J_{\alpha}(\varepsilon x)=\dfrac{(\varepsilon/2)^{-\alpha}}{\Gamma(1-\alpha)}$（常数），要满足式(5-40)对于一切 α 成立，令 $A=0$，$B=1$，则：

$$f(x)=J_{-\alpha}(\varepsilon x) \tag{5-41}$$

通过边界条件(5-35c)，可得到 $u(r,t)|_{r=r_0}=T(t)R(r_0)=0$。因为 $T(t)\neq 0$，必须满足方程 $R(r_0)=0$，即 $R(r_0)=x^{\alpha}f(x_0)=(\frac{2}{d_w}r_0^{\frac{d_w}{2}})^{\alpha}f(\frac{2}{d_w}r_0^{\frac{d_w}{2}})=0$。又因为 $(\frac{2}{d_w}r_0^{\frac{d_w}{2}})^{\alpha}>0$，则可得：

$$f(\frac{2}{d_w}r_0^{\frac{d_w}{2}})=0 \tag{5-42}$$

联立式(5-41)和式(5-42)，得：

$$f\left(\frac{2}{d_w}r_0^{\frac{d_w}{2}}\right)=J_{-\alpha}\left(\varepsilon\times\frac{2}{d_w}r_0^{\frac{d_w}{2}}\right)=0 \tag{5-43}$$

即 $\varepsilon\times\frac{2}{d_w}r_0^{\frac{d_w}{2}}$ 是 $J_{-\alpha}(x)$ 的根，设 $J_{-\alpha}(x)$ 的正根为：

$$\mu_1<\mu_2<\cdots<\mu_n,\cdots$$

则得特征值：

$$\varepsilon_n^2=\left(\frac{\mu_n d_w}{2r_0^{d_w/2}}\right)^2,n=1,2,\cdots \tag{5-44}$$

对应的特征函数为：

$$f_n\left(\frac{2}{d_w}r^{\frac{d_w}{2}}\right)=J_{-\alpha}(\mu_n\times\left(\frac{r}{r_0}\right)^{\frac{d_w}{2}}),n=1,2,\cdots \tag{5-45}$$

将式(5-45)代入式 $R(r)=x^{\alpha}\times f(x)$，得：

$$R_n(r)=\left(\frac{2}{d_w}\right)^{\alpha}r^{\frac{d_w-d_f}{2}}J_{-\alpha}\left[\mu_n\left(\frac{r}{r_0}\right)^{\frac{d_w}{2}}\right],n=1,2,\cdots \tag{5-46}$$

式(5-37)的解为：

$$T_n=A_n\times e^{-D_0\left(\frac{\mu_n d_w}{2r_0^{d_w/2}}\right)^{2}t\upsilon} \tag{5-47}$$

因为：

$$T(t)=\sum_{n=1}^{\infty}T_n(t) \tag{5-48}$$

将式(5-46)和式(5-48)代入式 $u(r,t)=T(t)R(r)$ 得：

$$u(r,t)=\sum_{n=1}^{\infty}\left(\frac{2}{d_w}\right)^{\alpha}r^{\frac{d_w-d_f}{2}}J_{-\alpha}\left[\mu_n\left(\frac{r}{r_0}\right)^{\frac{d_w}{2}}\right]\sum_{n=1}^{\infty}T_n(t),n=1,2,\cdots \tag{5-49}$$

将边界条件式(5-35a)代入式(5-49)：

$$\left(\frac{2}{d_w}\right)^{\alpha}r^{\frac{d_w-d_f}{2}}\sum_{n=1}^{\infty}A_n\times J_{-\alpha}\left[\mu_n\left(\frac{r}{r_0}\right)^{\frac{d_w}{2}}\right]=c_0-c_1 \tag{5-50}$$

利用贝塞尔函数的正交性求得：

$$\sum_{n=1}^{\infty} A_n = \sum_{n=1}^{\infty} \frac{2(c_0 - c_1)}{\mu_n J_{1-\alpha}(\mu_n)} \times r_0^{(df-fw)/2} \times \left(\frac{d_w}{2}\right)^{\alpha} \tag{5-51}$$

将式(5-51)代入式(5-49)：

$$u(r,t) = \sum_{n=1}^{\infty} \frac{2(c_0 - c_1)}{\mu_n J_{1-\alpha}(\mu_n)} \left(\frac{r}{r_0}\right)^{\frac{dw-df}{2}} \times J_{-\alpha}\left[\mu_n \left(\frac{r}{r_0}\right)^{\frac{dw}{2}}\right] \times e^{-D_0\left(\frac{\mu n dw}{2rdw/2}\right)^{2t\upsilon}} \tag{5-52}$$

因此

$$c(r,t) = \sum_{n=1}^{\infty} \frac{2(c_0 - c_1)}{\mu_n J_{1-\alpha}(\mu_n)} \left(\frac{r}{r_0}\right)^{\frac{dw-df}{2}} \times J_{-\alpha}\left[\mu_n \left(\frac{r}{r_0}\right)^{\frac{dw}{2}}\right] \times e^{-D_0\left(\frac{\mu n dw}{2rdw/2}\right)^{2t\upsilon}} \tag{5-53}$$

$$\frac{c_0 - c(r,t)}{c_0 - c_1} = 1 - \sum_{n=1}^{\infty} \frac{2}{\mu_n J_{1-\alpha}(\mu_n)} \left(\frac{r}{r_0}\right)^{\frac{dw-df}{2}} \times J_{-\alpha}\left[\mu_n \left(\frac{r}{r_0}\right)^{\frac{dw}{2}}\right] \times e^{-D_0\left(\frac{\mu n dw}{2rdw/2}\right)^{2t\upsilon}} \tag{5-54}$$

以 Q_t 表示扩散时间为 t 时累计的瓦斯扩散量，Q_∞ 表示 $t \to \infty$ 时极限瓦斯扩散量，则：

$$\frac{Q_t}{Q_\infty} = \frac{c_0 - \overline{c(r,t)}}{c_0 - c_1} = 1 - \sum_{n=1}^{\infty} \frac{4d_f}{d_w \mu_n^2} e^{-\left(\frac{\mu n dw}{2}\right)^2 \frac{D_0}{rdw} t\upsilon} \tag{5-55}$$

其中：

$$\overline{c(r,t)} = \frac{d_f}{r_0^{d_f}} \int_0^{r_0} c(r,t) r^{df-1} \mathrm{d}r \tag{5-56}$$

当式(5-55)中的参数变为如 $d_f = 3, \theta = 0$ 时，相应地，$d_w = 2, D_0 = D, \alpha = -0.5, \mu_n = n\pi, J_{0.5}(\frac{n\pi r}{r_0}) = \sqrt{\frac{2r_0}{n\pi^2 r}} \sin(\frac{n\pi r}{r_0}), J_{1.5}(n\pi) = \sqrt{\frac{2}{n\pi^2}}(-1)^{n+1}$

式(5-54)和式(5-55)变为：

$$\frac{c_0 - c(r,t)}{c_0 - c_1} = 1 - \frac{2r_0}{\pi r} \sum_{n=1}^{\infty} \frac{(-1)^{n+1}}{n} \times \sin(\frac{n\pi r}{r_0}) \cdot e^{-D_0\left(\frac{n\pi}{r_0}\right)^{2t}} \tag{5-57}$$

$$\frac{Q_t}{Q_\infty} = 1 - \sum_{n=1}^{\infty} \frac{-6}{(n\pi)^2} e^{-(n\pi)^2 \frac{D_0}{r_0^2} t} \tag{5-58}$$

式(5-58)的结果与菲克经典扩散定律一致。

5.4 分数阶分形扩散模型参数的确定

5.4.1 分形维数

分形维数 d_f 是表征固体表面粗糙度的一个参数。极其平展的表面面积是特征维数的函数,可计算得到。半径为 R 的无孔球表面积为 $4\pi R^2$,增大球体表面粗糙度或增加球体空洞会增加球体表面积,陆续增加球体内部孔隙,则球体逐渐变为多孔介质,其体积为球基质体积与其内部孔隙体积之和,此多孔球体的比表面积与体积成比例,据分形原理,实际球体表面积正比于 R^{df},分形维数 d_f 介于 2~3 之间。分形维数为 2 时代表平面,接近于 3 时代表粗糙度极高的表面,或各向异性逐渐变小的立方体。

压汞法测定分形维数的公式如下[215]:

$$-\frac{\mathrm{d}V}{\mathrm{d}r}=k_1 r^{(2-d_f)} \tag{5-59}$$

式中 k_1——比例常数,%;

r——煤孔半径,nm;

d_f——多孔介质分形维数。

对式(5-59)两边取对数则得:

$$\log\frac{\mathrm{d}V}{\mathrm{d}p}=\log(k_2)+(d_f-4)\log(p) \tag{5-60}$$

液氮吸附法测定分形维数的公式为:

$$\ln(\frac{V}{V_0})=\mathrm{constant}+(d_f-3)\left[\ln(\ln(\frac{p_0}{p}))\right] \tag{5-61}$$

式中 V——平衡压力下气体的吸附量,mL/g;

V_0——饱和吸附量,mL/g;

p——饱和蒸汽压,MPa。

那么,从 $\log \mathrm{d}V/\mathrm{d}p$ 对 $\log(p)$ 或 $\ln[\ln(p_0/p)]$ 作出的曲线斜率即可得到 D 值。

由表 5-1 可知,马场矿不同粒径煤样孔半径<20 nm 时分形维数介于 2.203~2.518 之间,>20 nm 时介于 1.487~2.659 之间;阳泉五矿煤样孔半径<20 nm时介于 2.093~2.483 之间,>20 nm 时介于 1.487~2.659 之间;白龙山矿煤样孔半径<20 nm 时介于 1.626~2.605 之间,>20 nm 时介于 1.176~2.843之间。分形维数小于 2,表明二维平面具有较多的孔洞,分形维数介于 2~3 之间,表明三维立体中具有较多的孔洞。因压汞法和液氮法测试原理的差异,得到的分形维数存在差异，故综合分形维数的概念及两种孔隙测定方法的优点，在对不同粒径煤样进行分数阶分形扩散模型计算时，采用<20 nm 和>20 nm 孔径分形维数中的较大值代入计算。由此观察不同粒径煤样分形维数可发现，分形维数随粒径增大，整体呈增大趋势，马场矿煤样参与计算的分形维数介于2.292～2.659 之间，分别在在 0.01～0.08 mm 和 3～4 mm 处取得最小值和最大值。阳泉五矿煤样参与计算的分形维数介于 2.353～2.898 之间，分别在<0.01 mm和 3～4 mm 之间取得最小值和最大值。白龙山矿煤样参与计算的分形维数介于2.058～2.852 之间，分别在 0.01～0.08 mm 和 1～3 mm 处取得最小值和最大值。

表 5-1 不同粒径煤样的分形维数

粒径 D /mm	MC		YQW		BLS	
	<20 nm	>20 nm	<20 nm	>20 nm	<20 nm	>20 nm
<0.01	2.518	1.487	2.353	1.665	2.605	1.176
0.01～0.08	2.292	1.863	2.483	2.306	2.058	2.021
0.08～0.2	2.318	1.949	2.378	2.283	1.727	2.544
0.2～0.25	2.373	2.053	2.318	2.378	1.626	2.442
0.25～0.5	2.203	2.308	2.248	2.479	1.770	2.507
0.5～1	2.259	2.445	2.093	2.560	1.801	2.743
1～3	2.310	2.650	2.246	2.700	1.946	2.852
3～4	2.203	2.659	2.267	2.898	1.935	2.843

5.4.2 结构参数 θ

国内外很多学者研究了结构参数 θ 的测定方法，如随机行走法、精确计数法等，因为较随机行走法，精确计数法有较小的误差，故本书采用精确计数法。

假设气体在随机行走的过程中，每走一步就前进相同的步长 a m，每个步长设为单位 1，每走一步所用的时间相同，都为 t_0，记为单位 1，故 $\tilde{t}(\tilde{s})$ 个单位时间与步长的对应关系为 $\tilde{t}(\tilde{s})=N(\tilde{s})$。随机行走中，一个重要的参数是均方根位移 $\langle R_N^2\rangle^{1/2}$，它与步长 N 的关系如下：

$$N=k\left[\langle R_N^2\rangle^{1/2}\right]^{2+\theta} \tag{5-62}$$

式中 k——指前系数，是均方根位移。

对式(5-62)两边取对数，就可求得 θ。

5.4.3 指前系数 D_0

扩散系数本质是单位时间内粒子运移空间，故可用下式估算大量粒子的平均扩散系数：

$$D=\frac{<R_{\mathrm{N}}^{2}>}{\tilde{t}}(\widetilde{m}^{2}/\tilde{s}) \tag{5-63}$$

因为分子平均运移速度 v 为：

$$v=\sqrt{\frac{8R_0T}{\pi M}} \tag{5-64}$$

则：

$$t_0=\frac{a}{\sqrt{8R_0T/\pi M}},\tilde{t}=Nt_0=\frac{Na}{\sqrt{8R_0T/\pi M}} \tag{5-65}$$

又因为：

$$<R_{\mathrm{N}}^{2}>(\widetilde{m}^{2})=a^{2}<R_{\mathrm{N}}^{2}>(m^{2}) \tag{5-66}$$

将式(5-64)、式(5-65)、式(5-66)代入式(5-63)，得：

$$D=\frac{<R_{\mathrm{N}}^{2}>}{N}a\sqrt{\frac{8R_0T}{\pi M}} \tag{5-67}$$

由式(5-67)可知，扩散系数与 N 有关，故通过积分求得平均扩散系数：

$$D_{\mathrm{avN}}=\frac{1}{N_0}\int_0^{N_0}\frac{<R_{\mathrm{N}}^{2}>}{N}a\sqrt{\frac{8R_0T}{\pi M}}\mathrm{d}N \tag{5-68}$$

进一步对 $D=D_0\cdot r^{-\theta}$ 进行积分，得到：

$$D_{\mathrm{avR}}=\frac{d_{\mathrm{f}}}{R^{\mathrm{df}}}\int_0^{R}D_0r^{d_{\mathrm{f}}-1-\theta}\mathrm{d}r=\frac{d_{\mathrm{f}}D_0R^{-\theta}}{d_{\mathrm{f}}-\theta} \tag{5-69}$$

假设 $D_{\mathrm{avN}}\approx D_{\mathrm{avR}}$，则：

$$D_0=\frac{d_{\mathrm{f}}-\theta}{d_{\mathrm{f}}}R^{\theta}D_{\mathrm{avN}} \tag{5-70}$$

所以：

$$D=\frac{d_{\mathrm{f}}-\theta}{d_{\mathrm{f}}}R^{\theta}D_{\mathrm{avN}}r^{-\theta} \tag{5-71}$$

5.5 不同粒径煤吸附/解吸速度理论对比

对式(5-55)进行求导，获得瓦斯扩散速度随时间变化关系式，结果如下：

$$v(r_0,t)=Q_{\infty}(r_0)\sum_{n=1}^{\infty}\frac{4d_{\mathrm{f}}}{d_{\mathrm{w}}\mu_{\mathrm{n}}^{2}}\left(\frac{\mu_{\mathrm{n}}d_{\mathrm{w}}}{2}\right)^{2}\frac{D_0}{r_0^{\mathrm{dw}}}\upsilon\mathrm{e}^{-\left(\frac{\mu_{\mathrm{n}}d_{\mathrm{w}}}{2}\right)^{2}\frac{D_0}{r^{d_{\mathrm{w}}}}t^{\upsilon}}\cdot t^{\upsilon-1} \tag{5-72}$$

式中　$v(r_0,t)$——颗粒尺寸为 r_0 的煤样在时间为 t 时的吸附/解吸速度，mL/(g·s)。

设对于不同尺寸的煤颗粒，式(5-40)中的参数 d_{f}、θ 及 υ 相等，则相应地

d_w、D_0、α、μ_n 亦相等，由于 $0<v<1$，故可发现，随着时间的增大，吸附/解吸速度逐渐减小，而这与实际实验相符。

对颗粒半径分别为 r_{01} 和 r_{02} 的煤样在 t 时刻的吸附/解吸速度进行对比：

$$\frac{v(r_{01},t)}{v(r_{02},t)}=\frac{Q_\infty(r_{01})}{Q_\infty(r_{02})}\left(\frac{r_{02}}{r_{01}}\right)^{d_w} \tag{5-73}$$

假设 $r_{01}<r_{02}$，又由于对于实际的煤体，极限解吸量随着粒径的增大而减小[216-217]，即 $Q_\infty(r_{01})>Q_\infty(r_{02})$，又因为 $d_w=2+\theta,\theta>0$，故随着粒径的减小，必然有 $v(r_{01,t})>v(r_{01},t)$。

据文献[218]可知，结构参数的范围为 $0<\theta<2$，故 d_w 的范围为 $2<d_w<4$。忽略解吸量对吸附/解吸速度的影响，即假设 $Q_\infty(r_{01})\approx Q_\infty(r_{02})$，则煤样粒径增长倍数从 2 增长到 6 的过程中，瓦斯吸附/解吸速度变化值如表 5-2 所示。

表 5-2　理论吸附/解吸增长速度

粒径减小倍数	2	3	4	5	6
吸附/解吸速度增长倍数	4～16	9～81	16～256	25～625	36～1 296

由表 5-2 可知，随着粒径减小，煤样吸附/解吸速度急剧增大，由此说明粒径对吸附/解吸速度的影响很大，在初始瓦斯量相同情况下，粒径越小，煤样累积解吸量越大，达到吸附平衡的时间越短。

5.6 本章小结

建立瓦斯在煤颗粒中的宏观扩散模型，对宏观把握煤颗粒中瓦斯吸附/解吸性能具有重要作用。在设定煤颗粒为分形体的基础上，考虑到煤样对瓦斯的吸附性能，即瓦斯在煤样中的运移受煤壁表面分子作用力影响，建立了分数阶分形扩散模型，得到如下结论：

（1）考虑到煤为多孔介质，其孔隙结构具有分形特征，故用分形维数 d_f 替代菲克扩散定律中的欧式空间维数，且考虑到分形空间中的扩散系数 D_e 随径向距离 r 增大而呈指数下降，故用 $D_e=D_0r^{-\theta}$ 代替菲克扩散定律中的扩散系数。考虑到煤壁对瓦斯的强吸附作用，引进了分数阶，用分数阶 υ 替代菲克扩散定律中的整数阶。在上述基础上建立了分数阶分形扩散模型。

（2）为方便与菲克扩散定律进行对比，采用菲克扩散定律的初始和边界条件，对分数阶分形扩散模型进行求解，将分数阶分形扩散模型中的相应参数设定为菲克扩散定律中的值，从理论上证明菲克扩散模型为分数阶分形扩散模型中的一个特例。

(3) 分数阶分形扩散模型中引入的参数,除分形维数采用压汞法和液氮吸附法测定的数据,据相应公式计算获得外,其余通过实际实验进行拟合得到。对分形维数的计算结果表明,分形维数随粒径增大整体呈增大趋势,马场矿煤样的分形维数介于2.292～2.659之间,阳泉五矿煤样的分形维数介于2.393～2.898间,白龙山矿煤样的分形维数介于2.058～2.852间,各矿分形维数的最小值集中在百微米粒径以下,最大值集中在毫米级粒径以上。

(4) 采用分数阶分形扩散模型,从理论角度预测瓦斯吸附/解吸速度随粒径变化的增长倍数,结果表明:随粒径减小,煤样吸附/解吸速度急剧增大,如粒径减小为原来的1/2,则吸附/解吸速率增长范围介于4～16倍间,由此表明粒径对煤中瓦斯吸附/解吸速率有重要影响。

6 基于瓦斯吸附/解吸实验结果的宏微观模型验证

6.1 煤粉化过程吸附/解吸特性演化特征

煤样在粉碎过程中，孔隙结构亦受到损失，造成了煤样孔容、比表面积、孔形等影响煤吸附能力及瓦斯放散能力等孔结构参数的改变。为此国内外学者关于煤粉化过程中瓦斯吸附/解吸性能做了大量研究[219-220]。对瓦斯吸附/解吸性能的研究主要集中在表征煤吸附能力的朗格缪尔吸附等温线与相应参数，以及表征瓦斯放散能力的解吸曲线两方面。

现有研究表明，除过度破坏煤样外，构造煤吸附能力要大于原生结构煤。高魁等[39-173]研究表明，构造软煤吸附能力与渗透性分别为原生结构煤的 4 倍和 10 倍，构造煤的煤样强度明显低于原生结构煤。李一波等[217]研究表明，对于不同粒径煤样，瓦斯吸附量随粒径减小逐渐增大，吸附常数 a 随粒径改变出现阶段性的变化。许江等[221]对由不同煤粉粒径压制而成的型煤物理力学性质进行研究，结果表明：煤样粒径越小，型煤对瓦斯的吸附性越好。许满贵等[222]研究得出，吸附量随粒径大小变化的程度随压力增大而愈发剧烈，吸附量随粒径减小而增加的程度则取决于具体煤样。张天军等[223]总结出煤在未被过度破坏时，吸附量随粒径减小而增大，且随着粒径减小增幅减缓；过度破坏时，吸附量有所减小。

温志辉[224]、魏建平等[225]研究表明，构造软煤破坏程度越高，对应的初始瓦斯解吸速度就越大，解吸速度衰减越快。何志刚[226]研究表明，相同时间内构造煤的瓦斯解吸量与破坏程度成正相关关系。陈攀[227]研究表明，构造软煤在相近水分含量条件下，相同时间段内累积瓦斯解吸量和解吸速度均比原生结构硬煤大得多。伊向艺等[228]研究得出：解吸初期以解吸过程为主，解吸量主要取决于煤粉比表面积；解吸中后期以解吸-扩散过程为主，解吸量主要取决于扩散半径，粉煤解吸速率与颗粒直径的对数呈负线性关系。李一波等[217]研究表明，瓦斯放散初速度随粒径变化呈对数函数变化规律。潘红宇等[229]测定了吸附时间、粒径对瓦斯放散初速度的影响，结果表明吸附时间在煤样吸附瓦斯达到饱和前对瓦斯放散初速度影响较大，当吸附饱和后放散初速度不再受吸附时间的影响；瓦斯放散初速度随粒径减小而增大。李青松等[230]研究结果表明，吸附平衡压力越大，粒径越小，破坏类型越严重，解吸初期相同时间段内瓦斯解吸量越大。还有众多学者研究了煤样粒径[231]对瓦斯解吸特性的影响，得出的结论与上述学者基本一致。

综上所述，煤是一种孔隙高度发育的多孔介质，其内部富集着高浓度瓦斯。煤层瓦斯含量及瓦斯解吸初期放散能力对煤与瓦斯突出的发生和发展有直接影响。突出现场和模拟实验均表明，突出发生时均存在着煤粒分选现象，而不同粒径煤样孔隙结构存在着明显差异，煤样粒径改变会直接影响煤的比表面积、孔容及瓦斯气体进入煤样孔内的扩散路径。随着破碎强度的增加，瓦斯吸附能力一般呈增加趋势，且放散能力亦随着粒径的减小而增强，这说明破碎过程中存在着孔隙损伤现象，而这会影响煤样瓦斯吸附/解吸性能[166,195,217,223,232-245]。研究孔隙损伤过程中瓦斯吸附/解吸性能对准确预测突出煤层瓦斯含量和预测突出危险性研究具有重要意义。

6.2 不同粒径煤样等温吸附/解吸等温线

6.2.1 吸附/解吸等温线实验原理

马场矿、阳泉五矿、白龙山矿中不同粒径煤样的瓦斯吸附/解吸等温线测试工作参照《煤的高压等温吸附试验方法》(GB/T 19560—2008)及《煤的甲烷吸附量测定方法(高压容量法)》(MT/T 752-1997)进行，测定过程中采用的是 HCA 高压容量法瓦斯吸附装置。与以往测定步骤不同的是，每个吸附平衡压力点的测定均采用参比罐向真空煤样罐中充气的方式进行，煤样罐压力表采用精确度为小数点后三位的数字压力表，以便准确记录吸附平衡时间，进一步加深对煤样吸附/解吸性能的了解。另外，为保证实验条件的一致性，使得实验更加严谨，实验过程中除采用等量 50 g 煤样与 30 ℃恒温水浴条件外，还采用与煤样罐材质相同的钢球将装样后的煤样罐进行填充，保证装样后煤样罐死空间的一致性。

煤样对瓦斯的吸附/解吸主要是因为煤中存在大量具有表面能的孔隙，瓦斯与孔隙内表面接触时，瓦斯在分子作用力下在煤壁表面发生富集，煤壁表面瓦斯浓度增加，发生吸附现象，与此同时一部分气体会由煤体表面返回气相产物中，发生解吸现象，通常认为吸附、解吸过程是可逆的。当吸附速率等于脱附速率时，即达到吸附平衡。

研究表明，煤样对瓦斯的吸附属于物理吸附，恒温条件下，煤样对瓦斯的吸附量与压力的关系满足朗格缪尔关系式：

$$Q=\frac{abp}{1+bp} \tag{6-1}$$

式中 Q——吸附平衡时单位质量（或体积）可燃基吸附的瓦斯量，m^3/t；

a——朗格缪尔体积，表征可燃基的饱和吸附量或极限吸附量，m^3/t；

b——朗格缪尔压力常数，MPa^{-1}；

p——在某一特定温度下，吸附平衡时的瓦斯压力，MPa。

通过测定给定粒径条件下煤样在恒温、不同压力下的瓦斯吸附平衡量，即可得到吸附等温线，根据式（6-1）即可求出表征煤样对瓦斯吸附特性的吸附常数 a、b 的值。

6.2.2 吸附/解吸性能随煤变质程度变化规律

6.2.2.1 煤变质程度对吸附常数 a_{daf} 的影响

为避免水分、灰分等对瓦斯极限吸附量的影响，此处的朗格缪尔极限吸附量常数 a 值采用干燥无灰基指标，记为 a_{daf}。由于水分对吸附量的影响很大，本书在文献选择中，未采纳平衡水的相关文献，只采用了干燥基指标（ad）煤样进行统计，对于文献中与本书所采用指标不同的，采用下式进行转换：

$$a_{daf}=\frac{100\cdot a_{ad}}{100-M_{ad}-A_{ad}} \tag{6-2}$$

通过统计作图，可得到朗格缪尔极限吸附量常数（简称吸附常数）a_{daf} 随最大镜质组反射率 $R_{o.max}$ 的变化关系如图 6-1 所示。

图 6-1 中，吸附常数 a_{adf} 与煤变质程度的变化关系曲线为开口向上，离散的一元二次方程。吸附常数 a_{adf} 在褐煤（次烟煤）、低挥发分烟煤、中挥发分烟煤、高挥发分烟煤及无烟煤中的范围分别为 13～34 m^3/t、8～48 m^3/t、4～52 m^3/t、6～60 m^3/t 及 16～50 m^3/t 之间。此外，a_{adf} 与 $R_{o.max}$ 间存在的上下限曲线，可分别用方程 $a_{daf.max}=13.4R_{o.max}{}^2-25.01R_{o.max}+57.72$ 和 $a_{daf.min}=1.014R_{o.max}{}^2-0.014R_{o.max}+7.18$ 表示，平均关系曲线可用方程 $a_{daf.avr}=9.313\ 5R_{o.max}{}^2-22.286\ 5R_{o.max}+32.673$ 表示。由此可得，当 $R_{o.max}=0.4\%\sim1.196\%$ 时，a_{daf} 随煤变质程度的加深而减小；当 $R_{o.max}=1.196\%\sim7\%$ 时，变化规律则相反。究其原因为：在低煤级阶段煤的孔隙度较大，吸附能力较强；随着埋深的增加，上覆压力增大，大孔隙被压实逐渐闭合，吸附能力减弱；随着成熟度的进一步提高，地层压力系数进一步升高致使大孔隙减少，小孔和微孔隙增多，导致孔容、比表面积增大，煤的吸附性能力再次提高。

6.2.2.2 煤变质程度对吸附常数 b 的影响

对于空气干燥基煤样，由于压力吸附常数 b 值的大小不会受指标的影响而

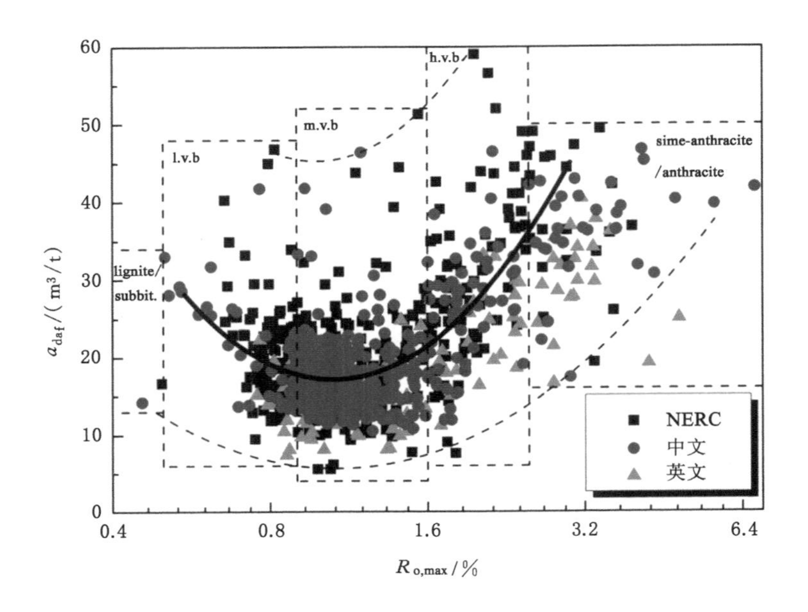

图 6-1　吸附常数 a_{daf} 随镜质组反射率 $R_{o.max}$ 的变化关系

（数据：NERC-290，中文[117,118]-773，英文[83-85,109-112,119,246]-103）

改变，故此处采用式（6-1）中的 b 值对最大镜质组反射率 $R_{o.max}$ 作图，结果如图 6-2所示。图 6-2 表明朗格缪尔常数 b 与煤最大镜质组反射率 $R_{o.max}$ 的变化曲线为开口向下、离散的一元二次方程，吸附常数 b 在褐煤（次烟煤）、低挥发分烟煤、中挥发分烟煤、高挥发分烟煤及无烟煤中的范围分别为 0～0.9 MPa^{-1}、0.15～1.8 MPa^{-1}、0.25～2 MPa^{-1}、0.55～2.1 MPa^{-1} 及 0.56～2.25 MPa^{-1} 之间。b 与 $R_{o.max}$ 间存在的上下限曲线，可分别用方程 $b_{o.max}=-0.16\cdot R_{o.max}^2+0.744\ 67\cdot R_{o.max}+0.899$ 和 $b_{min}=-0.268\ 7\cdot R_{o.max}^2+1.321\cdot R_{o.max}-0.675\ 4$ 表示，平均关系曲线可用方程 $b_{avr}=-0.430\ 19\cdot R_{o.max}^2+0.900\ 56\cdot R_{o.max}+0.869\ 69$ 表示。由此可得，当 $R_{o.max}=0.4\%\sim1.05\%$ 时，b 随煤变质程度的加深而增大；当 $R_{o.max}=1.05\%\sim7\%$ 时，变化规律则相反。

6.2.2.3　煤变质程度对瓦斯吸附量 Q_{daf} 的影响

通过采用式（6-3），可得到干燥无灰基瓦斯吸附量 Q_{daf} 的值：

$$Q_{daf}=\frac{a_{daf}bp}{1+bp} \tag{6-3}$$

将式（6-3）中的平衡压力设定为 1 MPa，将获得固定压力下的干燥无灰基吸附量 Q_{daf} 的值。图 6-3 所示为单位质量煤的干燥无灰基吸附量 Q_{daf} 随最大镜质

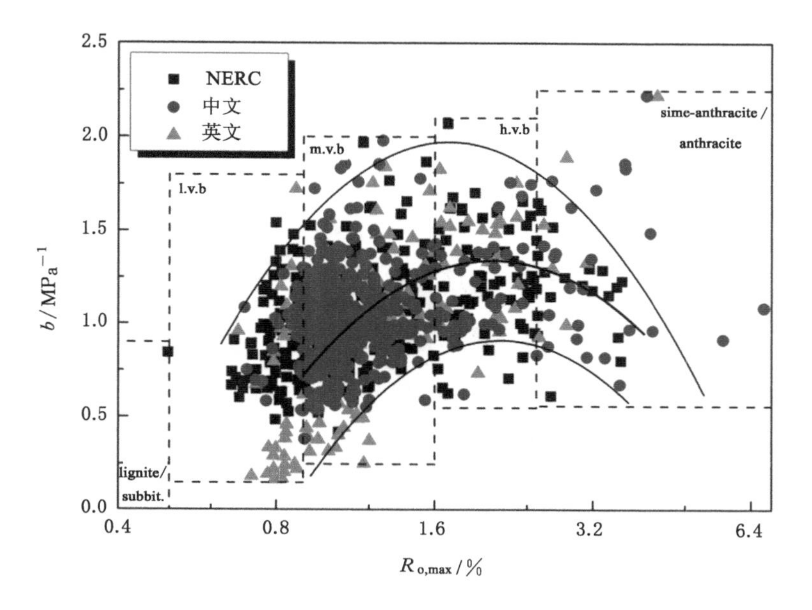

图 6-2　吸附常数 b 随镜质组反射率 $R_{o,max}$ 的变化关系

（数据：NERC-290，中文[117,118]-717，英文[83-85,109-112,119]-153）

组反射率 $R_{o.max}$ 的变化关系图。

图 6-3 显示，褐煤与次烟煤煤样的瓦斯吸附量 Q_{daf} 在 0～8 m³/t 之间，低挥发分烟煤煤样的瓦斯吸附量 Q_{daf} 在 3～24 m³/t 之间，中挥发分烟煤煤样的瓦斯吸附量 Q_{daf} 在 5～29 m³/t 之间，高挥发分烟煤煤样的瓦斯吸附量 Q_{daf} 在 6～36 m³/t之间，半无烟煤与无烟煤煤样的瓦斯吸附量 Q_{daf} 在 8～30 m³/t 之间。瓦斯吸附量 Q_{daf} 随镜质组反射率 $R_{o.max}$ 的变化情况存在上下限：$Q_{daf.max} = -4.954\,9R_{o.max}^2 + 13.263R_{o.max} + 27.6$ 与 $Q_{daf.min} = 2.847R_{o.max}^2 - 1.84R_{o.max} + 4.97$。这是由于煤样的吸附量与其芳碳率、缩合芳香环指数及芳环叠片的空间变化等内在因素有关。未变质程度煤样及低变质程度煤样的孔面积和孔隙变化较大，是由于机械压实作用导致煤样脱水以及亲水富氧基团的脱离而使孔隙减小。随变质程度的加深，煤样的吸附力主要受分子结构的变化控制，煤样的内部结构出现分子方向性，分子趋向规整，导致煤样中的孔隙又开始增大。

6.2.2.4　煤变质程度对原煤瓦斯含量 Q 的影响

考虑实际煤样瓦斯含量影响因素，本书采用下式[116,118]对 Q_{daf} 进行转换，得到 Q 随镜质组反射率的变化关系：

$$Q = Q_{daf} \cdot \frac{100 - A_{ad} - M_{ad}}{100} \cdot \frac{1}{1 + 0.31M_{ad}} \tag{6-4}$$

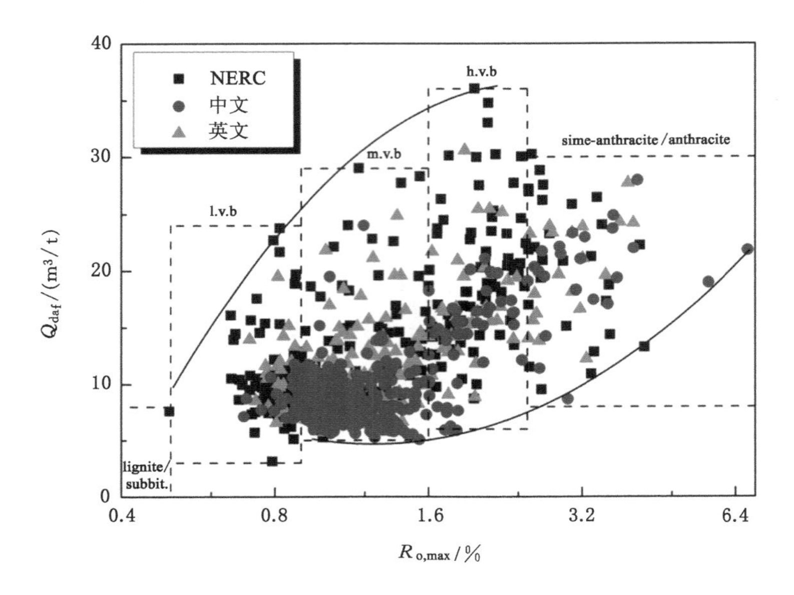

图 6-3 瓦斯吸附量 Q_{daf} 随镜质组反射率 $R_{o,max}$ 的变化关系
（数据：NERC-290，中文[117]-717，英文[84,85,109-112,119]-153）

式中 A_{ad}——空气干燥基灰分，%；

M_{ad}——空气干燥基水分，%；

Q_{daf}——干燥无灰基瓦斯含量，m^3/t；

Q——原煤瓦斯含量，m^3/t。

图 6-4 所示为原煤瓦斯含量在固定压力为 1 MPa 时的瓦斯吸附量 Q 值随镜质组反射率 $R_{o.max}$ 的变化关系曲线。由图 6-4 可知，Q 值随变质程度的加深而增加，Q 值随 $R_{o.max}$ 的变化关系大致呈现线性形式：

$$Q = k_Q R_{o.max} + b_Q \tag{6-5}$$

式中 Q——固定压力下原煤瓦斯含量；

k_Q, b_Q——表征 Q 值与镜质组反射率 $R_{o.max}$ 关系的系数，$k_Q > 0$。

图 6-4 显示，褐煤与次烟煤煤样的原煤瓦斯含量 Q 在 0～5 m^3/t 之间，低挥发分烟煤煤样的原煤瓦斯含量 Q 在 2～12 m^3/t 之间，中挥发分烟煤煤样的原煤瓦斯含量 Q 在 1～13 m^3/t 之间，高挥发分烟煤煤样的原煤瓦斯含量 Q 在 1～15 m^3/t 之间，半无烟煤与无烟煤煤样的原煤瓦斯含量 Q 在 3～15 m^3/t 之间。原煤瓦斯含量随镜质组反射率的变化情况存在上、下限 $Q_{max} = 4.49R_{o.max} + 8.938\ 6$ 与 $Q_{min} = 3.926\ 6R_{o.max} - 2.545$。与图 6-3 相比可发现，$Q$ 值比 Q_{daf} 值明显偏小，这是由于煤样物化特性不同导致 Q 值与 Q_{daf} 值随变质程度变化关系的差异。

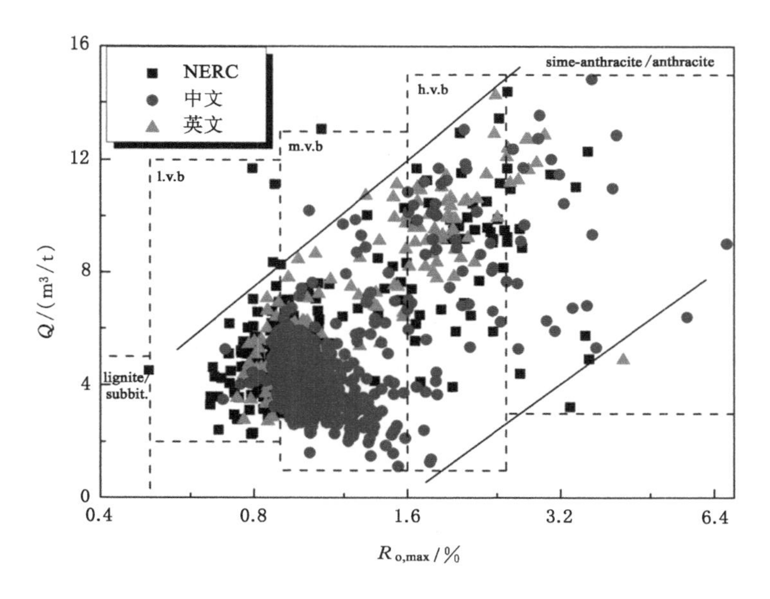

图 6-4 原煤瓦斯含量 Q 随镜质组反射率 $R_{o,max}$ 的变化关系

(数据：NERC-290，中文[117,118]-717，英文[85,109-112,119]-153)

6.2.3 吸附/解吸等温线随粒径变化规律

为研究粒径对煤中瓦斯吸附性能的影响，本书选取马场矿、阳泉五矿、白龙山矿中 3～4 mm、1～3 mm、0.5～1 mm、0.25～0.5 mm、0.2～0.25 mm、0.08～0.2 mm、0.01～0.08 mm、<0.01 mm 八种粒径煤样进行甲烷等温吸附实验，并采用式(6-1)对实验结果进行拟合，得到同一煤样不同粒径条件下的吸附等温线，如图 6-5 所示。

由图 6-5 可知，在相同条件下，不同粒径煤样吸附等温线变化趋势一致，即随着压力的增加，瓦斯吸附量增加幅度逐渐减小。阳泉五矿煤样吸附能力最强，其次为白龙山矿煤样，马场矿煤样吸附能力最弱。

马场矿煤样，吸附等温线存在明显"分区"现象，即存在吸附等温线"分区"集中现象，0.01 mm 粒径煤样吸附等温线为"一区"，位于最上方；0.01～0.08 mm 和 0.08～0.2 mm 粒径煤样等温线接近重合，为"二区"，在"一区"煤样等温线下方；0.2～0.25 mm、0.25～0.5 mm 及 0.5～1 mm 粒径煤样吸附等温线较集中，为"三区"，吸附等温线处于"二区"下方；1～3 mm 和 3～4 mm 粒径煤样吸附等温线较接近，为"四区"，在最下方。由马场矿煤样吸附等温线可见，随着粒径减小，吸附等温线越靠上，即煤样吸附能力逐渐增强。

阳泉五矿煤样吸附等温线也存在明显"分区"现象，即<0.01 mm、0.01～

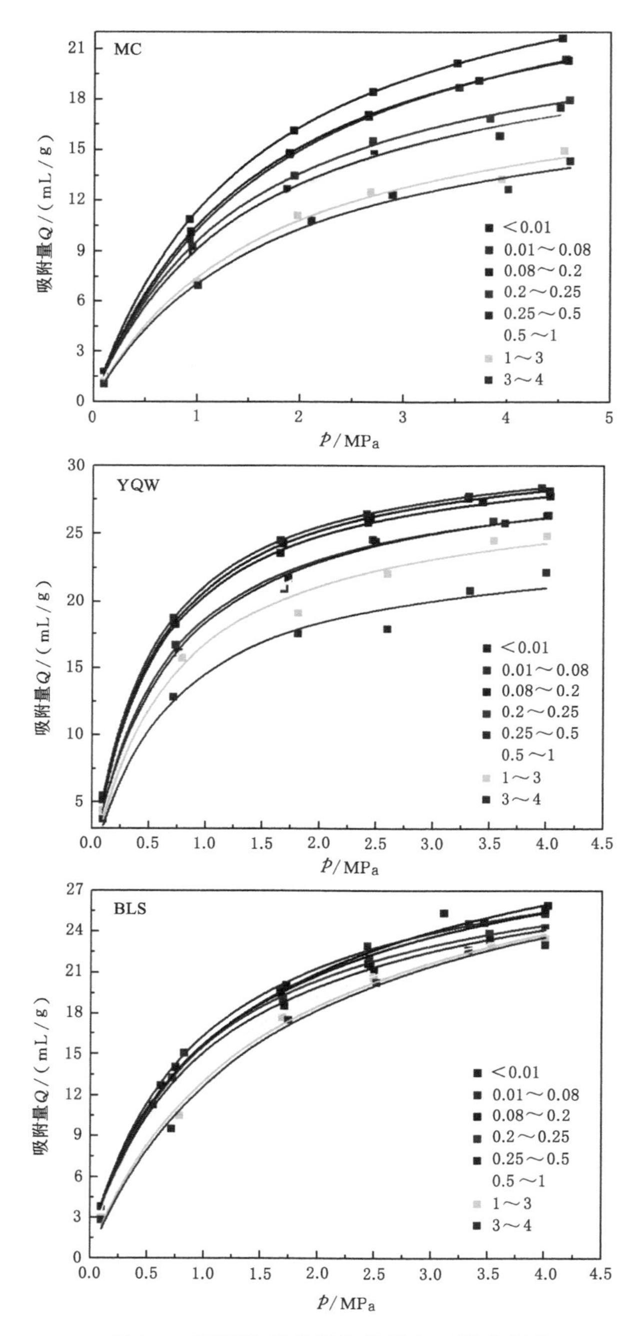

图 6-5　不同粒径煤样朗格缪尔吸附等温线

0.08 mm 及 0.08～0.2 mm 粒径煤样接近重合，为“一区”，在最上方；0.2～0.25 mm、0.25～0.5 mm 及 0.5～1 mm 粒径煤样较接近，为“二区”，在“一区”下方；1～3 mm 粒径煤样为“三区”，在“二区”下方；3～4 mm 粒径煤样为“四区”，在“三区”下方。即随着粒径减小，煤样吸附量整体呈增加趋势，但对于 0.01 mm 粒径煤样的等温线确处于 0.08～0.2 mm 等温线下方，这可能是由于部分内比表面积被破坏造成的。

白龙山矿煤样吸附等温线与马场矿和阳泉五矿煤样存在一定差异，其分区现象不是很明显，且随着平衡压力的增高，0.01 mm、0.01～0.08 mm、0.08～0.2 mm粒径煤样存在着交叉现象。其余粒径煤样则是随着粒径的减小，吸附量逐渐增加，这与煤样在破碎过程中煤孔隙结构的损伤程度有关[166,217,223,231]。

为观察煤样的吸附能力随粒径变化情况，根据式(6-1)对图 6-5 中的朗格缪尔吸附等温线数据进行回归分析，可计算出三种煤样不同粒径下的朗格缪尔吸附常数 a、b 值，结果如表 6-1 所示。

表 6-1　不同粒径煤样朗格缪尔吸附常数 a、b 值

粒径 D /mm	MC		YQW		BLS	
	a/(mL/g)	b/MPa^{-1}	a/(mL/g)	b/MPa^{-1}	a/(mL/g)	b/MPa^{-1}
<0.01	29.676	0.616	31.531	1.997	28.057	1.504
0.01～0.08	27.443	0.603	31.904	1.995	28.740	1.446
0.08～0.2	27.367	0.623	31.135	1.948	28.408	1.406
0.2～0.25	24.333	0.636	28.920	1.928	27.838	1.378
0.25～0.5	23.293	0.633	28.716	1.906	27.551	1.332
0.5～1	23.138	0.633	28.092	1.878	26.775	1.323
1～3	19.716	0.605	26.659	1.873	25.382	1.255
3～4	19.713	0.544	23.231	1.813	25.380	1.238

由表 6-1 可知，整体而言，阳泉五矿煤样极限吸附量 a 值与压力吸附常数 b 值最大，其次为白龙山矿煤样，马场矿煤样最小。

极限吸附量 a 值对于马场矿煤样介于 19.71～29.68 mL/g 之间；阳泉五矿煤样介于 23.23～31.53 mL/g 之间；白龙山矿煤样介于 23.23～31.53 mL/g 之间。除阳泉五矿和白龙山矿<0.01 mm 粒径的煤样外，随着煤样粒径减小，极限吸附量 a 值呈增加趋势，这可能是由于随着粒径的减小，比表面积及孔容呈增加趋势，为瓦斯提供了更大的存储空间，而<0.01 mm 粒径煤样极限吸附量减小

可能是由于煤样内比表面积被破坏。

压力吸附常数 b 值对于马场矿煤样介于 0.54～0.616 MPa^{-1}之间，阳泉五矿煤样介于 1.81～2.00 MPa^{-1}之间，白龙山矿煤样介于 1.23～1.504 MPa^{-1}之间。马场矿煤样压力吸附常数 b 值随粒径减小先增大后减小再增大，而阳泉五矿和白龙山矿煤样压力吸附常数 b 随粒径减小呈增加趋势。压力吸附常数 b 表征吸附量随着压力增加的增幅大小，b 值越大，吸附量随压力增加越快。随着粒径减小 b 值增加，可能是由于随着粒径的减小，一方面孔隙比表面积及孔容呈增大趋势，相同瓦斯平衡压力下，瓦斯存储空间增大，增大了吸附瓦斯时对压力的敏感性；另一方面瓦斯在煤中的扩散路径变短，压力增大，更易进入煤样孔隙内。

为定量观察极限吸附量 a 值及压力吸附常数 b 值随粒径减小的变化情况，设置不同粒径煤样的平均颗粒直径 $\overline{D}$ 作为横坐标，分别对极限吸附量 a 值及压力吸附常数 b 值作图，得到图 6-6。

通过图 6-6 中的极限吸附量 a 值及压力吸附常数 b 值对平均颗粒直径 $\overline{D}$ 拟合后，得到吸附常数 a、b 值与平均颗粒直径 $\overline{D}$ 的变化关系均呈式(6-6)所示的幂函数形式，对于＜0.01 mm 粒径煤样，由于其极限吸附量 a 值变化趋势与整体趋势有差异，故阳泉五矿与白龙山矿＜0.01 mm 粒径的煤样未参与拟合。

$$X = a_x + b_x \cdot \overline{D}^{c_x}, x = a, b \tag{6-6}$$

由表 6-2 可知，对于不同种类煤样，虽然随粒径变化呈幂函数下降趋势，但由于其孔径损伤程度不同，变化幅度不同。

表 6-2　不同粒径煤样朗格缪尔吸附常数 a、b 值随颗粒直径变化关系参数

粒径 D /mm	吸附常数 a 对应系数				吸附常数 b 对应系数			
	a_a	b_a	c_a	R^2	a_b	b_b	c_b	R^2
MC	41.633	−19.587	0.109	0.912	0.624	−0.002	2.790	0.815
YQW	34.352	−7.065	0.313	0.902	2.106	−0.227	0.177	0.932
BLS	31.893	−5.361	0.188	0.956	2.068	−0.768	0.068	0.986

6.2.4　不同粒径煤吸附平衡时间

实验时首先打开参比罐阀门，待压力稳定后，再打开煤样罐阀门并开始计时，等煤样罐数字压力表读数稳定时实验终止，记录此时的时间，称此时间为吸附平衡时间，不同粒径煤样在不同压力点下的吸附平衡时间如表 6-3、表 6-4、表 6-5 所示。

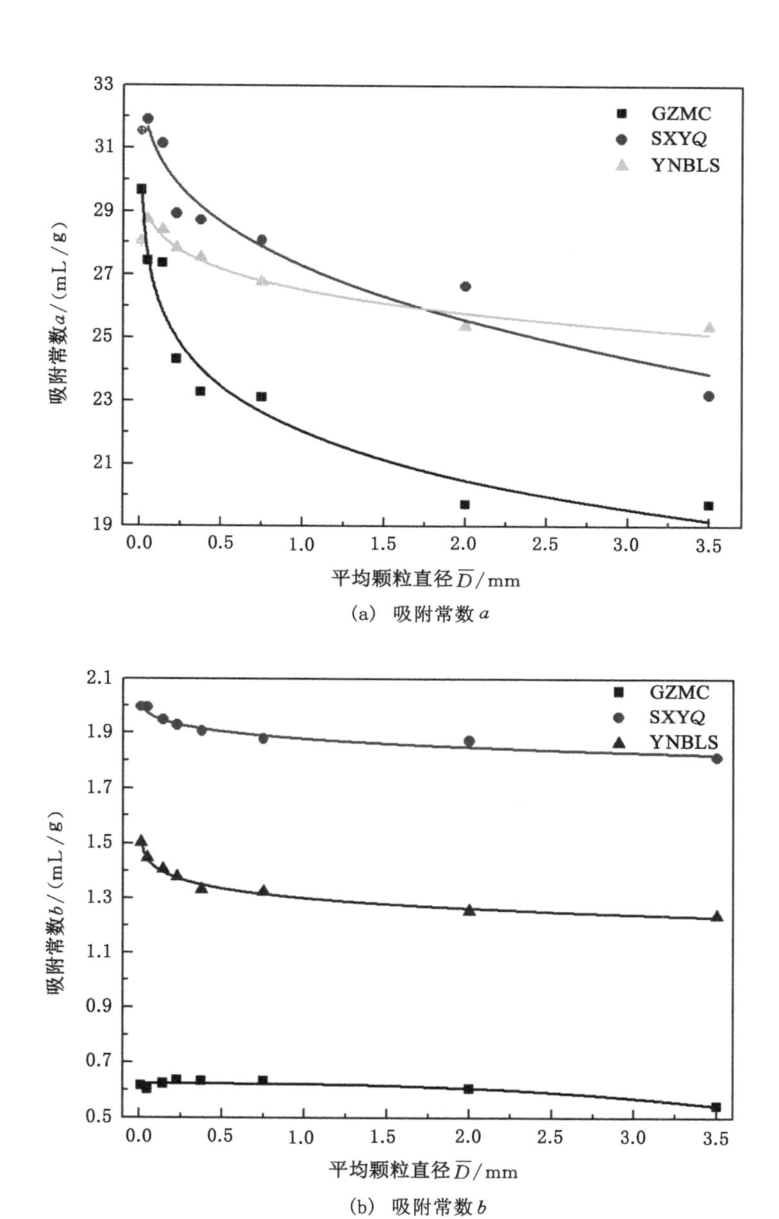

图 6-6 朗格缪尔吸附常数 a、b 值随颗粒直径的变化趋势

表 6-3　马场矿不同粒径煤样的吸附平衡时间

粒径 D /mm	马场煤矿煤样不同压力点吸附平衡时间/min											
	p_0	倍数	p_1	倍数	p_2	倍数	p_3	倍数	p_4	倍数	p_5	倍数
<0.01	157	1.00	17	1.00	8	1.00	6	1.00	6	1.00	5	1.00
0.01～0.08	253	1.61	72	4.24	34	4.25	32	5.33	25	4.17	20	4.00
0.08～0.2	440	2.80	210	12.35	100	12.50	81	13.50	63	10.50	49	9.80
0.2～0.25	1 160	7.39	555	32.65	265	33.13	237	39.50	183	30.50	142	28.40
0.25～0.5	1 803	11.48	814	47.88	389	48.63	333	55.50	256	42.67	199	39.80
0.5～1	6 395	40.73	3 050	179.41	1457	182.13	1 072	178.67	824	137.33	638	127.60
1～3	54 709	348.46	21 290	1 252.35	10 171	1 271.38	7 483	1 247.17	5 756	959.33	3 917	783.40
3～4	69 157	440.49	32 052	1 885.41	15 313	1 914.13	13 812	2 302.00	10 616	1 769.33	8 216	1 643.20

表 6-4　阳泉五矿不同粒径煤样的吸附平衡时间

粒径 D /mm	阳泉五矿煤样不同压力点吸附平衡时间/min											
	p_0	倍数	p_1	倍数	p_2	倍数	p_3	倍数	p_4	倍数	p_5	倍数
<0.01	164	1.00	70	1.00	50	1.00	44	1.00	35	1.00	33	1.00
0.01～0.08	120	0.73	60	0.86	46	0.92	39	0.89	32	0.91	28	0.85
0.08～0.2	175	1.07	125	1.79	94	1.88	73	1.66	55	1.57	44	1.33
0.2～0.25	393	2.40	310	4.43	238	4.76	190	4.32	150	4.29	121	3.67
0.25～0.5	427	2.60	370	5.29	320	6.40	295	6.70	270	7.71	248	7.52
0.5～1	2 450	14.94	1 820	26.00	1 272	25.44	936	21.27	689	19.69	507	15.36
1～3	18 597	113.40	13 695	195.64	9 787	195.74	7 100	161.36	5 151	147.17	3 737	113.24
3～4	23 552	143.61	16 650	237.86	12 150	243.00	8 920	202.73	6 543	186.94	4 808	145.70

表 6-5　白龙山矿不同粒径煤样的吸附平衡时间

粒径 D /mm	白龙山矿煤样不同压力点吸附平衡时间/min											
	p_0	倍数	p_1	倍数	p_2	倍数	p_3	倍数	p_4	倍数	p_5	倍数
<0.01	129	1.00	106	1.00	77	1.00	65	1.00	62	1.00	63	1.00
0.01～0.08	138	1.07	117	1.10	89	1.16	74	1.14	61	0.98	52	0.83
0.08～0.2	205	1.59	153	1.44	91	1.18	75	1.15	71	1.15	59	0.94
0.2～0.25	672	5.21	466	4.40	210	2.73	174	2.68	154	2.48	127	2.02
0.25～0.5	978	7.58	798	7.53	580	7.53	465	7.15	364	5.87	320	5.08
0.5～1	2 640	20.47	1 604	15.13	1 600	20.78	1 489	22.91	1 012	16.32	762	12.10
1～3	19 632	152.19	13 685	129.10	10 635	138.12	8 352	128.49	6 205	100.08	4 332	68.76
3～4	24 853	192.66	17 500	165.09	13 660	177.40	10 540	162.15	7 263	117.15	5 096	80.89

由表 6-3 可知，随吸附平衡压力增大，吸附平衡时间越短，MC<0.01 mm 煤样由低压下的 157 min 减小到压力最高点的 5 min，缩短为原来的 0.032 倍。MC0.01～0.08 mm 煤样由低压下的 253 min 减小到压力最高点的 20 min，缩短为原来的 0.079 倍。MC0.08～0.2 mm 煤样由低压下的 440 min 减小到压力最高点的 49 min，缩短为原来的 0.111 4 倍。MC0.2～0.25 mm 煤样由低压下的 1 160 min 减小到压力最高点的 142 min，缩短为原来的 0.122 4 倍。MC0.25～0.5 mm 煤样由低压下的 1 803 min 减小到压力最高点的 199 min，缩短为原来的 0.11 倍。MC0.5～1 mm 煤样由低压下的 6 395 min 减小到压力最高点的 638 min，缩短为原来的 0.1 倍。MC1～3 mm 煤样由低压下的 54 709 min 减小到压力最高点的 3 917 min，缩短为原来的 0.072 倍。MC3～4 mm 煤样由低压下的 69 157 min 减小到压力最高点的 8 216 min，缩短为原来的 0.119 倍。综上所述，随压力增大，吸附平衡时间减小幅度随粒径增大先增大后减小，减小幅度介于 0.032～0.122 4 之间。

随粒径增大，吸附平衡时间由低压下<0.01 mm 的 157 min，增大到 3～4 mm的 69 157 min，吸附平衡时间最大值是最小值的 440.49 倍，吸附平衡时间由最高压力点下<0.01 mm 的 5 min，增大到 3～4 mm 的 8 216 min，吸附平衡时间最大值是最小值的 1 643.2 倍，低压力点的增长倍数介于 1.61～440.49 之间，最高压力点的增长倍数介于 4～1 643.2 之间。

由表 6-4 可知，随吸附平衡压力增大，吸附平衡时间越短，YQW<0.01 mm 煤样由低压下的 164 min 减小到压力最高点的 33 min，缩短为原来的 0.2 倍。YQW0.01～0.08 mm 煤样由低压下的 120 min 减小到压力最高点的 28 min，缩短为原来的 0.233 倍。YQW 0.08～0.2 mm 煤样由低压下的 175 min 减小到压力最高点的 44 min，缩短为原来的 0.251 倍。YQW0.2～0.25 mm 煤样由低压下的 393 min 减小到压力最高点的 121 min，缩短为原来的 0.308 倍。YQW 0.25～0.5 mm 煤样由低压下的 427 min 减小到压力最高点的 248 min，缩短为原来的 0.581 倍。YQW0.5～1 mm 煤样由低压下的 2 450 min 减小到压力最高点的507 min，缩短为原来的 0.207 倍。YQW1～3 mm 煤样由低压下的 18 597 min 减小到压力最高点的 3 737 min，缩短为原来的 0.201 倍。YQW3～4 mm 煤样由低压下的 23 552 min 减小到压力最高点的 4 808 min，缩短为原来的 0.204倍。综上所述，随压力增大，吸附平衡时间减小幅度随粒径增大先增大后减小，减小幅度介于 0.2～0.581 之间。

随粒径增大，吸附平衡时间由低压下<0.01 mm 的 164 min，增大到 3～4 mm的 23 552 min，吸附平衡时间最大值是最小值的 143.61 倍，吸附平衡时间由最高压力点下<0.01 mm 的 33 min，增大到 3～4 mm 的 4 808 min，吸附平衡

时间最大值是最小值的 145.7 倍，低压力点的增长倍数介于 1.07～143.61 之间，最高点的增长倍数介于 1.33～145.7 之间。

由表 6-5 可知，随吸附平衡压力增大，吸附平衡时间越短，BLS<0.01 mm 煤样由低压下的 129 min 减小到压力最高点的 63 min，缩短为原来的 0.488 倍。BLS0.01～0.08 mm 煤样由低压下的 138 min 减小到压力最高点的 52 min，缩短为原来的 0.377 倍。BLS 0.08～0.2 mm 煤样由低压下的 205 min 减小到压力最高点的 59 min，缩短为原来的 0.288 倍。BLS0.2～0.25 mm 煤样由低压下的 672 min 减小到压力最高点的 127 min，缩短为原来的 0.189 倍。BLS0.25～0.5 mm 煤样由低压下的 978 min 减小到压力最高点的 320 min，缩短为原来的 0.327 倍。BLS0.5～1 mm 煤样由低压下的 2 640 min 减小到压力最高点的 762 min，缩短为原来的 0.289 倍。BLS1～3 mm 煤样由低压下的 19 632 min 减小到压力最高点的 4 332 min，缩短为原来的 0.22 倍。BLS3～4 mm 煤样由低压下的24 853 min减小到压力最高点的 5 096 min，缩短为原来的 0.205 倍。综上所述，随压力增大，吸附平衡时间减小幅度随粒径增大基本呈减小趋势，减小幅度介于0.488～0.189 之间。

随粒径增大，吸附平衡时间由低压下<0.01 mm 的 129 min，增大到 3～4 mm的 24 853 min，吸附平衡时间最大值是最小值的 192.66 倍，吸附平衡时间由最高压力点下<0.01 mm 的 63 min，增大到 3～4 mm 的 5 096 min，吸附平衡时间最大值是最小值的 80.89 倍，低压力点的增长倍数介于 1.07～192.66 之间，最高点的增长倍数介于 2.02～80.89 之间。

由上述分析可知，所有粒径煤样吸附平衡时间均随压力增大而减小，这与4.4.8节的结论一致，随着粒径的增大，吸附平衡时间越长，可达到几天甚至十几天，这与张力等[199]及李小彦等[247]的实验结果一致。这是因为粒径越大，煤样扩散路径变长，这与 4.4.4 节结论一致。为观察吸附平衡时间随粒径及吸附平衡压力变化关系，对不同粒径条件下的吸附平衡时间 t_p 对吸附平衡压力 p 进行作图，得到图 6-7。

通过对图 6-7 中的数据进行拟合，发现不同粒径煤样吸附平衡时间 t_p 随压力 p 的变化关系符合公式(6-7)：

$$t_p = a_p \cdot p^{b_p} \tag{6-7}$$

表 6-6 所示为不同粒径条件下煤样吸附平衡时间 t_p 随压力 p 的变化关系参数。

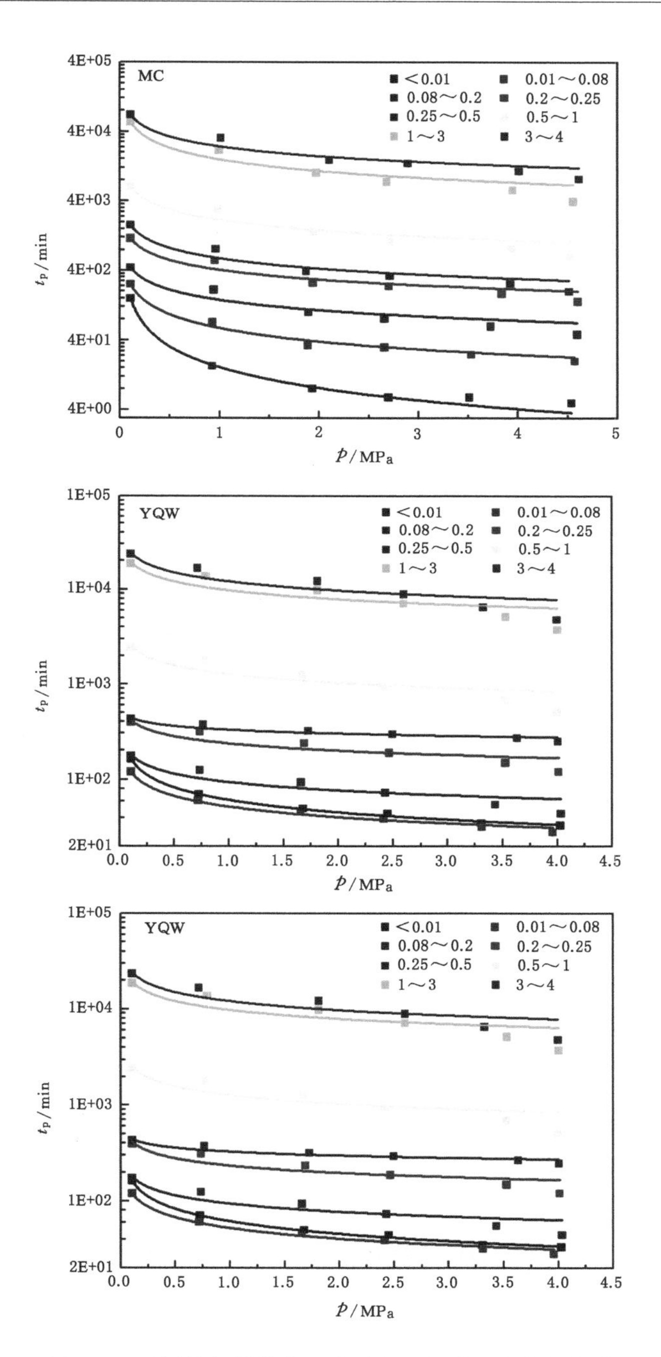

图 6-7 不同粒径煤样的吸附平衡时间随压力的变化关系

表 6-6 吸附平衡时间与压力变化关系参数

粒径 D /mm	MC			YQW			BLS		
	a_p	b_p	R^2	a_p	b_p	R^2	a_p	b_p	R^2
<0.01	16.356	−0.996	0.999	61.507	−0.432	0.999	84.391	−0.201	0.919
0.01～0.08	60.210	−0.633	0.996	52.204	−0.368	0.995	90.261	−0.209	0.782
0.08～0.2	150.442	−0.479	0.953	94.550	−0.288	0.879	109.256	−0.294	0.884
0.2～0.25	410.340	−0.464	0.958	236.830	−0.244	0.833	292.539	−0.383	0.878
0.25～0.5	602.630	−0.488	0.963	328.419	−0.129	0.885	583.706	−0.249	0.871
0.5～1	2 156.840	−0.486	0.944	1 284.150	−0.305	0.826	1 509.866	−0.244	0.828
1～3	15 820.360	−0.551	0.970	9 797.760	−0.303	0.817	10 562.318	−0.289	0.860
3～4	24 409.770	−0.465	0.961	12 117.700	−0.311	0.857	13 175.380	−0.297	0.842

由表 6-6 可知，吸附平衡时间与压力拟合关系参数基本都在 0.8 以上，说明二者相关关系很好，且随着压力增大，吸附平衡时间减小幅度逐渐变缓，即压力对吸附平衡时间影响越小，而这也与 4.4.8 小节的结论一致。由二者参量变化关系可看出，随着粒径增大，a_p 迅速增加，且增加幅度加快，而 a_p 主要体现吸附平衡时间大小，这表明吸附平衡时间随着粒径增大增加幅度急剧增大，扩散路径对吸附平衡时间的影响逐渐随粒径增大而急剧增加，这与 4.4.4 结小节论一致。

6.2.5 煤与甲烷表面张力随粒径变化规律

煤壁与甲烷分子间作用力与煤的比表面积越大，煤体表面张力越大，煤吸附气体的能力也越大，即 a，b 越大。煤吸附甲烷气体后会使煤体表面张力减小，据表面物理化学原理，煤体表面超量与表面张力减小量可分别表示为：

$$\Gamma = \frac{Q}{VS} \tag{6-8}$$

$$\gamma = \gamma_0 - \gamma_s = -\int_0^p \Gamma RTd\ln p \tag{6-9}$$

式中 Γ——煤壁表面甲烷物质的量浓度与煤孔内物质的量浓度之差，即表面超量，mol/m²；

γ——煤表面张力减小量，N/m；

γ_0——煤体未吸附瓦斯时，即煤处于真空状态时的表面张力，N/m；

γ_s——煤壁吸附瓦斯后的表面张力，N/m；

R——通用气体常数，R=8.314 3 J/(mol·K)；

T——绝对温度，K。

式(6-1)代入式(6-9)得：

$$\gamma = \frac{RT}{VS}\int_0^p \frac{abp}{1+bp}\frac{1}{p}\mathrm{d}p = -\frac{aRT\ln(1+bp)}{VS} \tag{6-10}$$

由极限吸附量 a 计算出的煤比表面积为：

$$S = aAN/V \tag{6-11}$$

式中 S——煤的比表面积，m^2/g；

A——气体分子吸附截面积，m^2；

N——阿伏伽德罗常数，$N=6.02\times10^{23}\ mol^{-1}$；

V——摩尔体积，$V=22.4\times10^{-3}\ m^3/mol$。

将式(6-11)代入式(6-10)得：

$$\gamma = \frac{RT\ln(1+bp)}{AN} \tag{6-12}$$

由式(6-12)可知在甲烷气体分子截面积 A 一定时，煤表面张力减小量随体系的热力参数 T、吸附平衡压力 p、压力吸附常数 b 增大而增大，即在热力学温度 T 及煤样确定情况下(b 值确定)，瓦斯吸附平衡压力越大，表面张力减小量越接近煤样真空状态的表面张力，故本书在实验中取对应吸附实验压力最高值作为煤样真空状态表面张力。取甲烷标况下的表面张力为 15.8 $mN\cdot m^{-1}$，假设吸附了甲烷的煤壁表面张力变为零，则该部分煤壁不会再对甲烷分子起吸附作用，此时，煤与甲烷吸附界面处的表面张力采用调和平均值表示，结果如表 6-7所示。

表 6-7 不同粒径煤样与甲烷界面张力

粒径 D /mm	CH_4 表面张力/(mN/m)	煤样真空状态表面张力/(mN/m)			煤与甲烷界面张力/(mN/m)		
		MC	YQW	BLS	MC	YQW	BLS
<0.01	15.800	31.000	51.207	45.325	10.466	12.074	11.716
0.01～0.08	15.800	30.800	53.858	44.547	10.444	12.216	11.663
0.08～0.2	15.800	31.440	50.725	43.989	10.515	12.047	11.625
0.2～0.25	15.800	31.815	50.417	43.583	10.557	12.030	11.596
0.25～0.5	15.800	31.401	50.145	42.932	10.511	12.014	11.550
0.5～1	15.800	31.432	49.796	42.817	10.515	11.994	11.541
1～3	15.800	30.761	49.761	41.762	10.438	11.992	11.463
3～4	15.800	29.194	49.082	41.509	10.252	11.952	11.444

由表 6-7 中的数据可看出，阳泉五矿煤样界面张力最大，在 12 mN/m 左右，其次为白龙山矿煤样，在 11.6 mN/m 左右，马场矿煤样的最小，在 10.5 mN/m 左右。

6.3 微观运移模型在瓦斯吸附/解吸等温线中的应用

煤在破碎过程中，其比表面积、孔容、孔道等孔隙特征均发生变化，而这些变化会进一步引起瓦斯吸附/解吸性能的改变，这对研究煤与瓦斯突出具有重要意义。

6.3.1 密度调和因子的估算

本节应用 4.3.2 小节煤样孔内瓦斯理论公式，结合 3.6 节单颗粒煤样孔长特征，可得到给定压力及密度调和因子 $k=1$ 时，单颗粒煤样孔半径 r_i 对应煤样孔内瓦斯理论吸附平衡量，再乘以表 3-11 中对应克煤颗粒数 N_g，即可得到煤样孔半径 r 对应吸附层和半游离相内克煤瓦斯理论吸附平衡量，分别用 $Q_{ag}(r)$和 $Q_{yg}(r)$表示，结果如图 6-8、图 6-9 和图 6-10 所示。

由图 6-8、图 6-9、图 6-10 可知，马场矿煤样孔半径 r_i 对应吸附层内克煤瓦斯吸附量介于 1.5×10^{-4}～0.11 mL/g 之间，半游离相内瓦斯量逐渐由低压力点下的 5×10^{-6}～0.05 mL/g 增加到高压力点下的 2×10^{-4}～0.1 mL/g。阳泉五矿煤样孔半径 r_i 对应吸附层内克煤瓦斯吸附量介于 1.5×10^{-4}～0.1 mL/g 之间，半游离相内瓦斯量逐渐由低压力点下的 8×10^{-7}～0.1 mL/g 增加到高压力点下的 5×10^{-5}～5 mL/g。白龙山矿煤样孔半径 r_i 对应吸附层内克煤瓦斯吸附量介于 2.5×10^{-4}～0.15 mL/g 之间，半游离相内瓦斯量逐渐由低压力点下的 8×10^{-7}～0.1 mL/g 增加到高压力点下的 6×10^{-5}～6 mL/g。

由上述煤样孔内克煤瓦斯量的变化范围发现，其与煤样实际吸附量数量级一致。由于在实际煤颗粒中，煤样孔内瓦斯量与煤样孔半径及对应总孔长均有关系，故煤样孔瓦斯量随孔半径变化关系没有统一规律。由第 4 章煤样孔内瓦斯计算理论可知，比表面积越大，孔容越大，煤样孔内瓦斯量越大。随着压力增大，煤样孔吸附层内瓦斯量随着压力增大的增加幅度不明显，这是因为煤样孔吸附层内瓦斯吸附量主要取决于煤表面吸附位及煤样孔半径，而压力只决定吸附位，煤样孔总吸附位是一定的，只是随着压力增大，瓦斯在煤壁表面密集程度有所增加，但限于煤表面吸附位一定的情况，吸附层内瓦斯随压力增加不明显，且增加幅度逐渐减小。游离相瓦斯随着压力的增大，煤样孔内游离相瓦斯急剧增加，这是因为游离相内瓦斯量取决于煤样孔内瓦斯压力及游离相孔容，而游离相

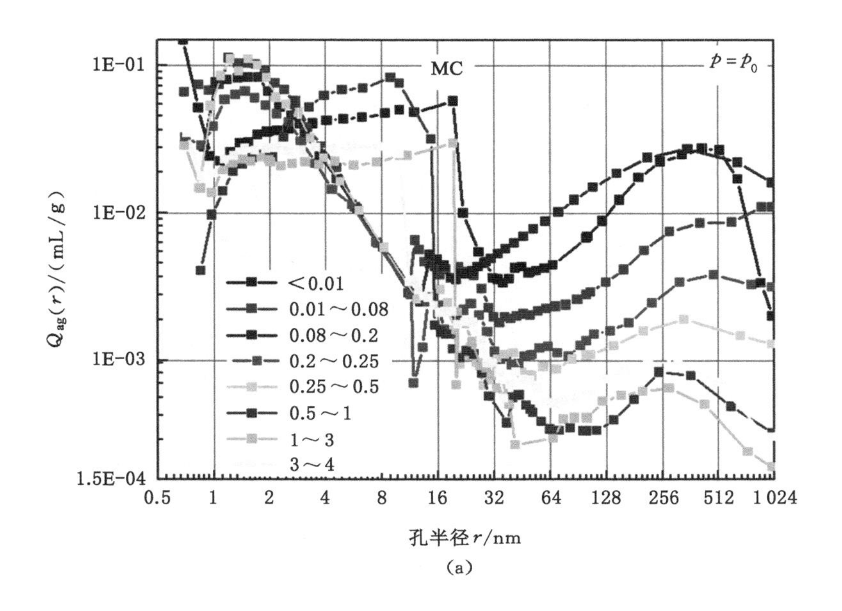

(a)

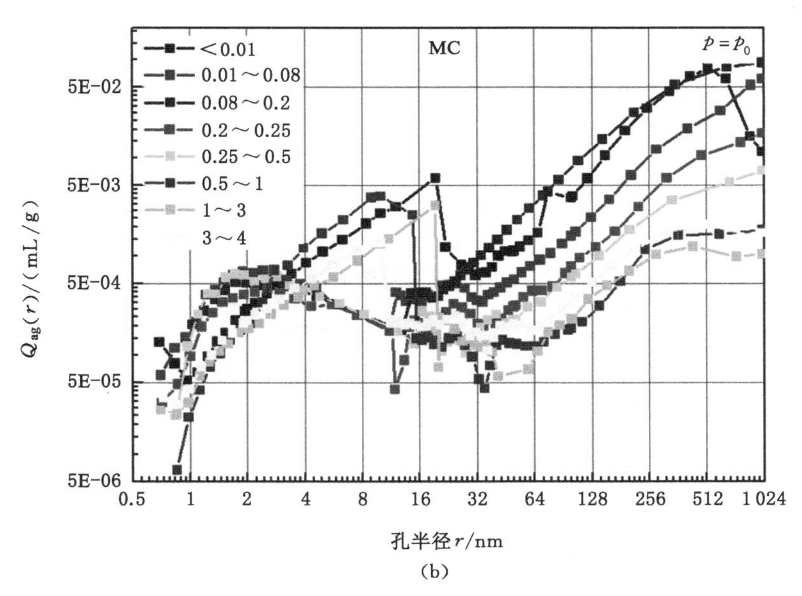

(b)

图 6-8　马场矿不同粒径煤样克煤各孔半径内瓦斯理论吸附量

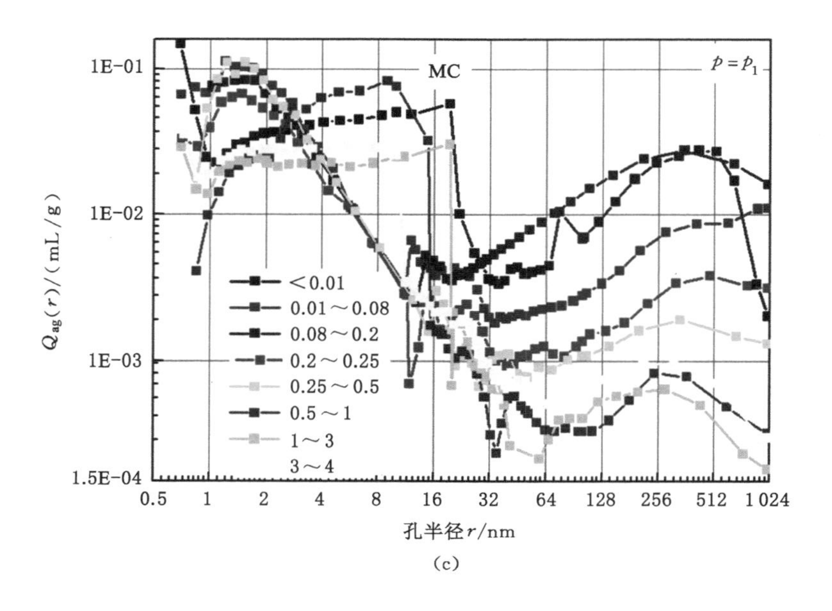
MC
$p=p_1$
<0.01
0.01～0.08
0.08～0.2
0.2～0.25
0.25～0.5
0.5～1
1～3
3～4
1E-01
1E-02
1E-03
1.5E-04
$Q_{ag}(r)$/(mL/g)
0.5
1
2
4
8
16
32
64
128
256
512
1 024
孔半径r/nm

(c)

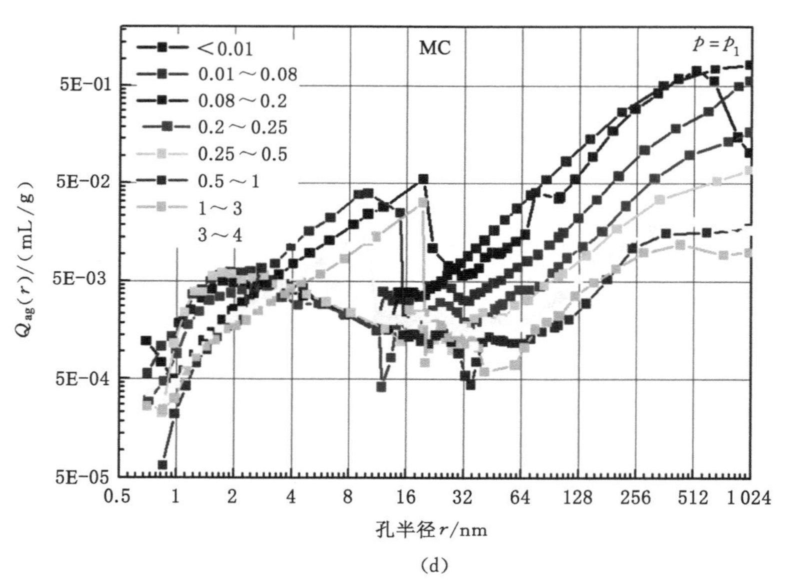
MC
$p=p_1$
<0.01
0.01～0.08
0.08～0.2
0.2～0.25
0.25～0.5
0.5～1
1～3
3～4
5E-01
5E-02
5E-03
5E-04
5E-05
$Q_{ag}(r)$/(mL/g)
0.5
1
2
4
8
16
32
64
128
256
512
1 024
孔半径r/nm

(d)

图 6-8(续)

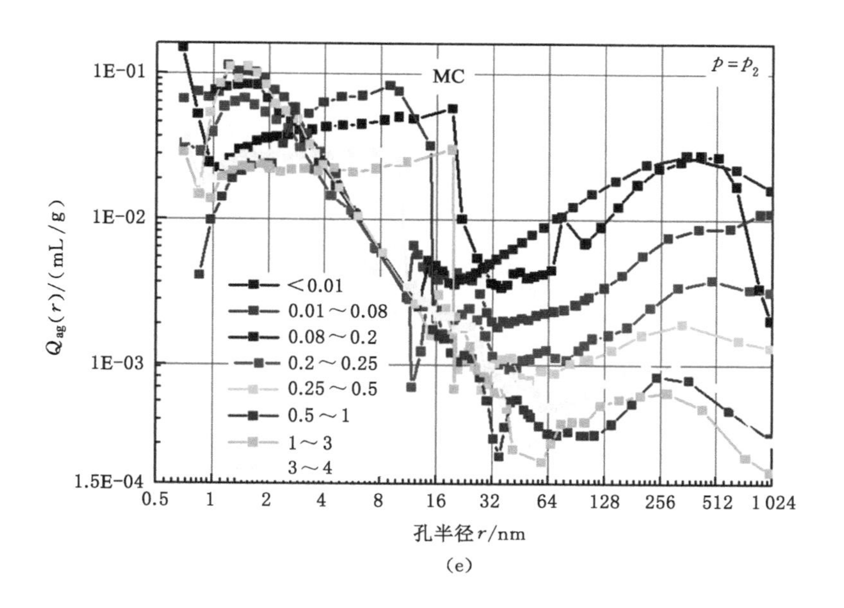
MC
$p=p_2$
1E-01
1E-02
1E-03
1.5E-04
$Q_{ag}(r)/(\mathrm{mL/g})$
<0.01
0.01~0.08
0.08~0.2
0.2~0.25
0.25~0.5
0.5~1
1~3
3~4
0.5
1
2
4
8
16
32
64
128
256
512
1 024
孔半径 r/nm

(e)

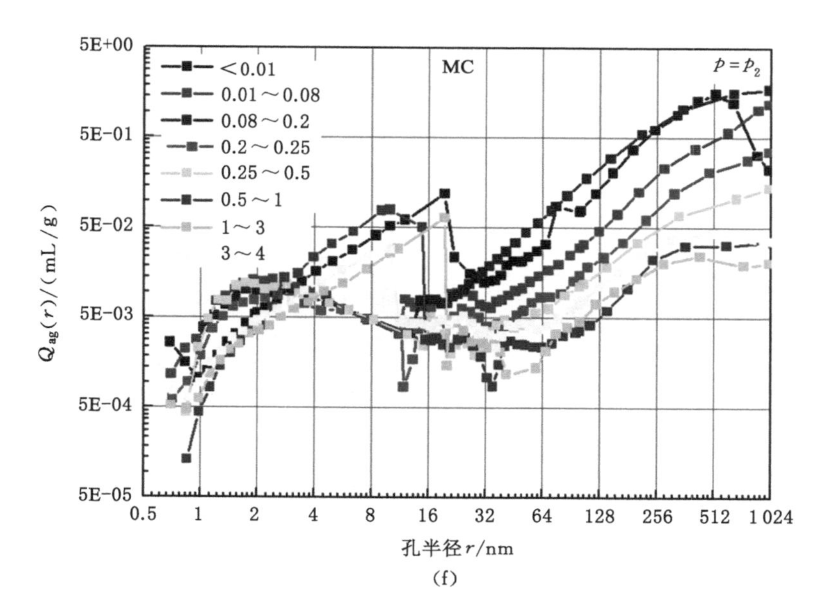
MC
$p=p_2$
5E+00
5E-01
5E-02
5E-03
5E-04
5E-05
$Q_{ag}(r)/(\mathrm{mL/g})$
<0.01
0.01~0.08
0.08~0.2
0.2~0.25
0.25~0.5
0.5~1
1~3
3~4
0.5
1
2
4
8
16
32
64
128
256
512
1 024
孔半径 r/nm

(f)

图 6-8(续)

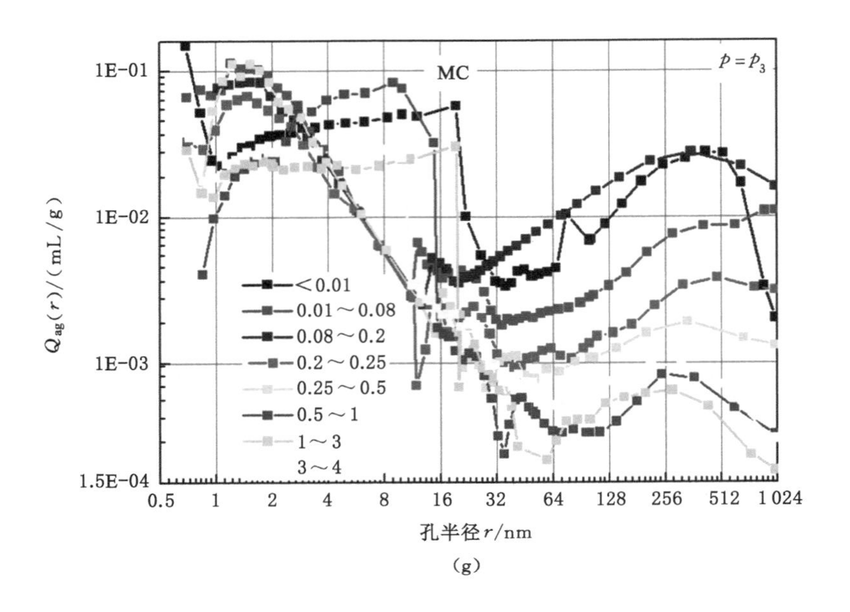
MC
$p=p_3$
1E-01
1E-02
1E-03
1.5E-04
$Q_{ag}(r)/(\mathrm{mL/g})$
<0.01
0.01～0.08
0.08～0.2
0.2～0.25
0.25～0.5
0.5～1
1～3
3～4
0.5
1
2
4
8
16
32
64
128
256
512
1 024
孔半径r/nm
(g)

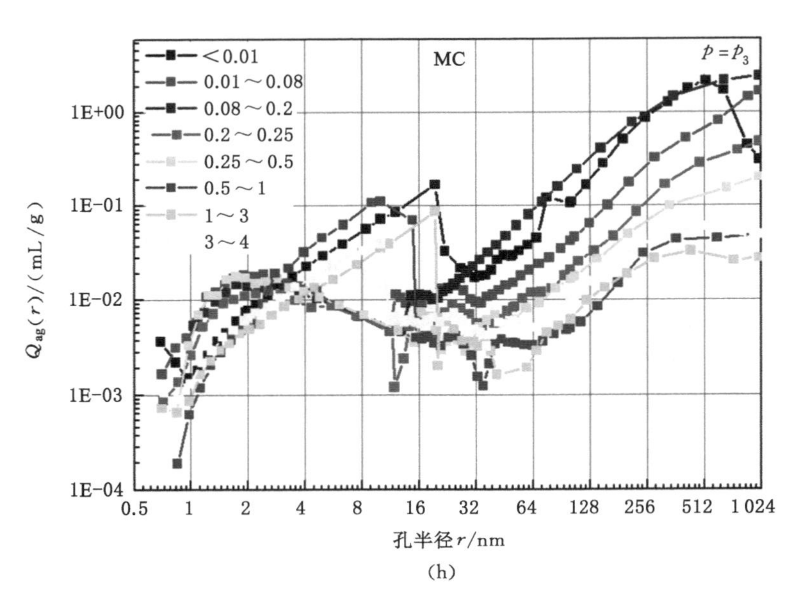
MC
$p=p_3$
1E+00
1E-01
1E-02
1E-03
1E-04
$Q_{ag}(r)/(\mathrm{mL/g})$
<0.01
0.01～0.08
0.08～0.2
0.2～0.25
0.25～0.5
0.5～1
1～3
3～4
0.5
1
2
4
8
16
32
64
128
256
512
1 024
孔半径r/nm
(h)

图 6-8(续)

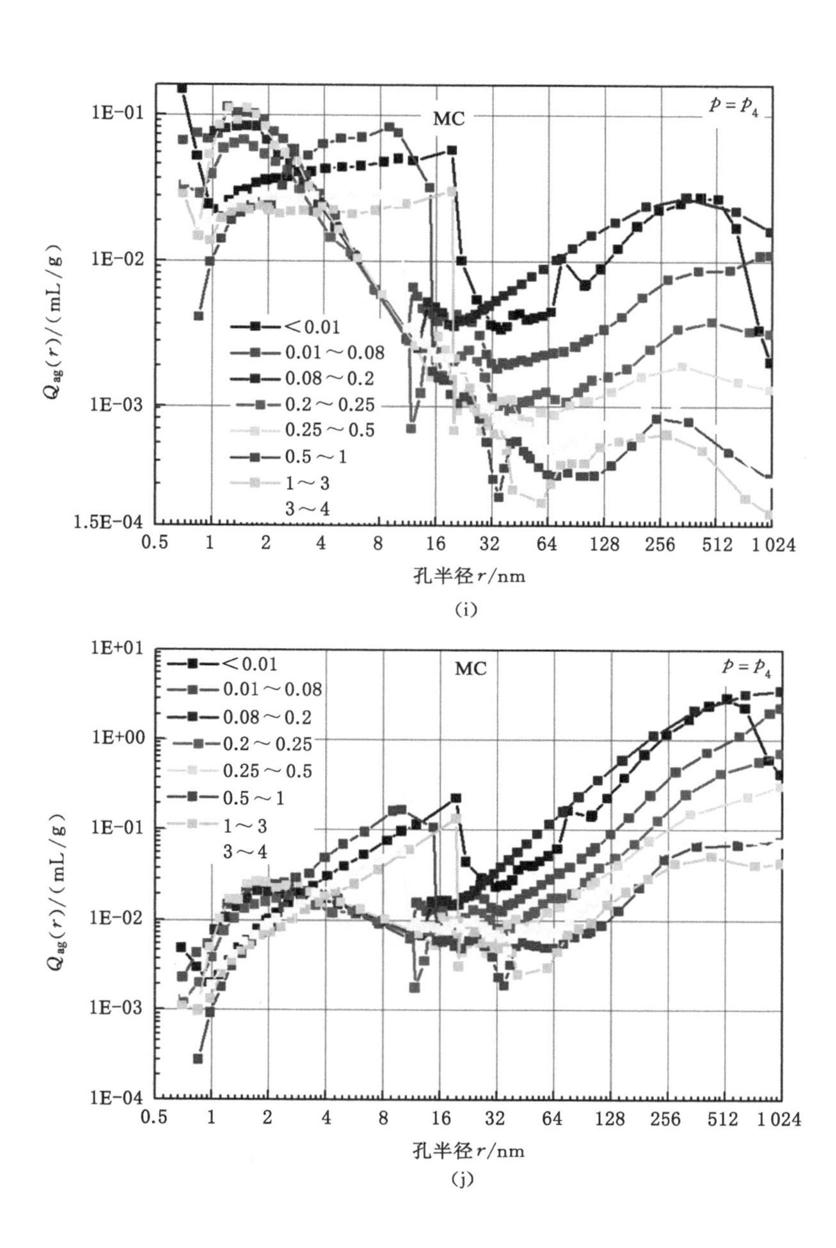
1E-01
1E-02
1E-03
1.5E-04
MC
$p=p_4$
—■—<0.01
—■—0.01～0.08
—■—0.08～0.2
—■—0.2～0.25
—■—0.25～0.5
—■—0.5～1
—■—1～3
3～4
$Q_{ag}(r)/(\mathrm{mL/g})$
0.5
1
2
4
8
16
32
64
128
256
512
1 024
孔半径 r/nm

(i)

1E+01
1E+00
1E-01
1E-02
1E-03
1E-04
MC
$p=p_4$
—■—<0.01
—■—0.01～0.08
—■—0.08～0.2
—■—0.2～0.25
—■—0.25～0.5
—■—0.5～1
—■—1～3
3～4
$Q_{ag}(r)/(\mathrm{mL/g})$
0.5
1
2
4
8
16
32
64
128
256
512
1 024
孔半径 r/nm

(j)

图 6-8(续)

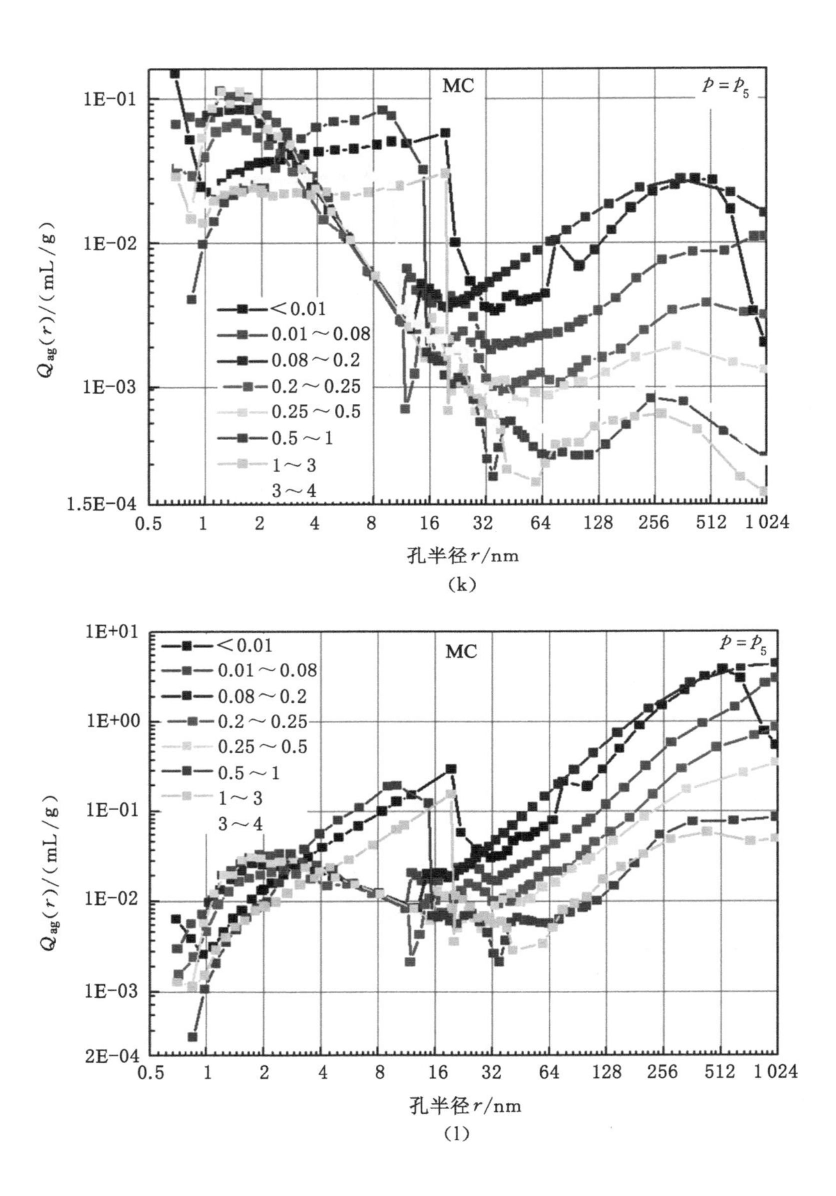
MC
$p=p_5$
1E-01
1E-02
1E-03
1.5E-04
$Q_{ag}(r)/(mL/g)$
<0.01
0.01～0.08
0.08～0.2
0.2～0.25
0.25～0.5
0.5～1
1～3
3～4
0.5 1 2 4 8 16 32 64 128 256 512 1 024
孔半径 r/nm
MC
$p=p_5$
1E+01
1E+00
1E-01
1E-02
1E-03
2E-04
$Q_{ag}(r)/(mL/g)$
<0.01
0.01～0.08
0.08～0.2
0.2～0.25
0.25～0.5
0.5～1
1～3
3～4
0.5 1 2 4 8 16 32 64 128 256 512 1 024
孔半径 r/nm

(k)

(l)

图 6-8(续)

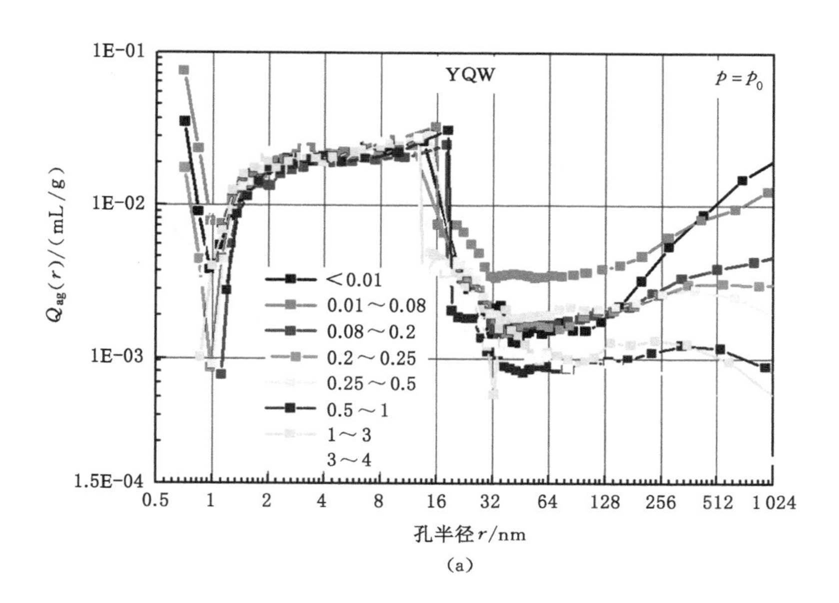

(a)

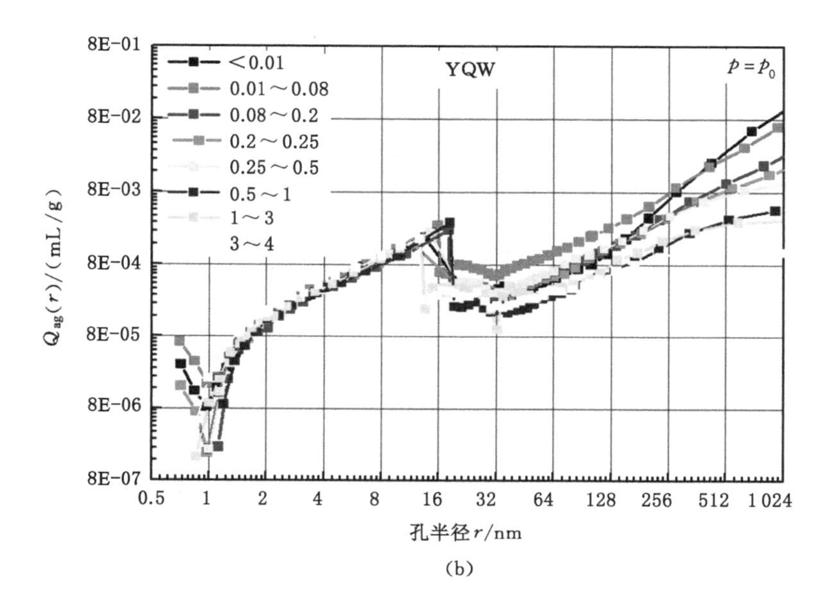

(b)

图 6-9　阳泉五矿不同粒径煤样克煤各孔半径内瓦斯理论吸附量

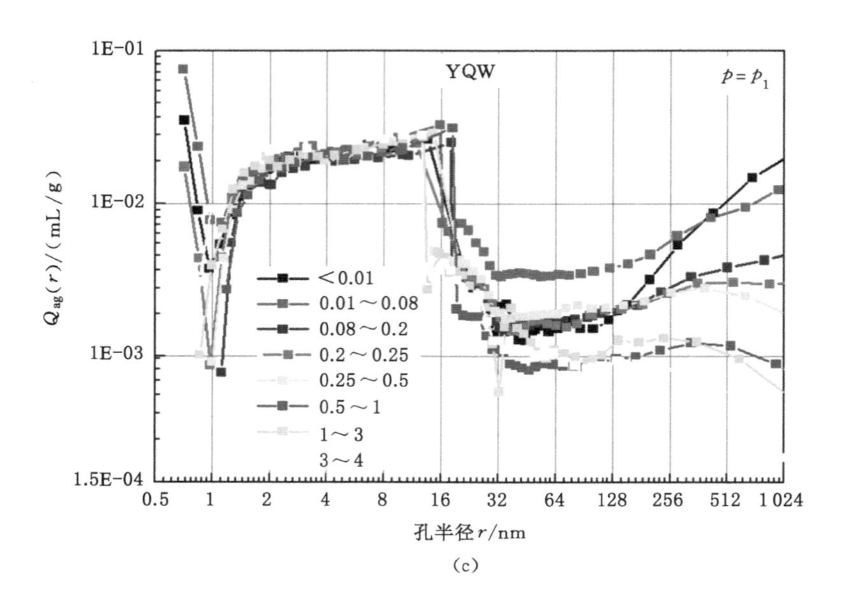
YQW
$p=p_1$
1E-01
1E-02
1E-03
1.5E-04
$Q_{ag}(r)/(mL/g)$
<0.01
0.01～0.08
0.08～0.2
0.2～0.25
0.25～0.5
0.5～1
1～3
3～4
0.5
1
2
4
8
16
32
64
128
256
512
1 024
孔半径r/nm

(c)

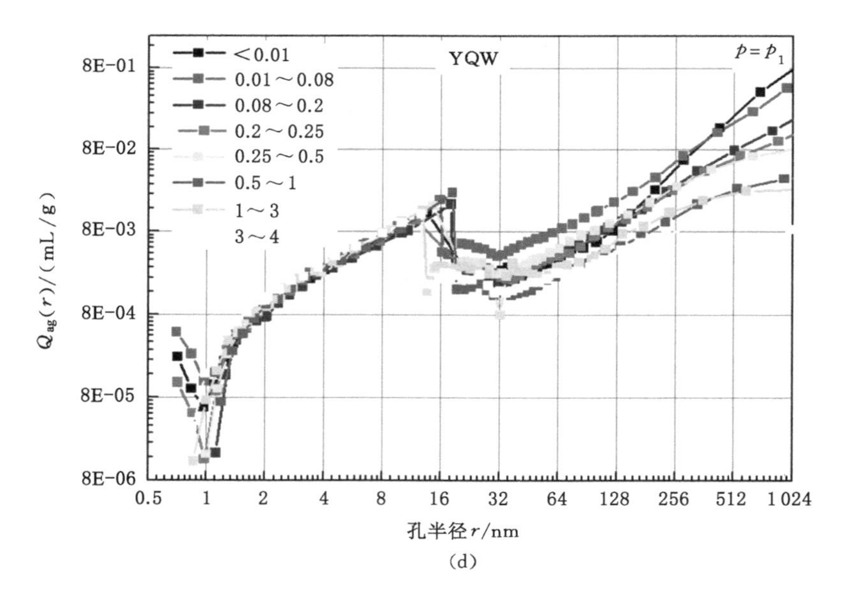
YQW
$p=p_1$
8E-01
8E-02
8E-03
8E-04
8E-05
8E-06
$Q_{ag}(r)/(mL/g)$
<0.01
0.01～0.08
0.08～0.2
0.2～0.25
0.25～0.5
0.5～1
1～3
3～4
0.5
1
2
4
8
16
32
64
128
256
512
1 024
孔半径r/nm

(d)

图 6-9(续)

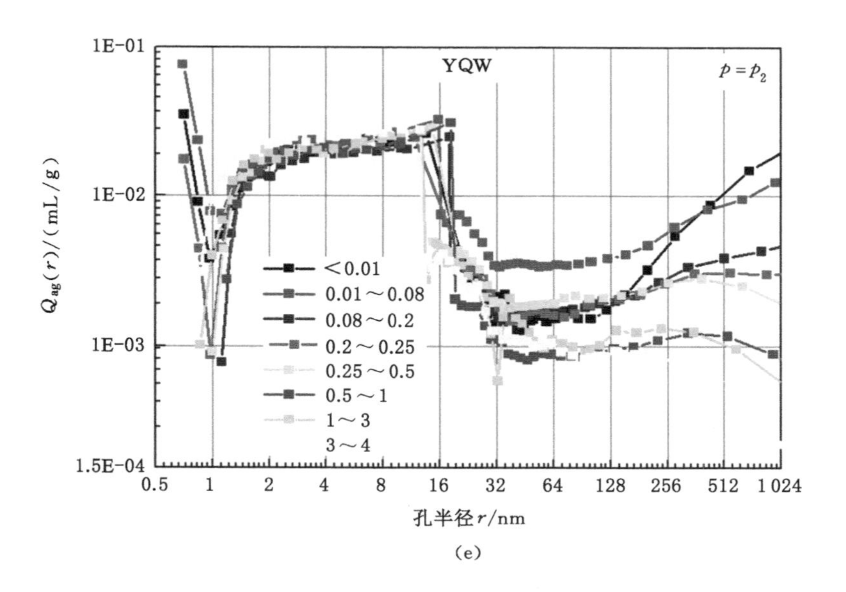
YQW
$p=p_2$
$Q_{ag}(r)/(mL/g)$
1E-01
1E-02
1E-03
1.5E-04
<0.01
0.01～0.08
0.08～0.2
0.2～0.25
0.25～0.5
0.5～1
1～3
3～4
0.5
1
2
4
8
16
32
64
128
256
512
1 024
孔半径 r/nm

(e)

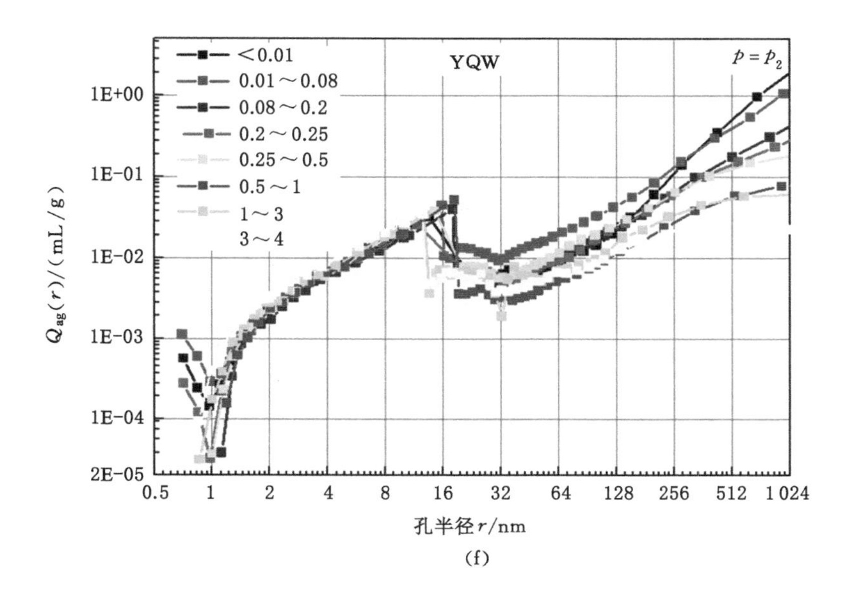
YQW
$p=p_2$
$Q_{ag}(r)/(mL/g)$
1E+00
1E-01
1E-02
1E-03
1E-04
2E-05
<0.01
0.01～0.08
0.08～0.2
0.2～0.25
0.25～0.5
0.5～1
1～3
3～4
0.5
1
2
4
8
16
32
64
128
256
512
1 024
孔半径 r/nm

(f)

图 6-9(续)

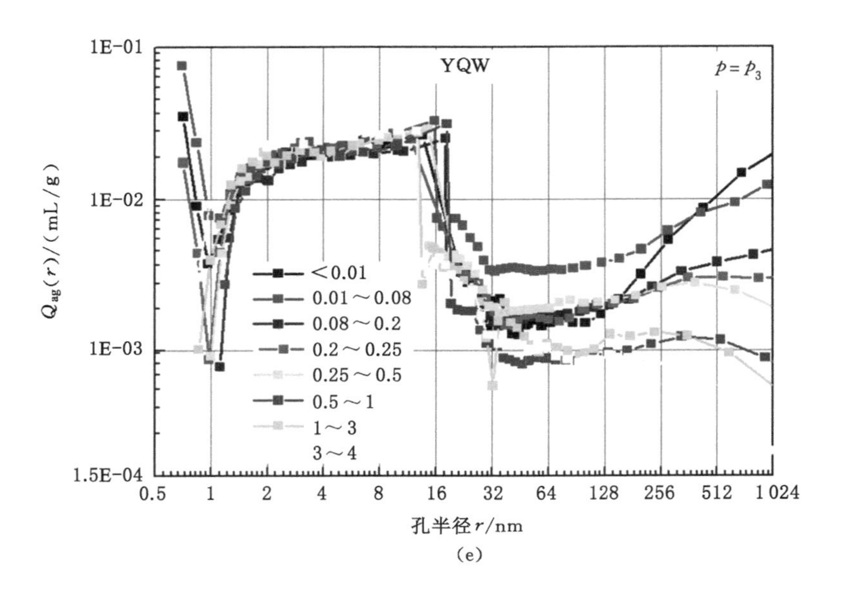

1E-01
1E-02
1E-03
1.5E-04
YQW
$p=p_3$
<0.01
0.01～0.08
0.08～0.2
0.2～0.25
0.25～0.5
0.5～1
1～3
3～4
0.5
1
2
4
8
16
32
64
128
256
512
1 024
$Q_{ag}(r)$/(mL/g)
孔半径r/nm

(e)

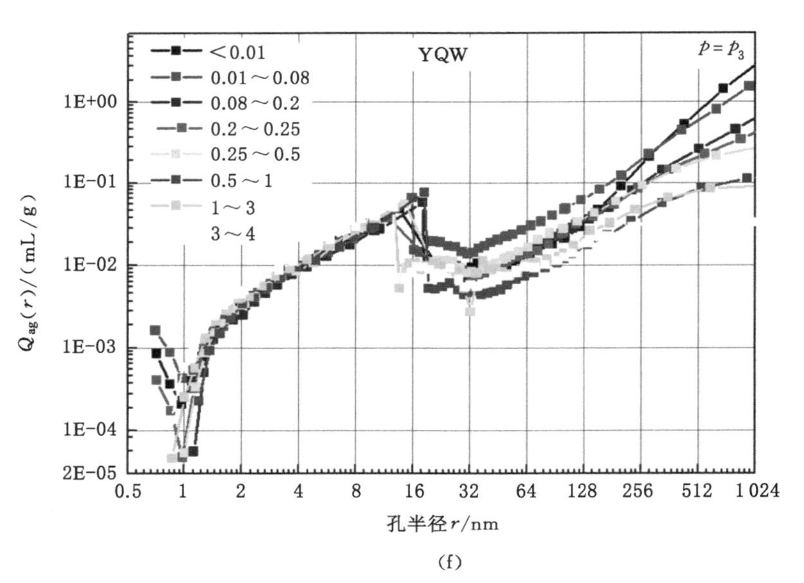

<0.01
0.01～0.08
0.08～0.2
0.2～0.25
0.25～0.5
0.5～1
1～3
3～4
YQW
$p=p_3$
1E+00
1E-01
1E-02
1E-03
1E-04
2E-05
0.5
1
2
4
8
16
32
64
128
256
512
1 024
$Q_{ag}(r)$/(mL/g)
孔半径r/nm

(f)

图 6-9(续)

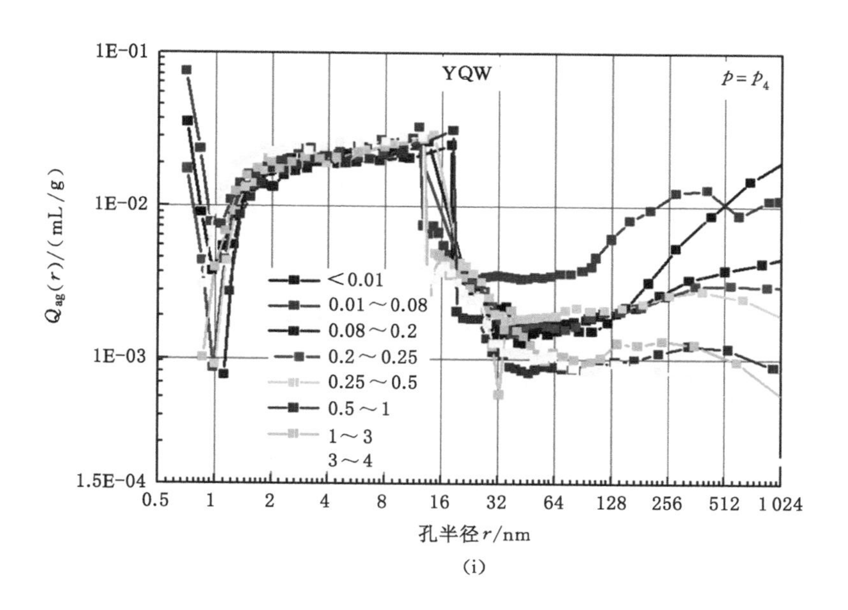
YQW
$p=p_4$
$Q_{ag}(r)/(\mathrm{mL/g})$
1E-01
1E-02
1E-03
1.5E-04
＜0.01
0.01～0.08
0.08～0.2
0.2～0.25
0.25～0.5
0.5～1
1～3
3～4
0.5
1
2
4
8
16
32
64
128
256
512
1 024
孔半径 r/nm

(i)

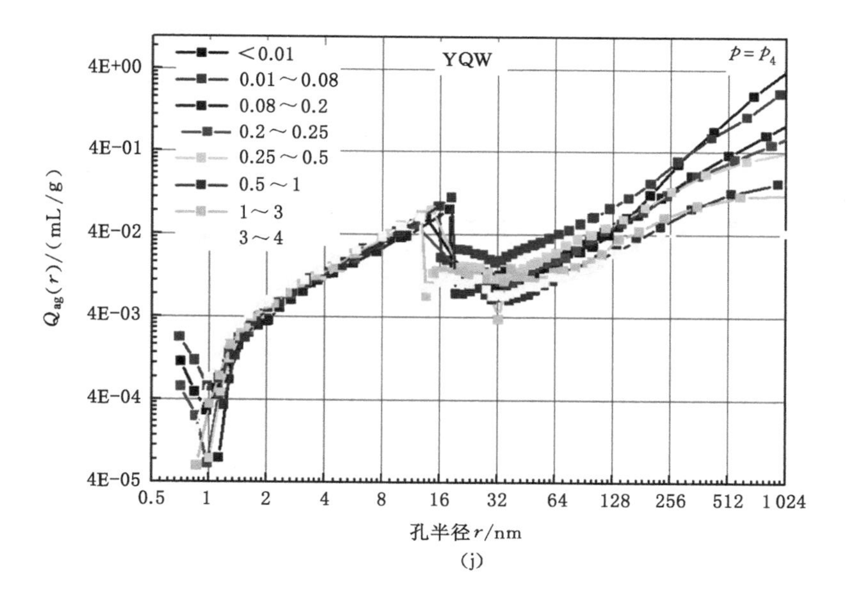
YQW
$p=p_4$
$Q_{ag}(r)/(\mathrm{mL/g})$
4E+00
4E-01
4E-02
4E-03
4E-04
4E-05
＜0.01
0.01～0.08
0.08～0.2
0.2～0.25
0.25～0.5
0.5～1
1～3
3～4
0.5
1
2
4
8
16
32
64
128
256
512
1 024
孔半径 r/nm

(j)

图 6-9(续)

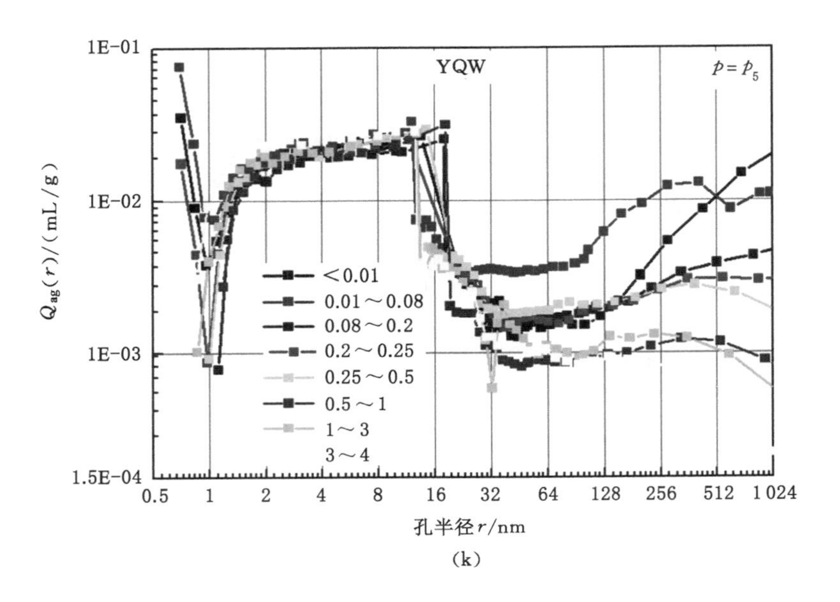
YQW
$p=p_5$
1E-01
1E-02
1E-03
1.5E-04
$Q_{ag}(r)/(\mathrm{mL/g})$
<0.01
0.01～0.08
0.08～0.2
0.2～0.25
0.25～0.5
0.5～1
1～3
3～4
0.5
1
2
4
8
16
32
64
128
256
512
1 024
孔半径 r/nm

(k)

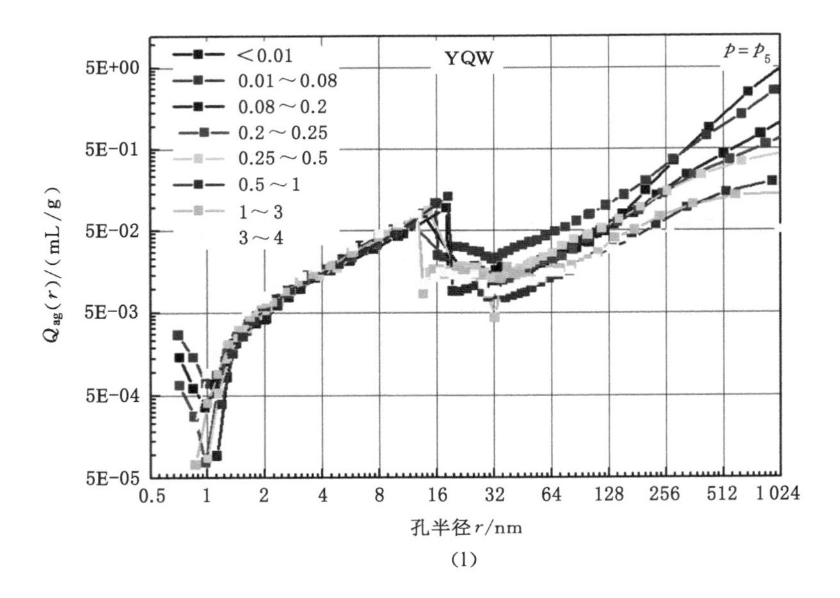
YQW
$p=p_5$
5E+00
5E-01
5E-02
5E-03
5E-04
5E-05
$Q_{ag}(r)/(\mathrm{mL/g})$
<0.01
0.01～0.08
0.08～0.2
0.2～0.25
0.25～0.5
0.5～1
1～3
3～4
0.5
1
2
4
8
16
32
64
128
256
512
1 024
孔半径 r/nm

(l)

图 6-9(续)

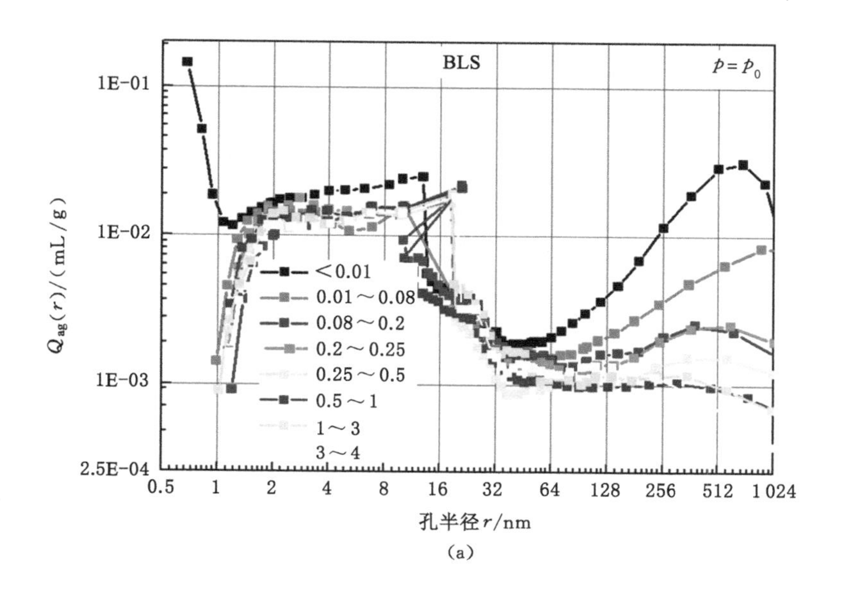

(a)

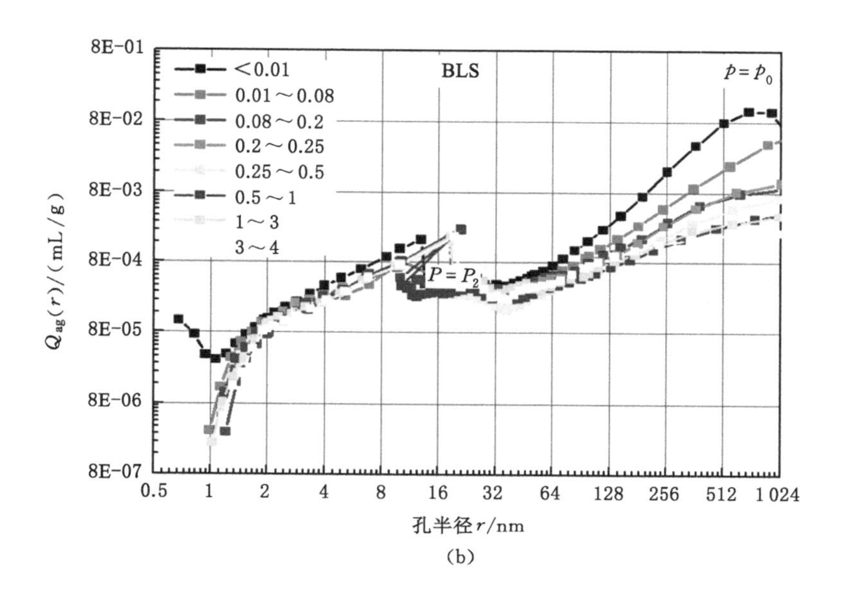

(b)

图 6-10 白龙山矿不同粒径煤样克煤各孔半径内瓦斯理论吸附量

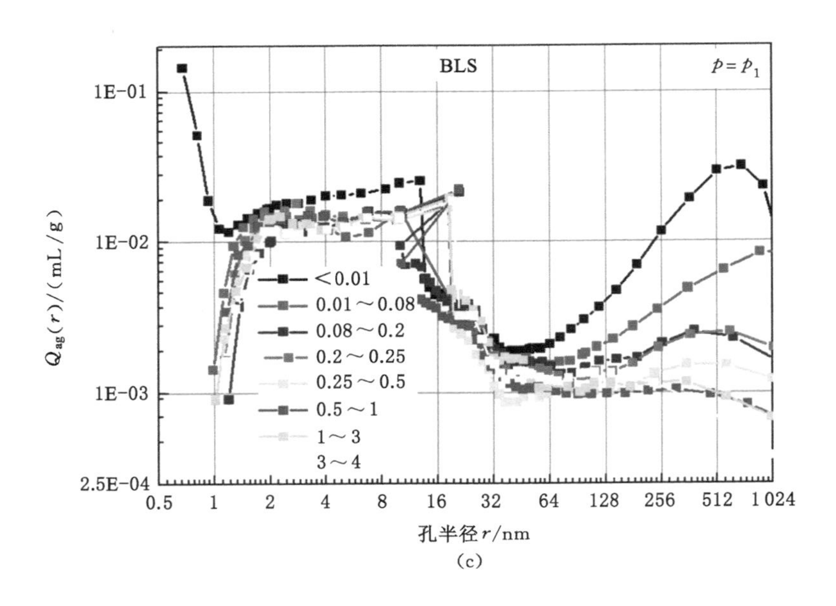
BLS
$p=p_1$
1E-01
1E-02
1E-03
2.5E-04
$Q_{ag}(r)/(mL/g)$
<0.01
0.01～0.08
0.08～0.2
0.2～0.25
0.25～0.5
0.5～1
1～3
3～4
0.5
1
2
4
8
16
32
64
128
256
512
1 024
孔半径 r/nm

(c)

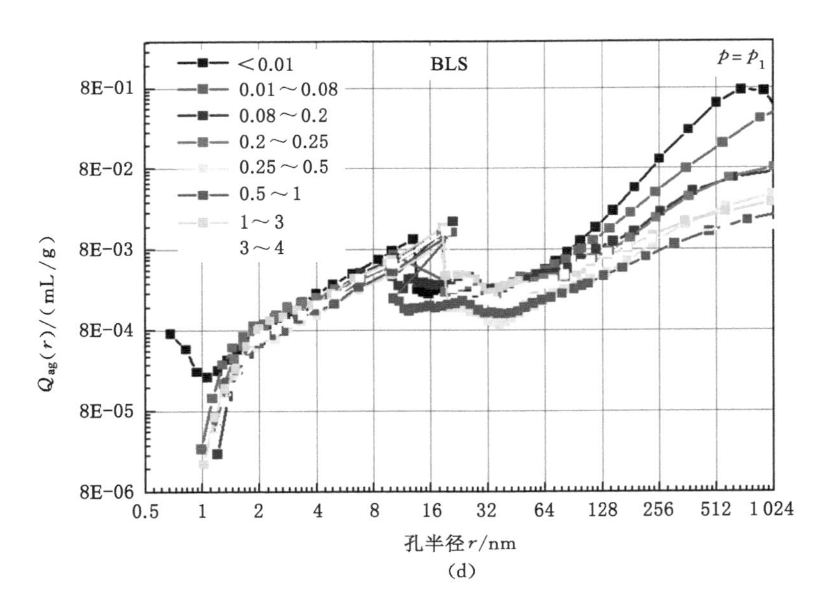
BLS
$p=p_1$
8E-01
8E-02
8E-03
8E-04
8E-05
8E-06
$Q_{ag}(r)/(mL/g)$
<0.01
0.01～0.08
0.08～0.2
0.2～0.25
0.25～0.5
0.5～1
1～3
3～4
0.5
1
2
4
8
16
32
64
128
256
512
1 024
孔半径 r/nm

(d)

图 6-10(续)

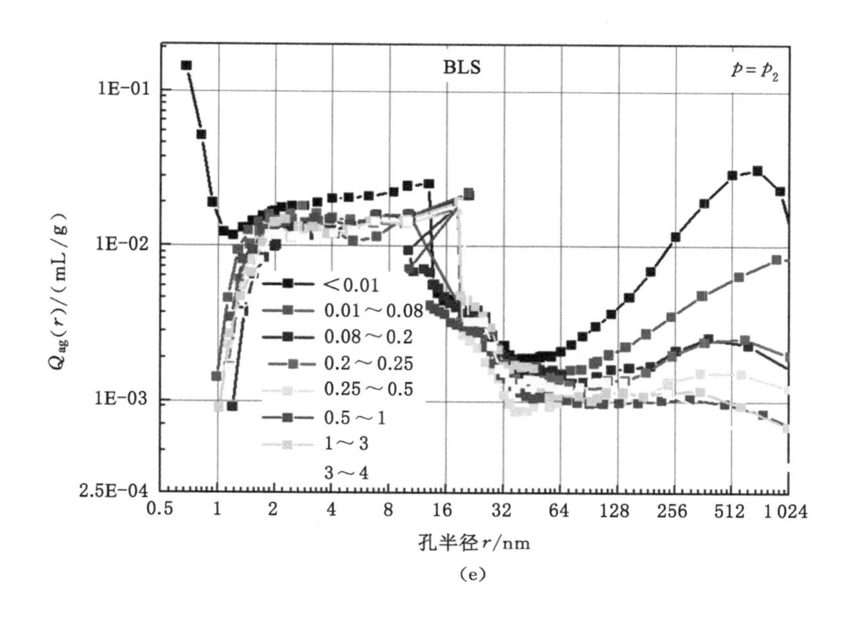
BLS
$p=p_2$
1E-01
1E-02
1E-03
2.5E-04
$Q_{ag}(r)$/(mL/g)
<0.01
0.01～0.08
0.08～0.2
0.2～0.25
0.25～0.5
0.5～1
1～3
3～4
0.5
1
2
4
8
16
32
64
128
256
512
1 024
孔半径 r/nm

(e)

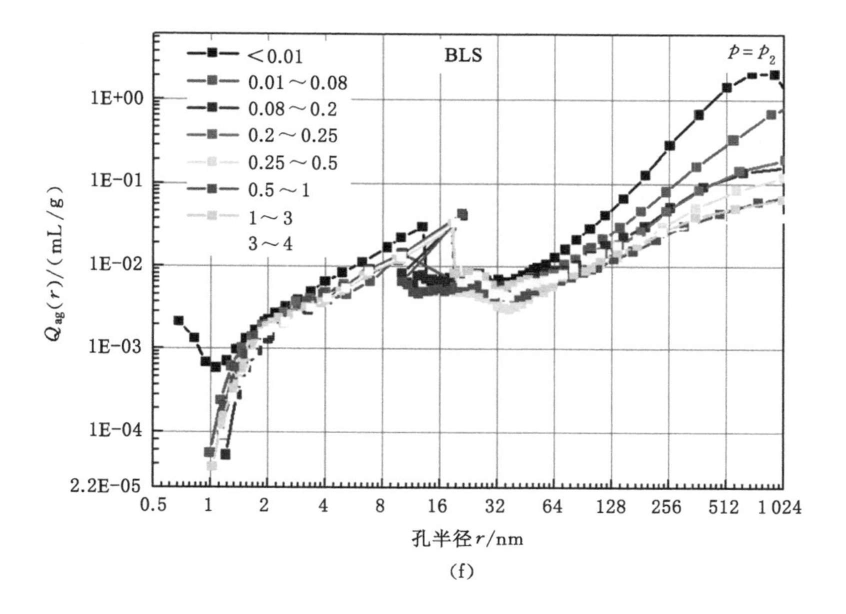
BLS
$p=p_2$
1E+00
1E-01
1E-02
1E-03
1E-04
2.2E-05
$Q_{ag}(r)$/(mL/g)
<0.01
0.01～0.08
0.08～0.2
0.2～0.25
0.25～0.5
0.5～1
1～3
3～4
0.5
1
2
4
8
16
32
64
128
256
512
1 024
孔半径 r/nm

(f)

图 6-10(续)

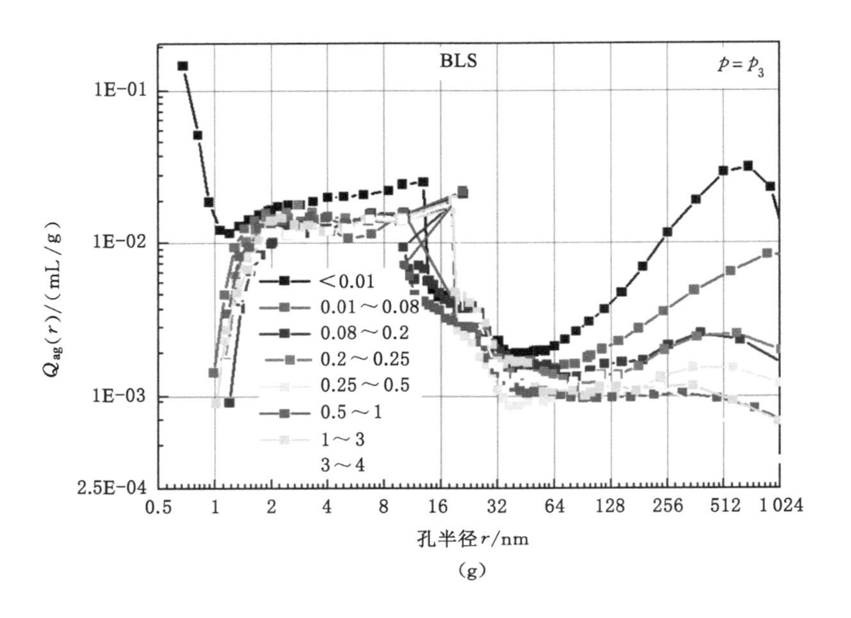
BLS
$p=p_3$
1E-01
1E-02
1E-03
2.5E-04
$Q_{ag}(r)/(mL/g)$
<0.01
0.01～0.08
0.08～0.2
0.2～0.25
0.25～0.5
0.5～1
1～3
3～4
0.5
1
2
4
8
16
32
64
128
256
512
1 024
孔半径 r/nm

(g)

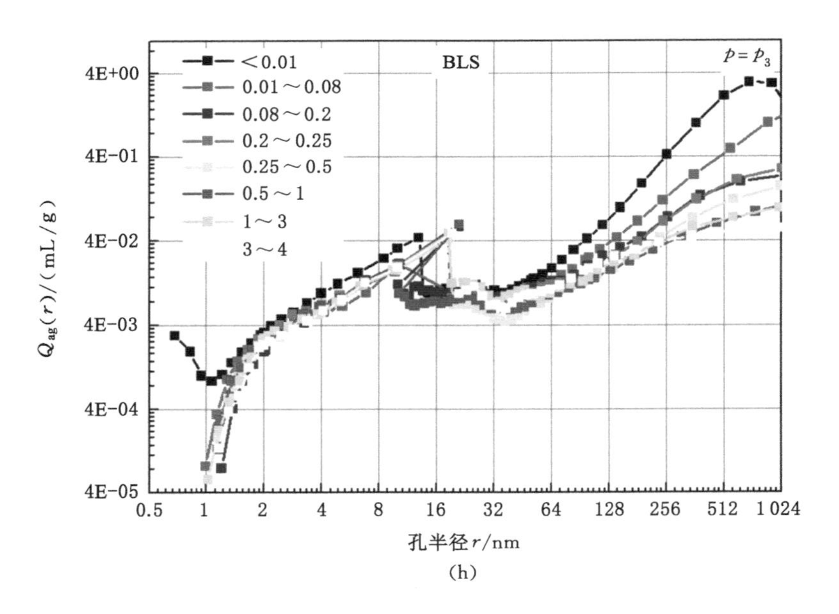
BLS
$p=p_3$
4E+00
4E-01
4E-02
4E-03
4E-04
4E-05
$Q_{ag}(r)/(mL/g)$
<0.01
0.01～0.08
0.08～0.2
0.2～0.25
0.25～0.5
0.5～1
1～3
3～4
0.5
1
2
4
8
16
32
64
128
256
512
1 024
孔半径 r/nm

(h)

图 6-10(续)

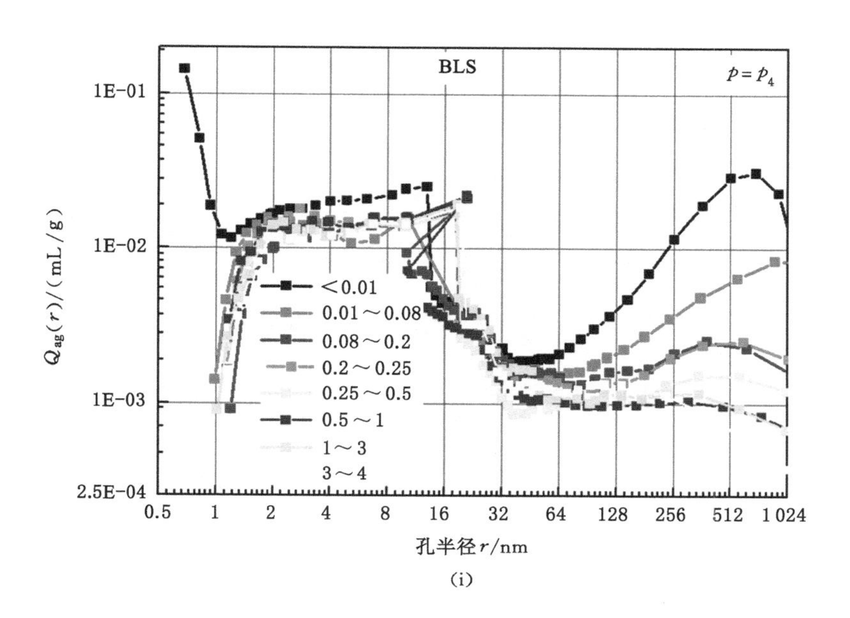
BLS
$p=p_4$
1E-01
1E-02
1E-03
2.5E-04
$Q_{ag}(r)/(\mathrm{mL/g})$
<0.01
0.01～0.08
0.08～0.2
0.2～0.25
0.25～0.5
0.5～1
1～3
3～4
0.5
1
2
4
8
16
32
64
128
256
512
1 024
孔半径r/nm

(i)

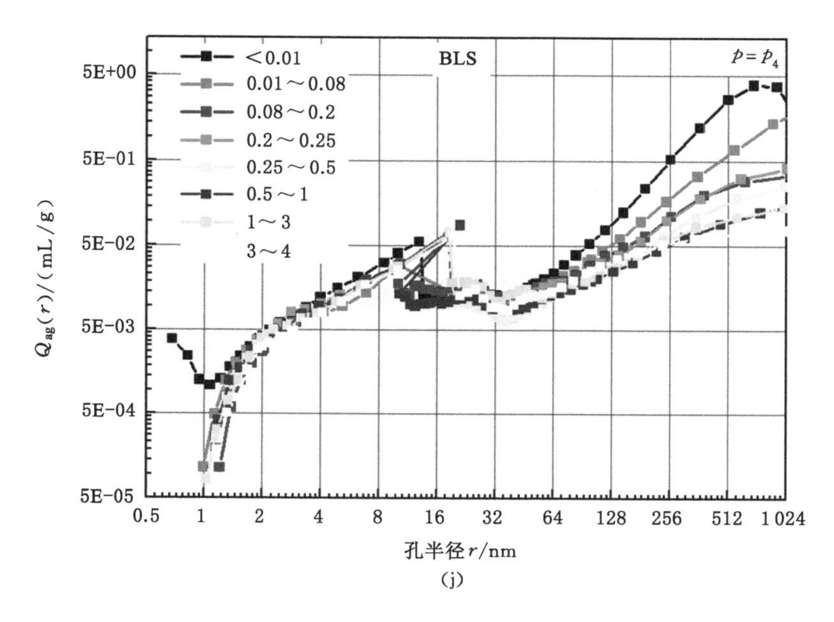
BLS
$p=p_4$
5E+00
5E-01
5E-02
5E-03
5E-04
5E-05
$Q_{ag}(r)/(\mathrm{mL/g})$
<0.01
0.01～0.08
0.08～0.2
0.2～0.25
0.25～0.5
0.5～1
1～3
3～4
0.5
1
2
4
8
16
32
64
128
256
512
1 024
孔半径r/nm

(j)

图 6-10(续)

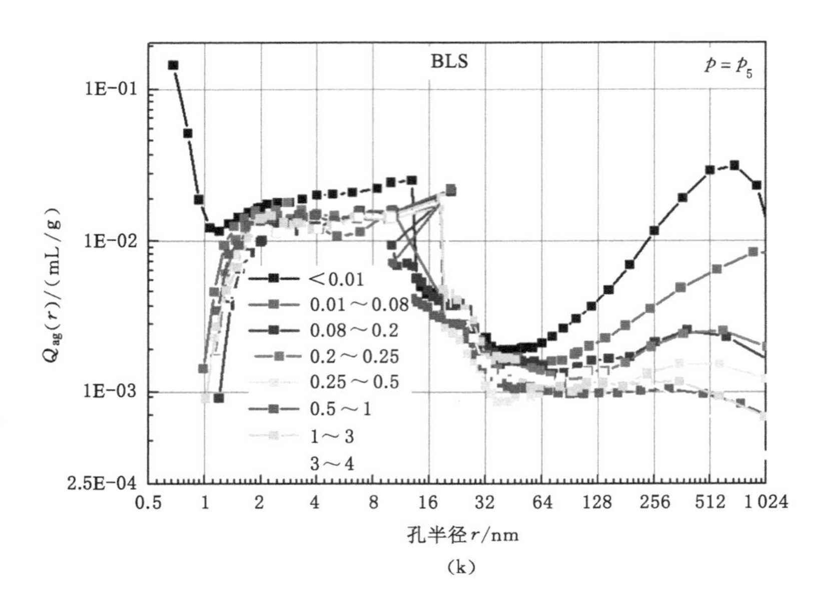
BLS
$p=p_5$
1E-01
1E-02
1E-03
2.5E-04
$Q_{ag}(r)$/(mL/g)
< 0.01
0.01～0.08
0.08～0.2
0.2～0.25
0.25～0.5
0.5～1
1～3
3～4
0.5
1
2
4
8
16
32
64
128
256
512
1 024
孔半径r/nm

(k)

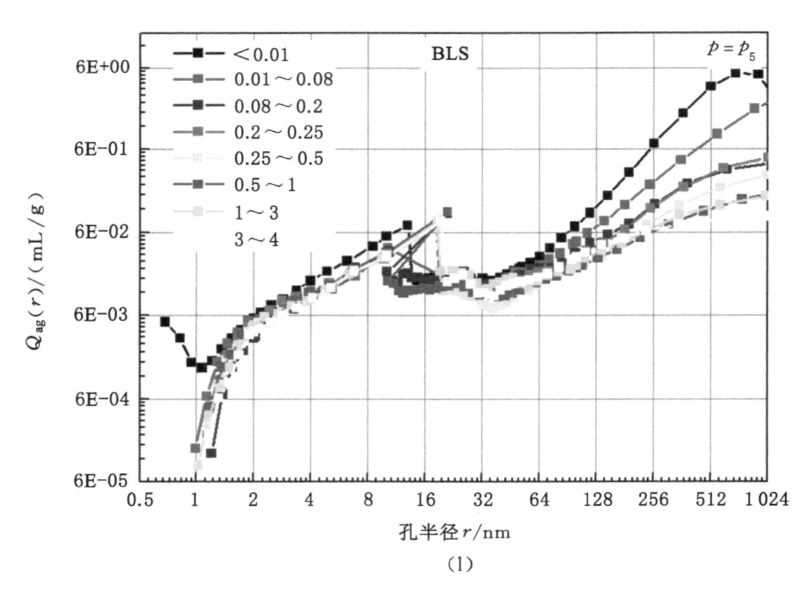
BLS
$p=p_5$
6E+00
6E-01
6E-02
6E-03
6E-04
6E-05
$Q_{ag}(r)$/(mL/g)
< 0.01
0.01～0.08
0.08～0.2
0.2～0.25
0.25～0.5
0.5～1
1～3
3～4
0.5
1
2
4
8
16
32
64
128
256
512
1 024
孔半径r/nm

(l)

图 6-10(续)

内瓦斯符合理想气体状态方程。在煤孔容一定的情况下，压力越大，煤样孔游离相内瓦斯量越多，这与4.4.7的理论结果一致。

由以上分析可知，随压力增大，煤样孔内瓦斯量逐渐增加。

由上述分析可知，煤样孔内瓦斯吸附量主要取决于煤表面吸附位、煤孔半径及对应孔长等。将图6-8、图6-9、图6-10中不同粒径煤样各压力点下小于1 000 nm孔内吸附层瓦斯量和游离相瓦斯量分别进行累加，得到各压力下小于1 000 nm孔内吸附层和游离相瓦斯总量 $Q_{<1\,000\text{ag}}(p)$ 和 $Q_{<1\,000\text{yg}}(p)$：

$$Q_{<1\,000\text{ag}}(p)=\sum_{i=1}^{n}Q_{\text{ag}}(r_i) \tag{6-13}$$

$$Q_{<1\,000\text{yg}}(p)=\sum_{i=1}^{n}Q_{\text{yg}}(r_i) \tag{6-14}$$

式中　$Q_{\text{ag}}(r_i)$——平衡压力为 p 时，孔半径 r_i（$<$1 000 nm）对应吸附层内克煤瓦斯量；

$Q_{\text{yg}}(r_i)$——平衡压力为 p 时，孔半径 r_i（$<$1 000 nm）对应半游离相克煤瓦斯量。

由于吸附层内瓦斯主要由煤比表面积与煤壁表面剩余张力决定，故煤壁所有表面均会吸附瓦斯，所以各压力点下理论克煤吸附层的瓦斯总量 $Q_{\text{Lag}}(p)$ 用 $Q_{<1\,000\text{ag}}(p)$ 除以小于1 000 nm孔比表面积百分比（$S_{<1\,000}/S_{\text{t}}$）获得。而游离相瓦斯主要由煤吸附平衡压力、孔容及密度调和因子决定，考虑到大于1 000 nm的孔的空间尺度为宏观孔，瓦斯在宏观孔内极易进出，故在实际计算中将这部分孔容计入死空间。假设密度调和因子不因孔半径的改变而变化，则游离相内瓦斯总量 $Q_{\text{Lyg}}(p)$ 是由 $Q_{<1\,000\text{yg}}(p)$ 除以密度调和因子 k 获得。密度调和因子通过下式求得：

$$k=\frac{Q_{<1\,000\text{yg}}(p)}{Q_{\text{g}}-Q_{\text{Lag}}(p)} \tag{6-15}$$

式中　$Q_{<1\,000\text{yg}}(p)$——压力 p 一定、密度调和因子 $k=1$ 时，小于1 000 nm孔内克煤游离相瓦斯总量理论值，mL/g；

Q——给定压力 p 时煤孔内实际气体量，mL/g；

$Q_{\text{Lag}}(p)$——压力 p 一定时克煤吸附层瓦斯总量理论值，mL/g。

采用图6-9中的数据，用上述方法计算式(6-12)中的相应值，再结合图6-1中各压力下煤样孔内实际气体量 Q，即可得到不同粒径煤样在各压力下的密度调和因子，结果如表6-8、表6-9和表6-10所示。

表 6-8　马场矿不同粒径煤样在不同瓦斯压力下的平均密度调和因子

粒径 D /mm	马场矿煤样不同压力点下的密度调和因子					
	p_0	p_1	p_2	p_3	p_4	p_5
<0.01	0.235	0.368	0.510	0.626	0.754	0.921
0.01～0.08	0.154	0.232	0.300	0.368	0.448	0.540
0.08～0.2	0.198	0.311	0.423	0.519	0.659	0.777
0.2～0.25	0.043	0.073	0.102	0.124	0.165	0.188
0.25～0.5	0.023	0.037	0.050	0.062	0.086	0.090
0.5～1	0.021	0.034	0.046	0.057	0.074	0.083
1～3	0.025	0.027	0.034	0.041	0.059	0.061
3～4	0.020	0.033	0.044	0.054	0.074	0.076

表 6-9　阳泉五矿不同粒径煤样在不同瓦斯压力下的密度调和因子

粒径 D /mm	阳泉五矿煤样不同压力点下的密度调和因子					
	p_0	p_1	p_2	p_3	p_4	p_5
<0.01	0.044	0.050	0.082	0.111	0.143	0.172
0.01～0.08	0.048	0.092	0.160	0.217	0.283	0.331
0.08～0.2	0.069	0.082	0.087	0.098	0.115	0.126
0.2～0.25	0.016	0.025	0.044	0.054	0.073	0.082
0.25～0.5	0.044	0.054	0.060	0.067	0.083	0.088
0.5～1	0.007	0.015	0.023	0.031	0.041	0.046
1～3	0.007	0.013	0.025	0.031	0.039	0.044
3～4	0.007	0.013	0.024	0.034	0.037	0.043

表 6-10　白龙山矿不同粒径煤样在不同瓦斯压力下的密度调和因子

粒径 D /mm	白龙山矿煤样不同压力点下的密度调和因子					
	p_0	p_1	p_2	p_3	p_4	p_5
<0.01	0.168	0.219	0.373	0.517	0.540	0.694
0.01～0.08	0.040	0.054	0.082	0.104	0.134	0.173
0.08～0.2	0.015	0.022	0.036	0.047	0.060	0.067
0.2～0.25	0.014	0.019	0.031	0.039	0.052	0.058
0.25～0.5	0.009	0.012	0.022	0.027	0.036	0.040
0.5～1	0.010	0.014	0.026	0.033	0.041	0.047

表 6-10(续)

粒径 D /mm	白龙山矿煤样不同压力点下的密度调和因子					
	P_0	P_1	P_2	P_3	P_4	P_5
1～3	0.010	0.018	0.022	0.029	0.037	0.042
3～4	0.009	0.016	0.022	0.027	0.033	0.039

由表 6-8、表 6-9、表 6-10 可知，马场矿煤样密度调和因子在 0.02～0.921 之间，且随着压力的增大而增大，随着粒径增大整体呈波动性减小趋势。阳泉五矿煤样密度调和因子在 0.007～0.331 之间，且除 YQW0.08～0.2 mm 和 YQW0.25～0.5 mm 粒径外，其余粒径在常压下的密度调和因子均随着压力的增大而增大，且随着粒径减小整体呈减小趋势。白龙山矿煤样密度调和因子在 0.009～0.694 之间，且均随着压力的增大而增大，随着粒径增大整体呈波动性减小趋势。不同粒径煤的密度调和因子与压力变化关系参数如表 6-11 所示。

表 6-11　不同粒径煤的密度调和因子与压力变化关系参数

粒径 D /mm	MC			YQW			BLS		
	a_k	b_k	R^2	a_k	b_k	R^2	a_k	b_k	R^2
<0.01	0.153	0.219	0.999	0.034	0.031	0.986	0.135	0.147	0.990
0.01～0.08	0.086	0.145	0.998	0.074	0.040	0.999	0.033	0.029	0.980
0.08～0.2	0.128	0.185	0.999	0.014	0.068	0.964	0.014	0.013	0.999
0.2～0.25	0.032	0.040	0.998	0.017	0.013	0.998	0.012	0.011	0.998
0.25～0.5	0.016	0.021	0.992	0.011	0.043	0.973	0.008	0.008	0.999
0.5～1	0.014	0.020	0.999	0.010	0.007	0.999	0.010	0.009	0.999
1～3	0.009	0.020	0.953	0.009	0.006	0.996	0.008	0.010	0.994
3～4	0.013	0.019	0.980	0.009	0.006	0.990	0.007	0.009	0.990

为具体观察煤样密度调和因子随压力变化关系，对表 6-4、表 6-5、表 6-6 中的数据进行作图，得到图 6-11。

图 6-11 中，除个别不符合规律的常压点外，其他压力的密度调和因子 k 对吸附平衡压力 p 进行拟合，发现它们之间符合线性关系：

$$k = a_k \cdot p + b_k \tag{6-16}$$

6.3.2 各孔径煤样孔数目理论分析

由第 4 章内容可知，在孔长相同的情况下，孔半径越大，理论吸附平衡时间

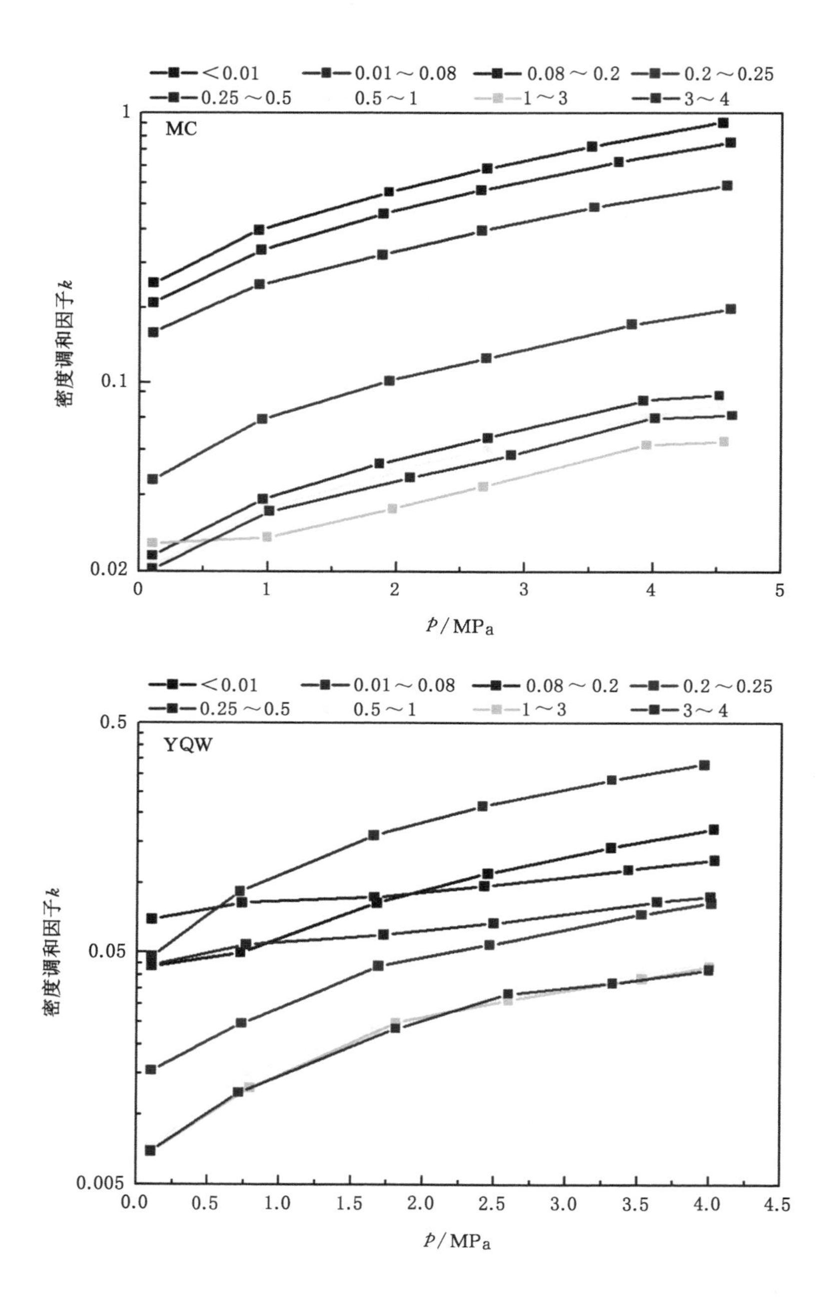

图 6-11　不同粒径煤在不同瓦斯压力下的密度调和因子

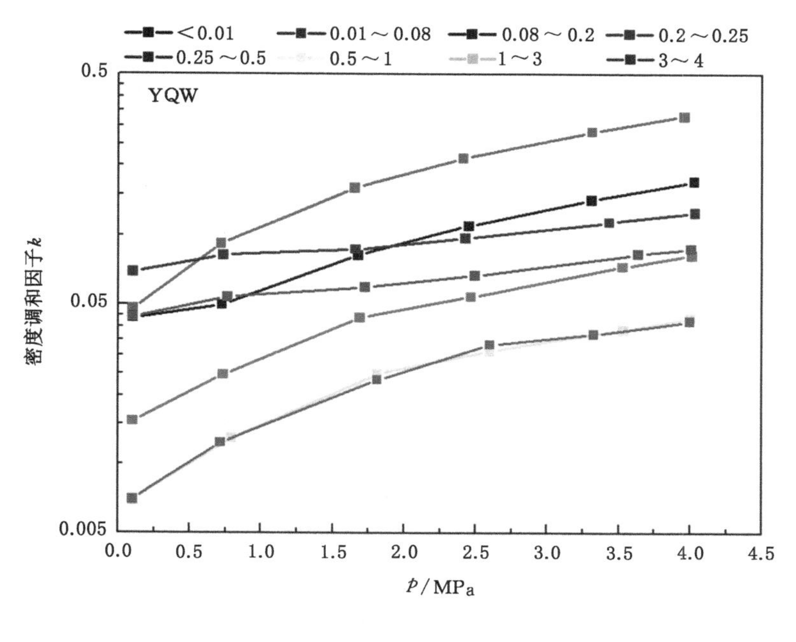

图 6-11(续)

越短，两端开口煤样吸附平衡时间要小于一端开口煤样吸附平衡时间。孔半径相同的情况下，孔长越短吸附平衡时间越短，则根据 3.7 节所述的孔形演化特征，可以推断三种煤样不同粒径下的吸附平衡时间均由一端开口或墨水瓶形为主的微孔(2 nm 左右以下孔半径)决定，故根据 3.7 节分析的煤 2 nm 左右的孔形特征结合实际煤样的吸附平衡时间，可计算出瓦斯在不同压力点下前进的孔长，因为在小孔径段，游离瓦斯优先达到平衡，且随着压力增大，瓦斯能进入的游离瓦斯孔长越大，故以最小孔半径中瓦斯压力最高点对应孔长为煤样并联孔的最小孔长，即煤样实际扩散路径长，记为 $L_{min}(r)$，结果如表 6-12 所示。

表 6-12　不同粒径煤样的扩散路径长度

粒径 D /mm	MC		YQW		BLS	
	扩散路径 $/10^{-4}$ m	倍数	扩散路径 $/10^{-4}$ m	倍数	扩散路径 $/10^{-4}$ m	倍数
<0.01	8.050	1.000	41.790	1.000	51.902	1.000
0.01～0.08	16.745	2.080	36.878	0.882	101.780	1.961
0.08～0.2	57.792	7.179	57.590	1.378	75.480	1.454

表 6-12(续)

粒径 D /mm	MC		YQW		BLS	
	扩散路径 /10^{-4} m	倍数	扩散路径 /10^{-4} m	倍数	扩散路径 /10^{-4} m	倍数
0.2～0.25	48.023	5.966	79.882	1.912	104.840	2.020
0.25～0.5	78.374	9.736	226.210	5.413	161.340	3.109
0.5～1	144.050	17.895	468.290	11.206	285.130	5.494
1～3	248.090	30.819	741.940	17.754	548.960	10.577
3～4	729.671	90.645	813.120	19.457	744.580	14.346

由表 6-12 可知，马场矿煤样的扩散路径长度最小，白龙山矿煤样的扩散路径长度最大。且随着粒径增大，扩散路径长度急剧增加。马场矿煤样的扩散路径长度范围介于 80.498～7 296.71 mm 之间，扩散路径长度最大值是最小值的 90.645 倍，增大倍数介于 2.08～90.645 之间；阳泉五矿煤样的扩散路径长度范围介于 417.9～8 131.2 mm 之间，扩散路径长度的最大值是最小值的 19.457 倍，增长倍数介于 1.378～19.457 间；白龙山矿煤样的扩散路径长度范围介于 519.02～7 445.8 mm 间，扩散路径长度最大值是最小值的 14.346 倍，增长倍数介于 1.961～14.346 间。所有煤样的最小值均在＜0.01 mm 或 0.01～0.08 mm 处取得，最大值均在 3～4 mm 处取得。因此，随着粒径减小，煤样扩散路径明显变短。

用单颗粒煤样总孔长 $L_t(r)$ 除以 $L_{min}(r)$ 即可估算出该孔径煤孔数目，且由 3.4 节、3.5 节孔容及孔比表面积分布密度分析内容可知煤孔长和孔数目分布规律相同。即孔数目随孔径变化规律具有与 3.6 节孔长分布类似的规律。根据扩散路径长对应孔半径所具有的数目，参照 3.6 节孔长分布规律可计算出所有孔半径对应的孔数目，结果如图 6-12 所示。

由图 6-12 可知，马场矿不同粒径煤样孔数目最多，阳泉五矿煤样孔数目最少，由图还可发现孔数目随着孔半径的增加及粒径的减小而急剧减小。孔数目越多表明并联的孔越多，但在吸附的过程中越不容易平衡，而孔数目越少表明并联孔越少，但在吸附过程中越容易达到平衡。为观察单颗粒煤中不同孔半径 r 对应总数目 $N(r)$ 随粒径变化的规律，将马场矿、阳泉五矿、白龙山矿给定粒径煤样的 N(1 000 nm) 和 N(2 nm) 值作为代表分别列于表 6-13、表 6-14、表 6-15中。

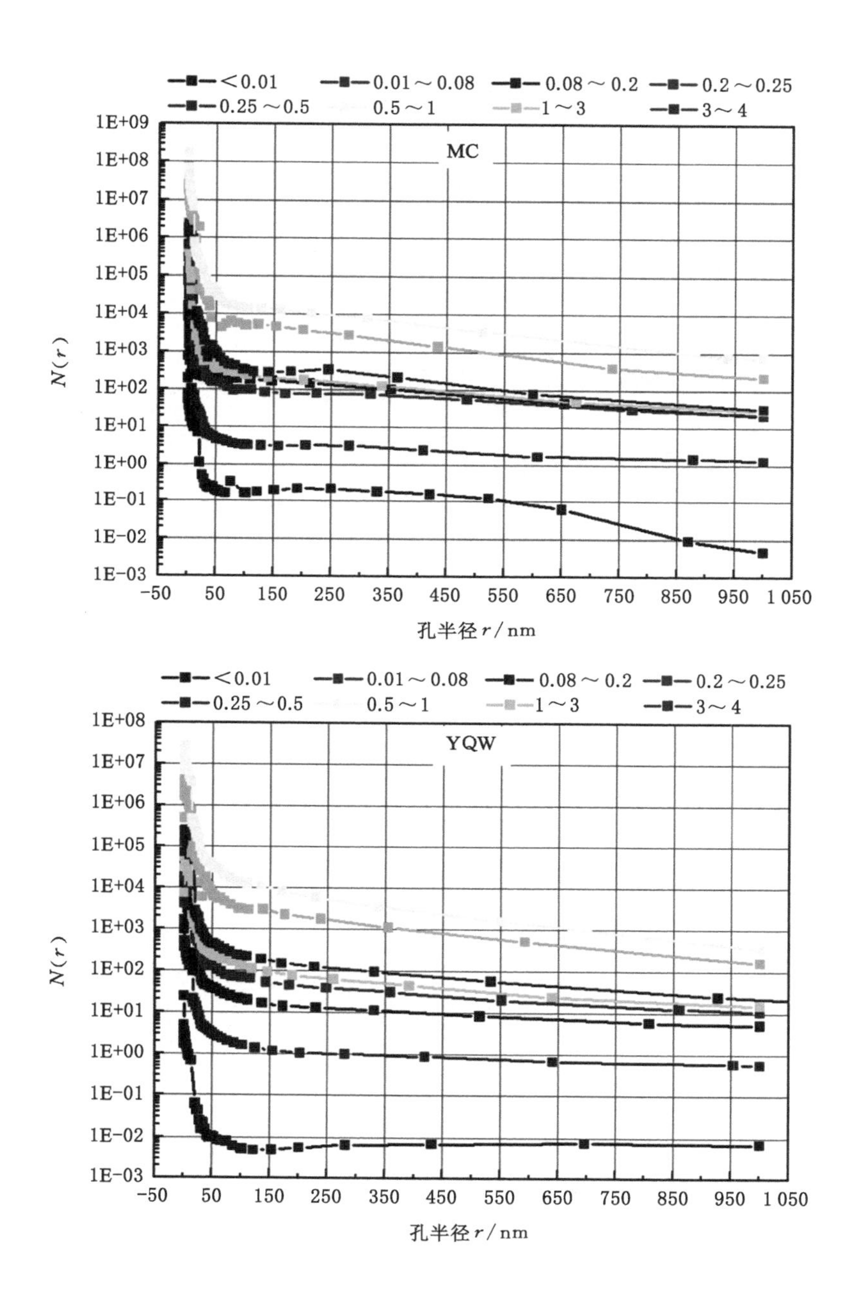

图 6-12　不同粒径煤样孔半径对应孔数目

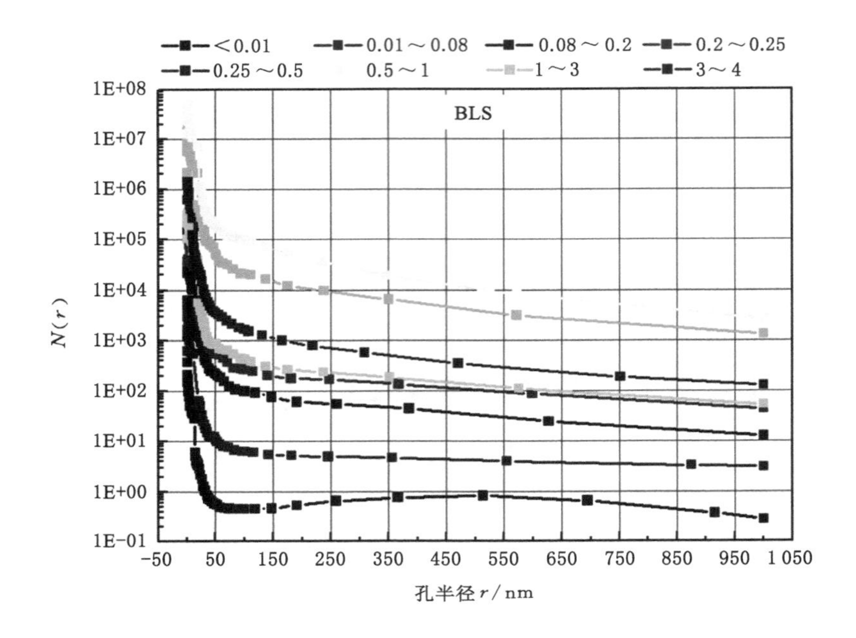

图 6-12(续)

表 6-13　马场矿不同粒径煤样的孔半径对应孔数目

粒径 D /mm	MC			
	N(1 000 nm)	倍数	N(2 nm)	倍数
<0.01	4.74×10^{-3}	1.00	4.72×10^{1}	1.00
0.01～0.08	1.31	2.77×10^{2}	6.52×10^{3}	1.37×10^{2}
0.08～0.2	2.10×10^{1}	4.43×10^{3}	4.93×10^{4}	1.04×10^{3}
0.2～0.25	2.25×10^{1}	4.75×10^{3}	2.23×10^{5}	4.73×10^{3}
0.25～0.5	2.91×10^{1}	6.14×10^{3}	1.09×10^{6}	2.30×10^{4}
0.5～1	3.17×10^{1}	6.70×10^{3}	1.37×10^{6}	2.91×10^{4}
1～3	2.21×10^{2}	4.66×10^{4}	1.58×10^{7}	3.34×10^{5}
3～4	7.32×10^{2}	1.54×10^{5}	3.80×10^{7}	8.05×10^{5}

由表 6-13 可知，马场矿煤样的 N(1 000 nm)和 N(2 nm)值均随粒径减小而减小，表明随着粒径减小，单颗粒煤所包含孔数目减少，且以<0.01 mm 的值为基准，不同粒径煤样孔数目值与该值作比，得到随粒径增大的孔数目增大倍数

(简称倍数),通过观察倍数随粒径变化关系发现,随着粒径增大,倍数基本呈增幅变大的增长趋势。N(1 000 nm)值介于 4.74×10^{-3}～73.24 之间,对应增长倍数介于 27.73～1.54×10^{5} 之间,N(2 nm)值介于 47.28～3.80×10^{7} 之间,倍数介于 137.9～8.05×10^{5} 之间,对比表 6-13 中数据可见,颗粒煤的粒径对较大孔径的影响较较小孔径的小。

表 6-14　阳泉五矿不同粒径煤样孔半径对应的孔数目

粒径 D /mm	YQW			
	N(1 000 nm)	倍数	N(2 nm)	倍数
<0.01	6.95×10^{-3}	1.00	3.29	1.00
0.01～0.08	5.57×10^{-1}	8.02×10	4.49×10^{2}	1.36×10^{2}
0.08～0.2	5.31	7.64×10^{2}	8.47×10^{3}	2.57×10^{3}
0.2～0.25	1.09×10	1.57×10^{3}	3.73×10^{4}	1.13×10^{4}
0.25～0.5	1.48×10	2.13×10^{3}	6.00×10^{4}	1.82×10^{4}
0.5～1	1.52×10	2.19×10^{3}	2.50×10^{5}	7.58×10^{4}
1～3	1.61×10^{2}	2.32×10^{4}	3.45×10^{6}	1.04×10^{6}
3～4	3.44×10^{2}	4.95×10^{4}	1.93×10^{7}	5.87×10^{6}

由表 6-14 可知,阳泉五矿煤样的 N(1 000 nm)和 N(2 nm)值均随粒径减小而减小,表明随着粒径减小,单颗粒煤所包含孔数目减少。且以<0.01 mm 的值为基准,不同粒径煤样孔数目值与该值作比,得到随粒径增大孔数目增大的倍数(简称倍数),通过观察倍数随粒径变化关系发现,随着粒径增大,倍数基本呈增幅逐渐变大的增长趋势。N(1 000 nm)值介于 6.95×10^{-3}～344 之间,对应增长倍数介于 80.23～4.95×10^{4} 之间,N(2 nm)值介于 3.296～1.93×10^{7} 之间,倍数介于 136.4～5.87×10^{6} 之间,对比表 6-14 中数据可见,颗粒粒径对较大孔径的影响较较小孔径小。

表 6-15　白龙山矿不同粒径煤样孔半径对应的孔数目

粒径 D /mm	BLS			
	N(1 000 nm)	倍数	N(2 nm)	倍数
<0.01	2.77×10^{-1}	1.00	1.35×10^{2}	1.00
0.01～0.08	3.05	1.10×10	2.42×10^{3}	1.78×10

表 6-15(续)

粒径 D /mm	BLS			
	N(1 000 nm)	倍数	N(2 nm)	倍数
0.08～0.2	1.26×10	4.57×10	3.74×10^4	2.76×10^2
0.2～0.25	4.37×10	1.58×10^2	1.65×10^5	1.21×10^3
0.25～0.5	5.31×10	1.91×10^2	3.16×10^5	2.33×10^3
0.5～1	1.26×10^2	4.56×10^2	1.29×10^6	9.53×10^3
1～3	1.33×10^3	4.83×10^3	1.53×10^7	1.13×10^5
3～4	2.68×10^3	9.70×10^3	4.75×10^7	3.51×10^5

由表 6-15 可知，白龙山矿煤样的 N(1 000 nm)和 N(2 nm)值均随粒径减小而减小，表明随着粒径减小，单颗粒煤所包含孔数目减少。且以<0.01 mm 的值为基准，不同粒径煤样孔数目值与该值作比，得到随粒径增大的孔数目增大倍数(简称倍数)，通过观察倍数随粒径变化关系发现，随着粒径增大，倍数基本呈增幅变大的增长趋势。N(1 000 nm)值介于 2.77×10^{-1}～2.68×10^3 之间，对应增长倍数介于 11～9 700 之间。N(2 nm)值介于 1.35×10^2～4.75×10^7 之间，倍数介于 17.8～3.51×10^5 之间。对比表 6-15 中数据可见，颗粒粒径对较大孔径的影响较较小孔径的小。

6.4 不同粒径煤吸附/解吸动力学特性

6.4.1 吸附/解吸动力学实验装置

煤层未采动时，煤粉瓦斯压力与原始煤层中的瓦斯压力相等，煤层中游离瓦斯与吸附瓦斯处于动平衡状态中；煤层被采动，煤层被剥离后暴露于大气中，周围环境压力变为当地大气压[248]。压力的降低使煤层中游离瓦斯和吸附瓦斯的动平衡状态被破坏，吸附瓦斯开始解吸，直至瓦斯压力与测定点大气压相等而达到新的平衡。通过研究不同粒径煤样中瓦斯的解吸规律，可为突出预测、煤层瓦斯压力估算以及预测采动落煤的瓦斯涌出提供理论依据。

不同粒径煤样参比罐充气压力均在 3.5 MPa 平衡后，瓦斯解吸实验在图 6-13所示实验装置上进行。该实验装置由参比罐、煤样罐、数字压力表、解吸量筒、气样袋、三通阀、数据采集系统组成。三通阀连接气样袋、煤样罐和解吸量筒。真空气样袋用于存储实验开始阶段煤样罐释放出的游离瓦斯及部分吸附瓦斯,并结合剩余体积及平衡压力,计算得出解吸开始时未进入量筒的解吸瓦斯量,用于实验结果的校正。这一方法的改进将避免损失量的产生。此外,数据采集系统可以精确到秒,采用该系统可以得到不同解吸时间尤其是前 1 min 内解吸量的精确值,这对预测煤与瓦斯突出有一定指导意义。

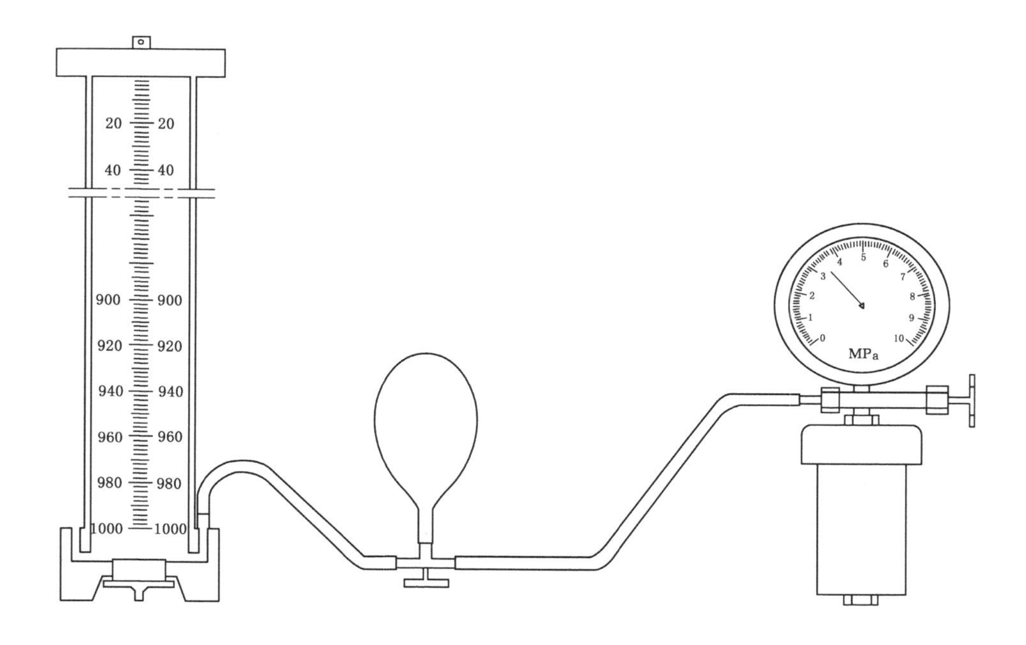

图 6-13 解吸实验装置示意图

在实验过程中,不同粒径煤样的瓦斯解吸温度始终保持在 30±1 ℃,煤样罐瓦斯出口压力应为 0.1 MPa,因此可认为煤样的解吸为等温、等压解吸过程。实验开始时先将三通阀连接煤样罐,快速打开煤样罐阀门,使气体进入气样袋中,再快速将三通阀连通解吸量筒,在此过程中,均采用数据采集系统记录每次操作开始和完成的时间以及解吸量随时间的变化关系。

6.4.2 吸附/解吸动力学曲线随粒径变化规律

为研究粒径对煤中瓦斯吸附性能的影响,本书选取马场矿、阳泉五矿、白龙山矿 3～4 mm、1～3 mm、0.5～1 mm、0.25～0.5 mm、0.2～0.25 mm、0.08～0.2 mm、0.01～0.08 mm、＜0.01 mm 八种粒径煤样进行甲烷等温解吸实验,以便得到同一煤样不同粒径下累积解吸量随时间的变化曲线,结果如图 6-14 所示。

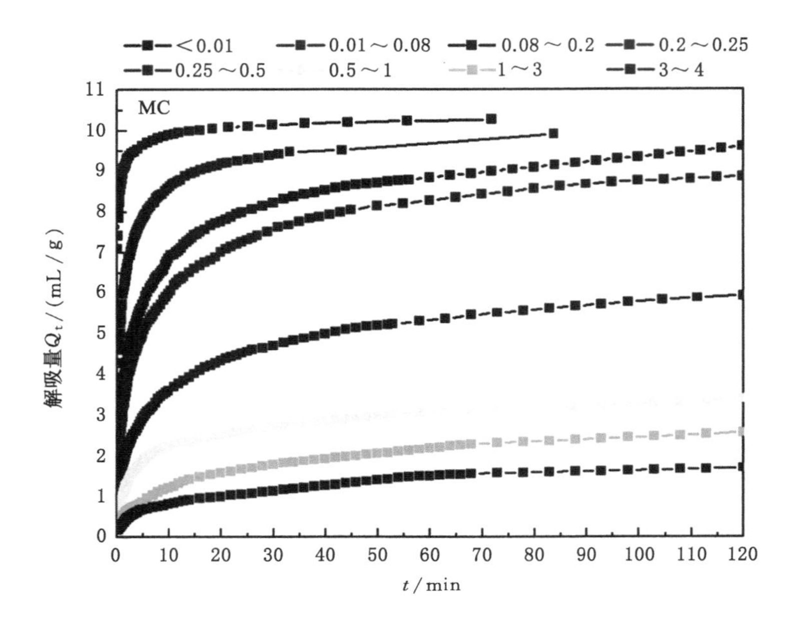

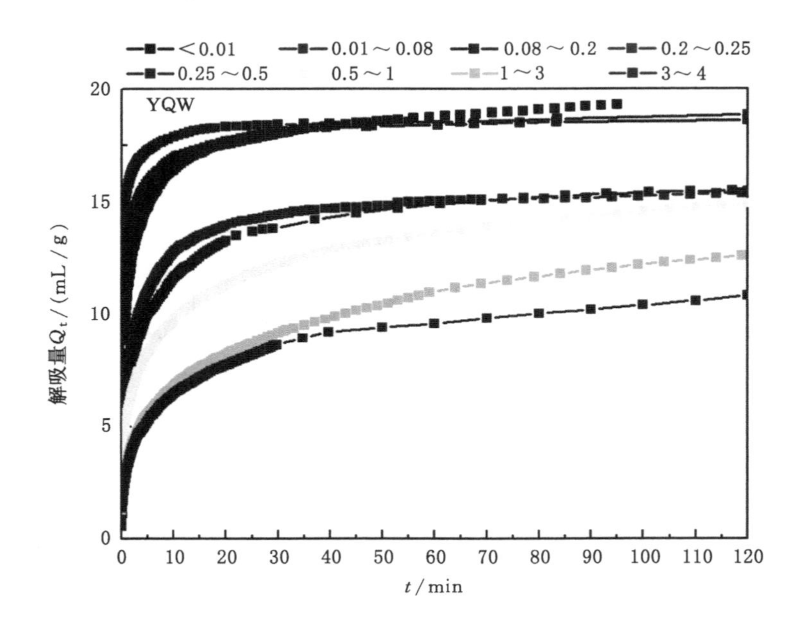

图 6-14　不同粒径煤样的绝对解吸动力学曲线

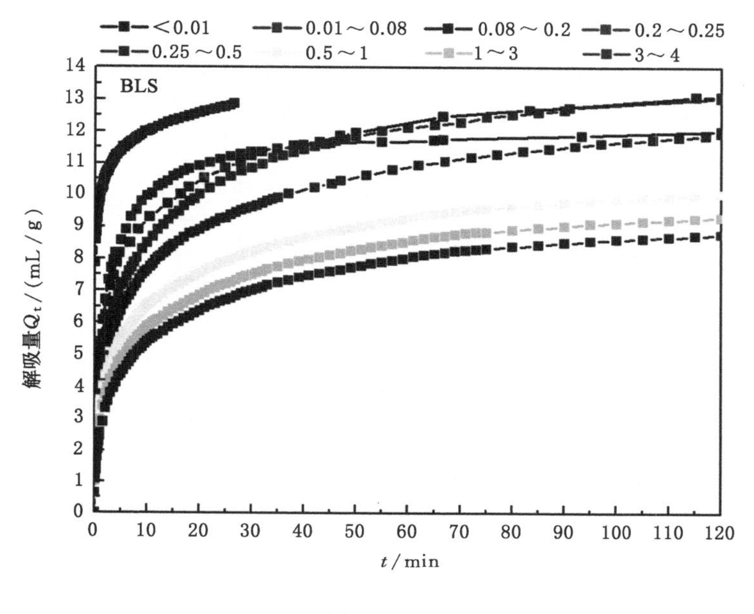

图 6-14(续)

由图 6-14 可知，除阳泉五矿 0.01～0.08 mm 煤样外，随粒径减小，煤粉对 CH_4 的解吸量急剧增加，与以往做过相关研究的学者得到的结果一致[197,231,239,241,249]。煤吸附甲烷的过程由颗粒内扩散控制。对于同一平衡压力，<0.01 mm 或 0.01～0.08 mm 粒径煤样的累计解吸量最大，3～4 mm 最小；随着粒径减小，累积解吸量曲线越靠上。煤样粒径越小，初始解吸速度越大。解吸初期解吸量较大，随时间增长解吸量增加幅度变小。粒径越小，比表面积越大，解吸时暴露于低压环境的面积越大，故初始解吸速率越大。煤样的初始解吸量占总解吸量的很大一部分，并且小粒径煤样的变化比大粒径煤样的变化要明显得多，前期的解吸量也比大粒径煤样大许多，表 6-16、表 6-17、表 6-18 所示为不同粒径煤样第 1 分钟各时刻解吸量。

表 6-16 马场矿不同粒径煤样第 1 分钟各时刻解吸量

粒径 D /mm	马场矿不同粒径煤样第 1 分钟各时刻解吸量/(mL/g)											
	10 s	倍数	20 s	倍数	30 s	倍数	40 s	倍数	50 s	倍数	60 s	倍数
<0.01	7.41	38.60	8.05	36.76	8.37	34.16	8.66	31.95	8.75	29.37	8.88	27.41
0.01～0.08	3.51	18.30	4.27	19.52	4.81	19.65	5.26	19.40	5.502	18.46	5.75	17.74

表 6-16(续)

粒径 D /mm	马场煤矿不同粒径煤样第 1 分钟各时刻解吸量/mL·g^{-1}											
	10 s	倍数	20 s	倍数	30 s	倍数	40 s	倍数	50 s	倍数	60 s	倍数
0.08～0.2	1.53	7.98	2.25	10.27	2.66	10.85	3.07	11.32	3.27	10.98	3.48	10.73
0.2～0.25	1.24	6.46	1.77	8.07	2.19	8.94	2.45	9.06	2.77	9.30	2.88	8.88
0.25～0.5	0.74	3.85	1.06	4.82	1.24	5.06	1.43	5.26	1.56	5.23	1.69	5.21
0.5～1	0.37	1.92	0.58	2.65	0.73	2.96	0.81	2.97	0.88	2.97	0.96	2.97
1～3	0.35	1.83	0.38	1.72	0.40	1.65	0.43	1.59	0.46	1.53	0.48	1.49
3～4	0.19	1.00	0.219	1.00	0.245	1.00	0.271	1.00	0.298	1.00	0.324	1.00

由表 6-16 可知，随粒径增加，各时刻瓦斯解吸量逐渐减小，以 3～4 mm 各时刻解吸量为基准，计算其他时刻瓦斯解吸量与该值的比值(倍数)，可得到煤中瓦斯更详细的解吸规律：10 s 时介于 0.19～7.41 mL/g 之间，最大值是最小值的 38.6 倍，增长倍数介于 1.83～38.6 之间；20 s 时介于 0.219～8.05 mL/g 之间，最大值是最小值的 36.76 倍，增长倍数介于 1.72～36.76 之间；30 s 时介于 0.245～8.37 mL/g 之间，最大值是最小值的 34.16 倍，增长倍数介于 1.65～34.16 之间；40 s 时介于 0.271～8.66 mL/g 之间，最大值是最小值的 31.95 倍，增长倍数介于 1.59～31.95 之间；50 s 时介于 0.298～8.75 mL/g 之间，最大值是最小值的 31.95 倍，增长倍数介于 1.53～29.37 之间；60 s 时介于 0.324～8.88 mL/g 之间，最大值是最小值的 27.41 倍，增长倍数介于 1.49～27.41 之间。由上述数据还可发现，随着解吸的进行，增长倍数逐渐减小。

表 6-17　阳泉五矿不同粒径煤样第 1 分钟各时刻解吸量

粒径 D /mm	阳泉五矿不同粒径煤样第 1 分钟各时刻解吸量/(mL/g)											
	10 s	倍数	20 s	倍数	30 s	倍数	40 s	倍数	50 s	倍数	60 s	倍数
<0.01	9.29	6.76	10.73	5.44	11.59	5.10	12.17	4.65	12.65	4.44	13.03	4.23
0.01～0.08	12.52	9.10	13.66	6.92	14.45	6.36	14.93	5.71	15.25	5.36	15.48	5.03
0.08～0.2	6.00	4.36	7.59	3.85	8.86	3.90	9.46	3.61	10.09	3.54	10.59	3.44
0.2～0.25	1.15	0.84	2.23	1.13	3.45	1.52	4.72	1.80	5.68	2.00	6.63	2.15
0.25～0.5	3.59	2.61	4.62	2.34	5.08	2.24	5.64	2.15	6.05	2.13	6.42	2.09
0.5～1	3.22	2.34	3.96	2.01	4.37	1.92	4.83	1.85	5.20	1.83	5.48	1.78
1～3	1.59	1.16	2.12	1.08	2.56	1.13	2.84	1.08	3.07	1.08	3.30	1.07
3～4	1.38	1.00	1.97	1.00	2.27	1.00	2.62	1.00	2.85	1.00	3.08	1.00

由表 6-17 可知，随粒径增加，各时刻瓦斯解吸量逐渐减小，以 3～4 mm 各时刻解吸量为基准，计算其他时刻瓦斯解吸量与该值的比值(倍数)，可得到煤中瓦斯更详细的解吸规律：10 s 时介于 1.38～9.29 mL/g 之间，最大值是最小值的 6.76倍，增长倍数介于 1.16～6.76 之间；20 s 时介于 1.97～10.73 mL/g 之间，最大值是最小值的 5.44 倍，增长倍数介于 1.08～5.44 之间；30 s 时介于 2.27～11.59 mL/g之间，最大值是最小值的 5.1 倍，增长倍数介于 1.13～5.1 之间；40 s 时介于2.62～12.17 mL/g 之间，最大值是最小值的 4.65 倍，增长倍数介于 1.08～4.65 之间；50 s 时介于 2.85～12.65 mL/g 之间，最大值是最小值的 4.44 倍，增长倍数介于 1.08～4.44 之间；60 s 时介于 3.08～15.48 mL/g 之间，最大值是最小值的 5.03 倍，增长倍数介于 1.07～5.03 之间；由上述数据还可发现，随着解吸的进行，增长倍数逐渐减小。

表 6-18　白龙山矿不同粒径煤样第 1 分钟各时刻解吸量

粒径 D /mm	白龙山矿不同粒径煤样第 1 分钟各时刻解吸量/ mL・g^{-1}											
	10 s	倍数	20 s	倍数	30 s	倍数	40 s	倍数	50 s	倍数	60 s	倍数
<0.01	8.59	8.08	9.06	5.54	9.36	4.92	9.65	4.50	9.85	4.12	9.88	3.84
0.01～0.08	4.34	4.09	3.28	2.01	4.06	2.13	4.67	2.18	4.83	2.02	5.33	2.07
0.08～0.2	1.98	1.86	2.96	1.81	3.65	1.92	4.10	1.91	4.47	1.87	4.80	1.86
0.2～0.25	2.19	2.06	2.84	1.74	3.33	1.75	3.72	1.73	4.06	1.70	4.38	1.70
0.25～0.5	2.17	2.04	2.79	1.71	3.21	1.69	3.54	1.65	3.83	1.60	4.04	1.57
0.5～1	1.98	1.86	2.53	1.55	2.87	1.51	3.13	1.46	3.39	1.42	3.58	1.39
1～3	1.40	1.32	1.94	1.19	2.28	1.20	2.53	1.18	2.78	1.16	2.97	1.15
3～4	1.06	1.00	1.63	1.00	1.90	1.00	2.15	1.00	2.39	1.00	2.57	1.00

由表 6-18 可知，随粒径增加，各时刻瓦斯解吸量逐渐减小，以 3～4 mm 各时刻解吸量为基准，计算其他时刻瓦斯解吸量与该值的比值(倍数)，可得到煤样中瓦斯更详细的解吸规律：10 s 时介于 1.06～8.59 mL/g 之间，最大值是最小值的 8.08 倍，增长倍数介于 1.32～8.08 之间；20 s 时介于 1.63～9.06 mL/g 之间，最大值是最小值的 5.54 倍，增长倍数介于 1.19～5.54 之间；30 s 时介于 2.28～9.36 mL/g 之间，最大值是最小值的 4.92 倍，增长倍数介于 1.2～4.92 之间；40 s 时介于 2.53～9.65 mL/g 之间，最大值是最小值的 4.5 倍，增长倍数介于 1.18～4.5 之间；50 s 时介于 2.39～9.85 mL/g 之间，最大值是最小值的 4.12 倍，增长倍数介于 1.16～4.12 之间；60 s 时介于 2.97～9.88 mL/g 之间，最大值是最小值

的 3.84 倍,增长倍数介于 1.15～3.84 之间。由上述数据还可发现,随着解吸的进行,增长倍数逐渐减小。

6.4.3 不同粒径煤样解吸平衡时间

本次解吸实验除测定煤样的解吸量外,还测定了煤样的解吸平衡时间。即从开始解吸时计时,到解吸量每小时小于 2 mL 为止,结果如表 6-19 所示。

表 6-19 不同粒径煤样的解吸平衡时间

粒径 D /mm	MC				YQW				BLS			
	t_{des} /min	倍数	$Q_{\infty des}$ /(mL/g)	倍数	t_{des} /min	倍数	$Q_{\infty des}$ /(mL/g)	倍数	t_{des} /min	倍数	$Q_{\infty des}$ /(mL/g)	倍数
＜0.01	72	1.00	10.29	2.27	95	1.00	19.31	1.32	27	1.00	12.88	1.30
0.01～0.08	84	1.17	9.92	2.19	120	1.26	18.87	1.27	135	5.00	12.11	1.22
0.08～0.2	148	2.06	9.64	2.13	126	1.33	18.61	1.27	167	6.19	13.51	1.36
0.2～0.25	120	1.67	8.87	1.96	209	2.20	16.16	1.10	333	12.33	14.20	1.43
0.25～0.5	350	4.86	7.55	1.67	483	5.08	16.16	1.10	900	33.33	13.85	1.40
0.5～1	730	10.14	5.83	1.29	510	5.37	16.08	1.12	1 130	41.85	11.22	1.13
1～3	1 860	25.83	4.69	1.03	1 668	17.56	14.82	1.01	1 238	45.85	10.47	1.06
3～4	1 960	27.22	4.53	1.00	1 680	17.68	14.65	1.00	1 352	50.07	9.91	1.00

由表 6-19 可知,解吸平衡时间随粒径增大基本呈增大趋势,由几小时延长到几天[250],即随着粒径增大,瓦斯越难从煤粒中解吸出来,瓦斯放散能力越差。

以各矿小于 0.01 mm 煤样解吸平衡时间为基准,计算其他粒径煤样解吸平衡时间与该值的比值(倍数),观察各煤样解吸时间变化规律。马场矿煤样解吸平衡时间由小于 0.01 mm 的 72 min 增大到 3～4 mm 的 1 960 min,解吸平衡时间最大值是最小值的 27.22 倍,增大倍数介于 1.17～27.22 之间。阳泉五矿煤样解吸平衡时间由小于 0.01 mm 的 95 min 增大到 3～4 mm 的 1 680 min,解吸平衡时间最大值是最小值的 17.68 倍,增大倍数介于 1.26～17.68 之间;白龙山矿煤样解吸平衡时间由小于 0.01 mm 的 27 min,增大到 3～4 mm 的 1 352 min,解吸平衡时间最大值是最小值的 50.07 倍,增大倍数介于 5～50.07 之间。

随粒径增大,极限解吸量整体呈减小趋势,以 3～4 mm 粒径煤样极限解吸量为基准,计算其他粒径煤样极限解吸量与该值的比值(倍数)。观察各煤样极限解吸量随粒径变化关系。马场矿煤样极限解吸量由小于 0.01 mm 的 10.29 mL/g 减小到 3～4 mm 的 4.53 mL/g,极限解吸量最大值是最小值的 2.27 倍,增大倍数介于 1.03～2.27 之间。阳泉五矿煤样极限解吸量由小于 0.01 mm 的 19.31 mL/g 减小到 3～4 mm 的 14.65 mL/g，极限解吸量最大值是最小值的1.32倍，增大倍数介于 1.01～1.32 之间。白龙山矿煤样极限解吸量最大值为0.2～0.25 mm 的 14.2 mL/g，减小到 3～4 mm 的 9.91 mL/g，极限解吸量最大值是最小值的 1.43 倍，增大倍数介于 1.06～1.43 之间。

6.5 微观模型在不同粒径克煤吸附/解吸动力学中的验证

由第 4 章煤样孔内瓦斯运移微孔理论公式，可求得在给定吸附平衡压力下，给定半径孔内瓦斯运移量随时间变化关系。公式中的平均密度调和因子采用6.2.1中由吸附等温线推导出的实验值，而扩散路径则采用 6.2.2 中的孔长数据。孔数目则代表给定半径孔的并联数目，即单位时间内瓦斯可以同时进入的孔数，该值采用 6.2.2 中的孔数目数据。将所有孔半径内瓦斯随时间变化关系求和，即可以求得单颗粒煤样孔内瓦斯随时间的变化关系，再用给定时间下单颗粒煤样孔内瓦斯量乘以克煤颗粒数即可估算出克煤瓦斯解吸量范围随时间的变化关系。由上述表述可知，煤样孔吸附层和半游离相内克煤瓦斯吸附/解吸量理论值可用式(6-17)和式(6-18)表示，煤样孔内瓦斯理论量用式(6-19)表示：

$$Q_{\mathrm{Lag}}(t)=\sum_{i=1}^{n}N_{\mathrm{g}}N(r_i)Q_{\mathrm{a}}(r_i,t) \tag{6-17}$$

$$Q_{\mathrm{Lyg}}(t)=\sum_{i=1}^{n}N_{\mathrm{g}}N(r_i)Q_{\mathrm{y}}(r_i,t) \tag{6-18}$$

$$Q_{\mathrm{Lg}}(t)=Q_{\mathrm{Lag}}(t)+Q_{\mathrm{Lg}}(t) \tag{6-19}$$

式中 $Q_{\mathrm{Lag}}(t)$——时间为 t 时煤孔吸附层内克煤瓦斯理论量，mL/g；

N_{g}——克煤颗粒数；

$N(r_i)$——孔半径 r_i 对应孔数目；

$Q_{\mathrm{a}}(r_i,t)$——时间为 t 时在半径为 r_i 的单颗粒煤孔吸附层内的理论瓦斯量，mL；

$Q_{\mathrm{Lyg}}(t)$——时间为 t 时煤孔半游离相内克煤瓦斯理论瓦斯量，mL/g；

$Q_{\mathrm{y}}(r_i,t)$——时间为 t 时在半径为 r_i 的单颗粒煤孔半游离相内的理论瓦斯量，mL/g；

Q_{Lg}——时间为 t 时煤孔内瓦斯理论量，mL/g。

因密度调和因子与煤样孔内瓦斯压力、孔半径及煤壁吸附作用力有关，其值会因煤样孔内瓦斯压力、孔半径及煤壁吸附作用力的改变而改变，故很难用一个确定值来表示。因此，本章取密度调和因子为1时获得表6-20中理论解吸量的最小值，取表6-8至表6-10中对应 p_2 压力点的值代入式(6-17)、式(6-18)和式(6-19)中获得理论解吸量的最大值。对给定粒径煤样，在给定时间 t 时，煤样孔内理论瓦斯量存在一个范围，结果如表6-20、表6-21、表6-22所示。

表6-20　马场矿不同粒径煤样第1分钟各时刻理论瓦斯解吸量

粒径 D /mm	马场矿不同粒径煤样第1分钟各时刻理论瓦斯解吸量/(mL/g)					
	10 s	20 s	30 s	40 s	50 s	60 s
<0.01	8.80～16.09	8.81～16.12	8.81～16.12	8.81～16.12	8.81～16.13	8.81～16.13
0.01～0.08	5.04～13.87	5.20～14.09	5.23～14.25	5.23～14.36	5.24～14.42	5.24～14.45
0.08～0.2	6.30～14.11	6.40～14.20	6.46～14.26	6.49～14.31	6.52～14.34	6.55～14.37
0.2～0.25	1.55～12.17	1.63～12.30	1.68～12.37	1.72～12.41	1.75～12.45	1.78～12.48
0.25～0.5	0.74～8.90	0.84～9.14	0.91～9.28	0.96～9.38	1.00～9.45	1.03～9.52
0.5～1	0.57～4.26	0.72～4.69	0.83～4.99	0.90～5.23	0.95～5.43	0.99～5.61
1～3	0.29～3.92	0.35～4.33	0.4～4.58	0.43～4.76	0.45～4.90	0.47～5.00
3～4	0.29～0.38	0.32～4.28	0.34～4.58	0.36～4.77	0.37～4.94	0.38～5.05

表6-21　阳泉五矿不同粒径煤样第1分钟各时刻理论瓦斯解吸量

粒径 D /mm	阳泉五矿不同粒径煤样第1分钟各时刻理论瓦斯解吸量/(mL/g)					
	10 s	20 s	30 s	40 s	50 s	60 s
<0.01	4.11～44.69	4.15～44.96	4.16～45.16	4.17～45.26	4.17～45.35	4.17～45.42
0.01～0.08	12.99～57.79	13.28～59.20	13.40～59.87	13.43～60.26	13.44～60.56	13.45～60.76
0.08～0.2	1.70～15.86	1.73～16.20	1.74～16.39	1.75～16.47	1.76～16.53	1.77～16.59
0.2～0.25	1.40～24.46	1.46～24.99	1.50～25.26	1.52～25.44	1.53～25.58	1.54～25.69
0.25～0.5	1.01～12.41	1.09～13.13	1.13～13.49	1.17～13.73	1.20～13.92	1.22～14.08
0.5～1	0.44～12.07	0.48～13.16	0.50～13.67	0.52～14.07	0.53～14.36	0.55～14.58
1～3	0.34～6.24	0.38～7.51	0.40～8.21	0.42～8.78	0.44～9.09	0.45～9.38
3～4	0.23～3.24	0.26～4.19	0.29～4.65	0.31～5.02	0.32～5.35	0.33～5.59

表 6-22　白龙山矿不同粒径煤样第 1 分钟各时刻理论瓦斯解吸量

粒径 D /mm	白龙山矿不同粒径煤样第 1 分钟各时刻理论瓦斯解吸量/(mL/g)					
	10 s	20 s	30 s	40 s	50 s	60 s
<0.01	9.44～24.21	9.53～24.34	9.57～24.40	9.60～24.44	9.62～24.48	9.64～24.50
0.01～0.08	2.49～27.75	2.54～28.00	2.56～28.19	2.58～28.31	2.59～28.40	2.60～28.47
0.08～0.2	1.05～18.99	1.08～19.95	1.10～20.52	1.10～20.94	1.11～21.27	1.11～21.56
0.2～0.25	0.87～20.43	0.91～21.22	0.93～21.69	0.94～22.00	0.95～22.23	0.96～22.42
0.25～0.5	0.54～16.45	0.58～17.42	0.60～17.99	0.61～18.35	0.62～18.62	0.63～18.84
0.5～1	0.47～10.31	0.53～11.22	0.56～11.76	0.59～12.15	0.61～12.45	0.63～12.71
1～3	0.34～7.79	0.38～8.90	0.41～9.62	0.42～10.05	0.44～10.43	0.45～10.74
3～4	0.28～4.87	0.31～6.12	0.33～6.75	0.35～7.28	0.36～7.74	0.37～8.03

表 6-20、表 6-21 和 6-22 中计算的理论瓦斯量实际是煤样孔内瓦斯吸附量，由于在解吸过程中，由于煤部分孔，如墨水瓶形孔，易进难出等，对瓦斯具有封闭或半封闭作用，使得部分瓦斯很难在短时间内解吸出来，故实际解吸过程中存在解吸残余率。因此，上述值很难准确确定各时刻的瓦斯解吸量。

而通过表 6-20、表 6-21 和 6-22 的数据可以发现，采用微观模型尽管不能准确确定各时刻的瓦斯解吸量，但通过将其与表 6-16 和表 6-17、表 6-18 中的相应数据进行对比可发现，采用微观模型计算的煤孔内瓦斯量与实际瓦斯解吸量在数量级上是一致的，从而证明该模型的正确性。

6.6　宏观模型在不同粒径克煤吸附/解吸动力学中的验证

本书采用第 5 章得到的分数阶分形扩散模型理论公式对图 6-14 中不同粒径煤样下的解吸曲线进行拟合，得到第 5 章理论公式中的有关参数，并对分数阶分形扩散模型进行验证，结果如图 6-15 所示。

将图 6-15 与图 6-14 进行对比可发现，二者曲线变化形式具有相同规律，即均随时间变化呈增长幅度逐渐变缓的增加趋势。图中虚线代表菲克扩散定律拟合曲线。实线代表分数阶分形扩散模型拟合曲线，由图中拟合曲线可以发现，分数阶分形扩散模型较菲克扩散定律的拟合程度好。采用分数阶分形扩散模型对图 6-15 中的曲线拟合得到的各参数如表 6-23、表 6-24 和表 6-25 所示。为准确表示菲克扩散定律和分数阶分形扩散模型对瓦斯在煤中的解吸速率，采用了式(6-20)和式(6-21)所示的两种相关系数 $\hat{R}_1$ 和 $\hat{R}_2$。

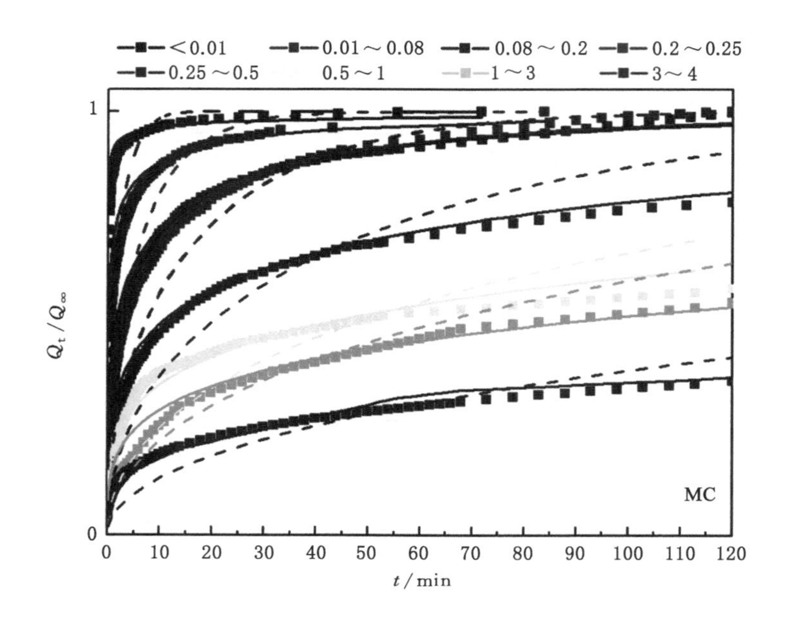

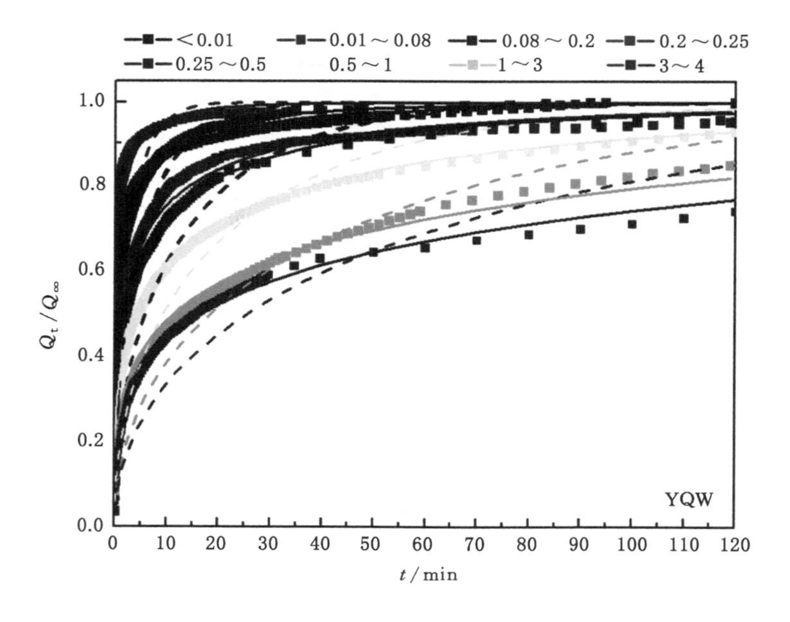

图 6-15　不同粒径煤样相对解吸量随时间变化曲线

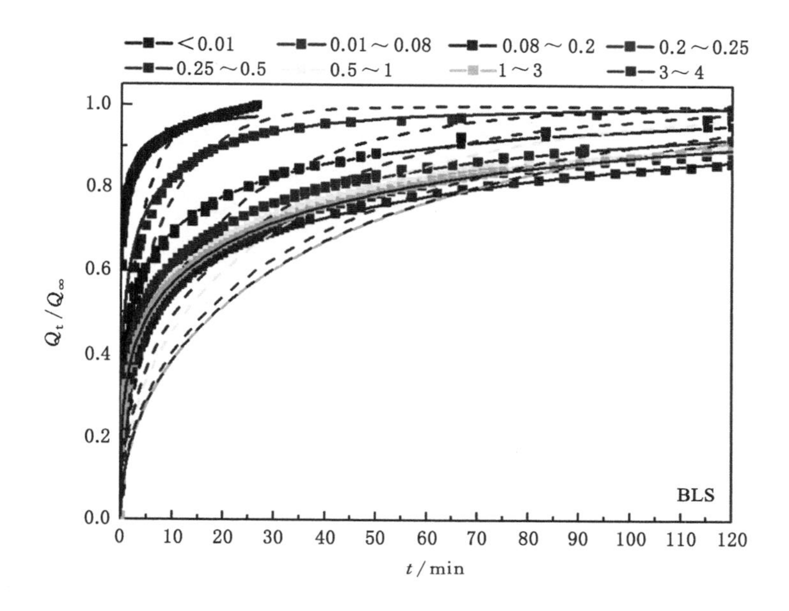

图 6-15(续)

$$\hat{R}_1=\frac{\sum((Q_t/Q_\infty)_{cal}-\overline{(Q_t/Q_\infty)_{cal}})((Q_t/Q_\infty)_{exp}-\overline{(Q_t/Q_\infty)_{exp}})}{\sqrt{\sum((Q_t/Q_\infty)_{cal}-\overline{(Q_t/Q_\infty)_{cal}})^2\times\sum((Q_t/Q_\infty)_{exp}-\overline{(Q_t/Q_\infty)_{exp}})^2}}\tag{6-20}$$

$$\hat{R}_2=1-\frac{\sum|(Q_t/Q_\infty)_{cal}-(Q_t/Q_\infty)_{exp}|}{\sum(Q_t/Q_\infty)_{exp}}\tag{6-21}$$

表 6-23 马场矿不同粒径煤样解吸曲线拟合结果

粒径 D /mm	分数阶分形扩散模型和菲克模型拟合参数								
	D_F/(m²/s)	υ	θ	D_0	D_e	$\hat{R}_{1F}$	$\hat{R}_{2F}$	$\hat{R}_{1FFDM}$	$\hat{R}_{2FFDM}$
<0.01	6.06×10^{-14}	0.151	0	3.55×10^{-11}	3.55×10^{-14}	0.977	0.795	0.995	0.960
0.01～0.08	9.83×10^{-14}	0.315	0.090	6.85×10^{-12}	1.55×10^{-11}	0.979	0.810	0.999	0.921
0.08～0.2	3.45×10^{-13}	0.491	0.098	1.04×10^{-11}	2.55×10^{-11}	0.986	0.844	0.999	0.944
0.2～0.25	9.01×10^{-13}	0.519	0.098	2.19×10^{-11}	5.35×10^{-11}	0.989	0.894	0.999	0.912
0.25～0.5	9.05×10^{-13}	0.520	0.046	4.19×10^{-11}	6.36×10^{-11}	0.989	0.830	0.998	0.929
0.5～1	1.50×10^{-12}	0.550	0.102	3.79×10^{-11}	9.62×10^{-11}	0.966	0.745	0.984	0.939
1～3	8.05×10^{-12}	0.552	0.251	5.99×10^{-11}	5.89×10^{-10}	0.997	0.883	0.997	0.887
3～4	8.55×10^{-12}	0.554	0.257	7.99×10^{-11}	8.26×10^{-10}	0.989	0.837	0.998	0.916

由表 6-23 可知：随粒径增大，采用菲克扩散模型拟合得到的扩散系数 D_F 呈增大趋势，介于 $6.06\times10^{-14}\sim8.55\times10^{-12}$ 之间，采用分数阶分形扩散模型拟合得到的分数阶 υ 随粒径增大呈增大趋势，介于 0.151～0.554 之间，结构系数 θ 亦呈增大趋势，介于 0～0.257 之间。采用分数阶分形扩散模型拟合得到的扩散系数 D_{FFDM} 较菲克模型中的大，介于 $3.55\times10^{-11}\sim8.26\times10^{-10}$ 之间，对比菲克模型和分数阶分形扩散模型二者的相关系数，可以发现分数阶分形扩散模型的相关系数与菲克模型相比明显较高，证明该模型在描述瓦斯在煤颗粒中扩散的适用性。

表 6-24　阳泉五矿不同粒径煤样解吸曲线拟合结果

粒径 D /mm	分数阶分形扩散模型和菲克模型拟合参数								
	D_F/(m²/s)	υ	θ	D_0	D_e	$\hat{R}_{1F}$	$\hat{R}_{2F}$	$\hat{R}_{1FFDM}$	$\hat{R}_{2FFDM}$
<0.01	5.54×10^{-15}	0.455	0.08	1.15×10^{-13}	2.39×10^{-13}	0.967	0.837	0.996	0.964
0.01～0.08	2.23×10^{-14}	0.485	0.035	6.32×10^{-12}	8.69×10^{-12}	0.981	0.861	0.995	0.947
0.08～0.2	1.06×10^{-12}	0.490	0.152	1.14×10^{-11}	4.56×10^{-11}	0.982	0.865	0.998	0.983
0.2～0.25	1.10×10^{-12}	0.495	0.140	1.99×10^{-11}	7.13×10^{-11}	0.957	0.819	0.980	0.954
0.25～0.5	3.00×10^{-12}	0.520	0.198	2.59×10^{-11}	1.56×10^{-10}	0.991	0.827	0.999	0.961
0.5～1	7.50×10^{-12}	0.550	0.201	5.79×10^{-11}	3.60×10^{-10}	0.992	0.844	0.999	0.979
1～3	2.70×10^{-11}	0.570	0.294	1.15×10^{-10}	1.67×10^{-9}	0.993	0.868	0.999	0.945
3～4	6.01×10^{-11}	0.574	0.437	1.14×10^{-10}	6.13×10^{-9}	0.990	0.781	0.999	0.965

由表 6-24 可知：随粒径增大，采用菲克扩散模型拟合得到的扩散系数 D_F 呈增大趋势，介于 $5.54\times10^{-15}\sim6.01\times10^{-11}$ 之间，采用分数阶分形扩散模型拟合得到的分数阶 υ 随粒径增大呈增大趋势，介于 0.455～0.574 之间，结构系数 θ 亦呈增大趋势，介于 0.08～0.437 之间。采用分数阶分形扩散模型拟合得到的扩散系数 D_{FFDM} 与菲克模型中的相比较大，介于 $2.39\times10^{-13}\sim1.14\times10^{-10}$ 之间，对比菲克模型和分数阶分形扩散模型二者相关系数，可发现分数阶分形扩散模型相关系数明显较菲克模型高，证明该模型在描述瓦斯在煤颗粒中扩散的适用性。

表 6-25　白龙山矿不同粒径煤样解吸曲线拟合结果

粒径 D /mm	分数阶分形扩散模型和菲克模型拟合参数								
	D_F/(m²/s)	υ	θ	D_0	D_e	$\hat{R}_{1F}$	$\hat{R}_{2F}$	$\hat{R}_{1FFDM}$	$\hat{R}_{2FFDM}$
<0.01	8.45×10^{-15}	0.291	0.275	3.70×10^{-14}	4.50×10^{-13}	0.991	0.799	0.989	0.976
0.01～0.08	8.52×10^{-14}	0.309	0.058	1.59×10^{-11}	1.88×10^{-11}	0.993	0.902	0.987	0.865

表 6-25(续)

粒径 D /mm	分数阶分形扩散模型和菲克模型拟合参数								
	$D_F/(m^2/s)$	υ	θ	D_0	D_e	$\hat{R}_{1F}$	$\hat{R}_{2F}$	$\hat{R}_{1FFDM}$	$\hat{R}_{2FFDM}$
0.2～0.25	6.01×10^{-13}	0.520	0.159	7.94×10^{-12}	3.37×10^{-11}	0.989	0.867	0.999	0.953
0.25～0.5	9.57×10^{-13}	0.520	0.222	9.94×10^{-12}	7.52×10^{-11}	0.987	0.790	0.999	0.976
0.5～1	5.60×10^{-12}	0.550	0.358	1.25×10^{-11}	3.26×10^{-10}	0.982	0.866	0.999	0.989
1～3	2.70×10^{-11}	0.552	0.423	7.10×10^{-11}	3.32×10^{-10}	0.981	0.819	0.999	0.974
3～4	9.25×10^{-11}	0.554	0.413	2.89×10^{-10}	1.24×10^{-8}	0.984	0.860	0.998	0.956

由表 6-25 可知：随粒径增大，采用菲克扩散模型拟合得到的扩散系数 D_F 呈增大趋势，介于 8.45×10^{-15}～9.25×10^{-11} 之间，采用分数阶分形扩散模型拟合得到的分数阶 υ 随粒径增大整体呈增大趋势，介于 0.291～0.554 之间，结构系数 θ 亦整体呈增大趋势，介于 0.058～0.423 之间。采用分数阶分形扩散模型拟合得到的扩散系数 D_{FFDM} 与菲克模型中的相比较大，介于 4.50×10^{-13}～1.24×10^{-8} 之间，对比菲克模型和分数阶分形扩散模型二者相关系数，可发现分数阶分形扩散模型相关系数与菲克模型相比明显较高，证明该模型在描述瓦斯在煤颗粒中扩散的适用性。

6.7 本章小结

煤与瓦斯突出过程中伴随着大量的粉煤，粉煤既可能在突出酝酿阶段存在，也可能源于突出发展过程中瓦斯对煤的粉化作用。粉化过程中，煤样孔结构会发生明显的损伤，会对瓦斯吸附/解吸性能产生明显影响，本章分别从实验室实验、微观模型验证和宏观模型验证角度对煤中瓦斯吸附/解吸性能变化进行了分析，得到如下结论：

(1) 在相同条件下，不同粒径煤样的吸附等温线均表现为随压力增大，瓦斯吸附量的增幅逐渐减小。阳泉五矿煤样的吸附能力最强，马场矿煤样的吸附能力最小。马场矿和白龙山矿中不同粒径煤样的吸附等温线均存在明显“分区”集中现象，白龙山矿煤样的分区现象不明显，且随平衡压力增高，0.08～0.2 mm 粒径煤样存在交叉现象，其余粒径煤样则是随粒径减小，吸附量逐渐增加。由上述分析可知，在煤样未受到过度破坏时，随粒径减小，吸附等温线整体趋势越靠上，即煤样吸附能力逐渐增强。而受到过度破坏后，由于部分内比表面积被破坏，造成吸附能力下降，且由于随粒径减小，煤样孔的损伤程度不一致，故可能存在不同粒径等温线的交叉现象。随粒径减小，极限吸附量 a 值及压力吸附常数 b 整体与平衡颗粒直径呈幂函数上升关系。

(2) 不同矿区煤样的吸附平衡时间及变化规律不同，这是因为不同矿区煤样的孔结构分布特征不同，其受吸附平衡压力、粒径及孔结构的影响，随压力增大而减小。不同粒径煤样吸附平衡时间随压力增大而缩短，幅度介于 0.032～0.58之间。随粒径增大，吸附平衡时间明显增大，由小粒径的几分钟或几小时延长至数天甚至十几天。吸附平衡时间随粒径变化关系，在常压点的增长倍数介于1.07～440.49 之间，最高点的增长倍数介于 1.33～1 643.20 之间。

(3) 孔内瓦斯微观模型的验证：结合煤样微观运移模型，扩散路径长度，孔数目及克煤颗粒数，得出给定时间 t 时，克煤瓦斯理论解吸量，将其与给定时间下的实际解吸量进行对比，发现两者在数量级上具有一致性，宏观解吸实验验证了微观模型的正确性；结合第 4 章煤样孔内瓦斯运移微观理论模型与第 3 章实际单颗粒煤样总孔长及克煤颗粒数的相关数据，计算得到了孔半径 r_i 对应煤孔内克煤瓦斯运移平衡量随孔径变化关系，将得到的煤孔内瓦斯理论平衡量与实际吸附量对比，发现两者数量级是一致的，证明了微观模型的正确性。对比煤样孔内瓦斯理论平衡量与实际吸附量，得到半游离相中的平均密度调和因子，密度调和因子与压力、粒度及煤样孔结构均有关系。

(4) 结合实际吸附平衡时间及第 4 章中煤孔内瓦斯运移微观模型，得到瓦斯在煤最小孔半径内的运移长度，据孔半径对吸附平衡时间的影响推断得出，此值即为瓦斯在实际煤样中的扩散路径长度。马场矿煤样的扩散路径最小，白龙山矿煤样的扩散路径最大。随粒径增大扩散路径均急剧增加，扩散路径长增大倍数介于 1.38～90.65 之间。所有煤样的扩散路径最小值均在＜0.01 mm 或 0.01～0.08 mm 处取得，最大值均在 3～4 mm 处取得。因此，随着粒径减小，煤样扩散路径明显变短。

(5) 将 3.6 节中的单颗粒煤样总孔长数据除以扩散路径长，即可得到半径 r_i 对应的孔数目 $N(r_i)$，马场矿不同粒径煤样的孔数目最多，阳泉五矿煤样的孔数目最少，孔数目随孔半径增加及粒径减小而急剧减小，在孔径为 1 000 nm 时，孔数目增长倍数介于 $11.02 \sim 1.55\times10^{-5}$之间，在孔半径为 2 nm 时，孔数目增长倍数介于$47.28 \sim 5.88\times10^{-6}$之间。

(6) 除 YQW0.01～0.08 mm 煤样外，同一平衡压力下，粒径越小，累积解吸量曲线越靠上，初始解吸速度越大。随解吸进行，增长倍数逐渐减小。10 s 时增长倍数介于 1.16～38.6 之间，60 s 时增长倍数介于 1.07～27.41 之间；解吸平衡时间随粒径增大基本呈增大趋势，由几小时延长到几天。不同粒径煤样的解吸平衡时间增幅介于 1.17～50.07 之间；极限解吸量随粒径增大整体呈减小趋势，其随粒径减小增大倍数介于 1.01～1.32 之间。

(7) 分别将菲克扩散定律和分数阶分形扩散模型定律与宏观解吸曲线进行拟合，发现分数阶分形扩散模型的拟合程度较高，更适合用来描述瓦斯在煤颗粒中的运移。

7 孔隙损伤特性在煤与瓦斯突出方面的作用

7.1 突出煤粉的形成及瓦斯在突出中的作用

煤与瓦斯突出是煤体失稳破坏的一种动力现象，受采动影响，在煤岩体破碎变形与高压瓦斯渗流耦合作用下产生。地应力与瓦斯压力同时作用于煤体，使得煤体被破碎，煤中吸附瓦斯变为游离瓦斯，在封闭条件较好的区域形成高压瓦斯积聚，高压瓦斯不断撞击煤壁，降低煤体抵抗破坏的能力，而吸附瓦斯以楔子形式存在于煤微孔中，造成煤基质的膨胀，降低了煤体强度，同时增大了煤存储瓦斯的能力。当煤体强度不足以抵抗高压瓦斯作用时即被抛出，形成瓦斯-煤气固两相流，在两相流中煤粉颗粒不断碰撞破碎，瓦斯进一步解吸，形成破碎-解吸的正反馈机制，直至突出过程中消耗的能量不足以维持突出的进行[122,137,251-261]。

由上述分析可将突出过程分为孕育、激发、发展、终止四个阶段。发展阶段又可细分为煤体层裂、煤体破碎、剥离抛出三个小阶段(阶段划分如图 7-1 所示)。突出孕育阶段的破碎主要依靠地应力，而瓦斯压力在其中的作用是降低煤体强度，使原生裂隙得到扩展并贯通[262]，改变煤体原有孔裂隙结构，即改变瓦斯在煤内的运移通道，进而改变煤体渗透性及扩散性能，直到满足突出激发条件。在突出诱导因素的作用下，突出启动。高压瓦斯内能得到释放，煤体得到进一步破碎并被抛出，瓦斯得到进一步解吸。因此，煤与瓦斯的突出需存在煤体的破碎、高压瓦斯的形成、高压瓦斯泄压及煤体抛出破碎几个过程。

综上所述，瓦斯在突出孕育阶段的作用表现为：煤样中游离瓦斯的存在会降低煤样抵抗破坏的能力，增强煤样脆度；吸附瓦斯的存在会减小煤样表面张力，使煤样骨架发生相对膨胀，从而减弱煤样颗粒间作用力，减少煤样破坏所需能量[263]。突出激发条件为高压瓦斯作用大于煤样强度，即高压瓦斯所产生的能量足以抛出煤样时突出才可发生。

针对突出发生后产生大量煤粉现象，胡千庭[264]统计并分析了已有突出案例中突出煤样的粒径分布，证明有相当比例的煤样粒径小于 100 μm，细煤粉中

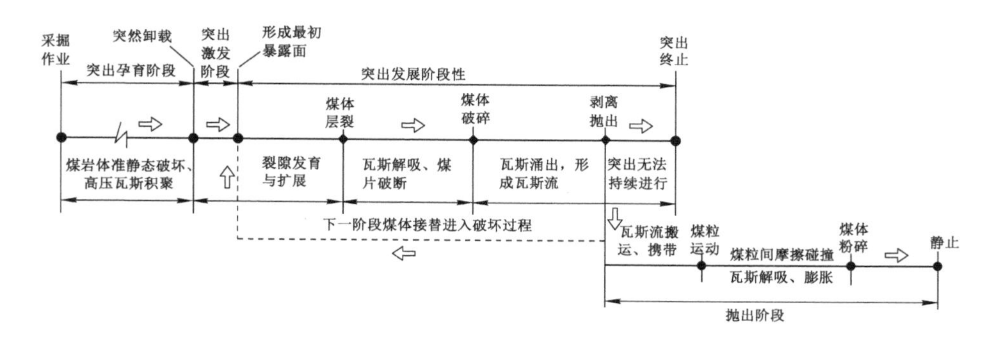

图 7-1　煤与瓦斯突出发生的阶段划分

最大比例达到 53.8%。关于突出过程中细煤粉的来源及瓦斯在突出中的作用，国内外学者进行了大量的研究。苏联霍多特的能量假说认为，突出煤样在静、动载荷作用下破碎，瓦斯自破碎煤样中解吸，瓦斯膨胀抛出煤粉[265]；彼图霍夫等的分层分离说认为，瓦斯参与分层分离和破碎煤样的抛出；克利沃鲁奇科的振动说认为，瓦斯是造成突出的主体，而煤粉碎、瓦斯解吸和抛出能量由围岩通过振动来传递。英国鲍莱的动力效应说认为，突出破碎煤样的抛出是由于吸附瓦斯自破碎煤样中迅速解吸释放出足够能量。法国耿尔等的游离瓦斯压力说认为，煤样内部游离瓦斯压力是发动突出的主要力量。苏联包布洛夫的应力分布不均匀说认为，内外瓦斯压力差引起分层突破并向深部传播[266]。于不凡[267]的发动中心说认为，距工作面某一距离的应力集中点是突出的发动中心，地应力场、瓦斯压力场、煤结构分布的不均匀导致突出向周围发展。何学秋等[268]的流变说认为，突出是含瓦斯煤样快速流变的结果。蒋承林等[269]的球壳失稳说认为，自地应力作用破坏煤样中快速释放并积聚起的高压瓦斯会撕裂煤样并抛出失稳的球盖状煤壳。我国学者还从不同角度对突出过程做了进一步研究。郑哲敏等[270-271]认为高压瓦斯为提供大型突出所需能量，瓦斯内能比煤样的弹性潜能大 1～3 个量级。丁晓良等[272-273]认为突出发生是煤样失稳破坏与瓦斯渗流耦合的结果。文光才等[274-275]进一步研究了突出过程中的能量聚积和释放规律。郭德勇等[276]认为突出过程中存在受构造组合、构造应力场、构造煤和煤层瓦斯影响的黏滑失稳现象。梁冰等[277]建立了突出固流耦合失稳数学模型。李萍丰[278]认为突出是煤粒-瓦斯二相流体压缩积蓄和卸压膨胀放出能量。徐涛等[279]运用固流耦合的相关理论对突出过程进行了数值模拟研究。景国勋等[263]认为煤层吸附瓦斯影响煤的物理力学性质，加剧了煤样失稳破坏过程。

综上所述，突出发生后有大量煤粉产生。突出后煤粉一部分来源于突出发生前的地质构造破碎作用，另一部分来源于突出发展过程中瓦斯对煤样的粉碎作用。瓦斯在突出中的作用主要表现为高压瓦斯集聚的膨胀能对煤样的抛出及破碎。

7.2 突出激发条件

突出激发条件表现在高压瓦斯对煤样的搬运作用。高压瓦斯在经过突出口后，产生高速气流，并且在突出口附近形成压力梯度，通过突出口产生的超音速高湍流会载着煤粉颗粒在巷道内向前运移。

7.2.1 瓦斯膨胀能

突出发生过程中，一方面游离瓦斯体积膨胀释放内能，另一方面部分吸附瓦斯解吸为游离瓦斯。设突出地点瓦斯压力为 p_b，突出发生时，涌出瓦斯体积为 V_0，则可得瓦斯膨胀能：

$$W_P = \frac{p_0 V_0}{n-1}\left[\left(\frac{p_b}{p_0}\right)^{\frac{n-1}{n}} - 1\right] \tag{7-1}$$

式中　p_0——大气压；

n——系数，对于绝热过程 $n=1.31$。

7.2.2 煤体抛出功

质量为 m 的煤粉颗粒所具有的动能为：

$$E = mv^2/2 \tag{7-2}$$

式中　v——煤粉被抛出时所具有的速度，通常取 1～5 m/s。

为使煤粉被抛出，必须满足：

$$W_p \geqslant E \tag{7-3}$$

由此可知，要在短时间内抛出大量煤粉，瓦斯气流必须具有很高的速度，才能产生很大的能量。因此要想突出发生，必须有高速气流。

7.3 瓦斯膨胀能分布演化特征

在突出孕育、激发和发展三个阶段中均存在着煤样粉化现象，而粉化过程中煤孔隙结构会发生损伤，进而引起煤中瓦斯吸附/解吸性能的改变，导致了不同粒径煤样之间瓦斯膨胀能的差异。研究突出激发条件得到满足时不同粒径煤样所能提供的瓦斯膨胀能，对推进煤与瓦斯突出机理研究具有重要作用。

由马场矿、阳泉五矿、白龙山矿突出现场事故调查报告可知，突出发生地点瓦斯压力分别为 1.83 MPa、1.1 MPa 和 1.67 MPa，假设突出从发生到终止所用时间为 30 s，则不同粒径煤样瓦斯膨胀能分布特征如图 7-2 所示，图中 $W_{ap}(r)$和 $W_{yp}(r)$分别表示与孔半径 r 对应的煤孔吸附层和半游离相内瓦斯膨胀能，该值可用式(7-4)和式(7-5)表示：

$$W_{ap}(r)=\frac{p_0 Q_{Lag}(r)}{n-1}\left[\left(\frac{p_b}{p_0}\right)^{\frac{n-1}{n}}-1\right] \tag{7-4}$$

$$W_{yp}(r)=\frac{p_0 Q_{Lyg}(r)}{n-1}\left[\left(\frac{p_b}{p_0}\right)^{\frac{n-1}{n}}-1\right] \tag{7-5}$$

式中 $Q_{Lag}(r)$——时间为 30 s、孔半径为 r 时煤孔吸附层内理论瓦斯量，mL/g。

$Q_{Lyg}(r)$——时间为 30 s、孔半径为 r 时煤孔游离相内理论瓦斯量，mL/g。

由图 7-2 可知，马场矿不同半径孔内吸附层和半游离相内瓦斯膨胀能分别介于 1.5×10^{-5}～0.1 J/g 和 1×10^{-8}～1 J/g 之间；阳泉五矿和白龙山矿各半径孔内吸附层和半游离相内瓦斯膨胀能分别介于 5×10^{-7}～5×10^{-2} J/g 和 5×10^{-7}～5 J/g 之间。

由图 7-2 可知，除 MC0.01～0.08 mm 至 0.25～0.5 mm 粒径的煤样外，三个矿区不同粒径煤样吸附层内瓦斯膨胀能在半径大于 2 nm 时均随孔半径增大，整体呈先减小后增大趋势，主要原因为该孔径的孔型基本以两端开口为主。而 MC0.01～0.08 mm 至 0.25～0.5 mm 粒径的煤样，在 2～20 nm 孔径段范围内存在下降趋势，主要原因是该孔径的孔数目呈下降趋势；<2 nm 孔半径的瓦斯膨胀能分布相对复杂，主要由于该孔径的孔数目及开口数目变化较复杂。三个矿区不同粒径煤样游离相内瓦斯膨胀能随孔半径增大而增大，关键原因为游离相内瓦斯膨胀能主要受孔半径影响。由图 7-2 可知，突出发生时有部分吸附瓦斯解吸参与做功。在实际煤颗粒中，瓦斯膨胀能与煤样孔结构(孔半径、开口数目、孔数目等)、煤对瓦斯的吸附能力、吸附平衡压力等有关。瓦斯膨胀能大小主要取决于煤样孔半径，孔数目，吸附常数 a、b 值，吸附平衡压力等，在控制单一变量情况下，增大煤样孔半径，开口数目，孔数目，吸附常数 a、b 值及吸附平衡压力均会引起瓦斯膨胀能的增大。

将图 7-2 中各半径孔吸附层和游离相内瓦斯膨胀能分别进行累加，得到突出现场煤颗粒吸附层和游离相的理论瓦斯膨胀能 W_{apt} 和 W_{ypt}，即采用公式(7-6)与(7-7)进行计算，煤颗粒总瓦斯膨胀能理论值 W_{pt} 可表示为：

$$W_{apt}=\sum_{i=1}^{n}W_{ap}(r_i) \tag{7-6}$$

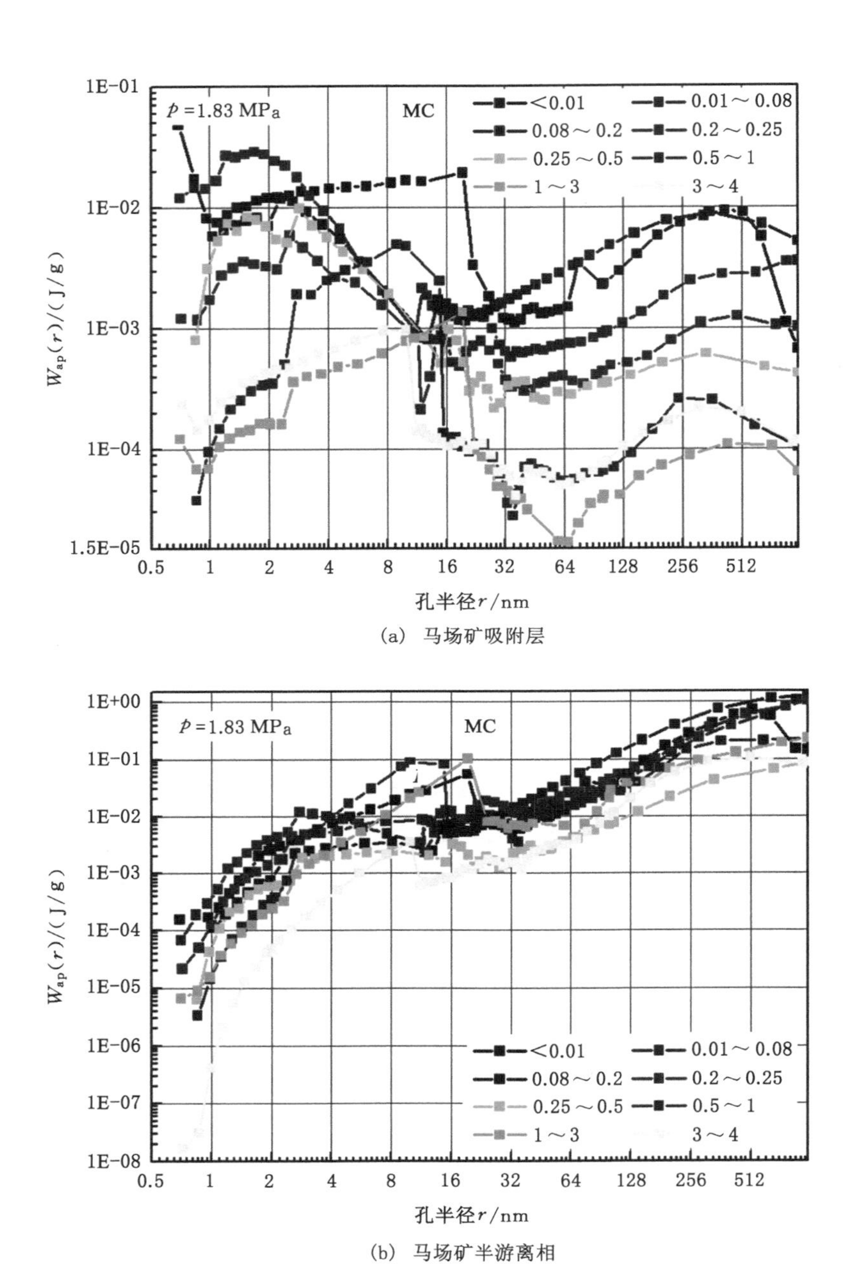

(a) 马场矿吸附层

(b) 马场矿半游离相

图 7-2　不同粒径煤瓦斯膨胀能分布特征

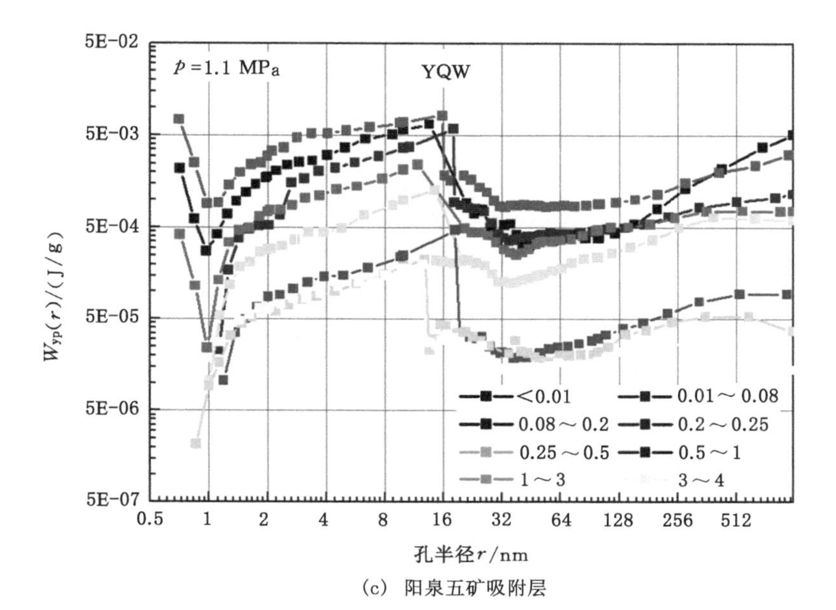

(c) 阳泉五矿吸附层

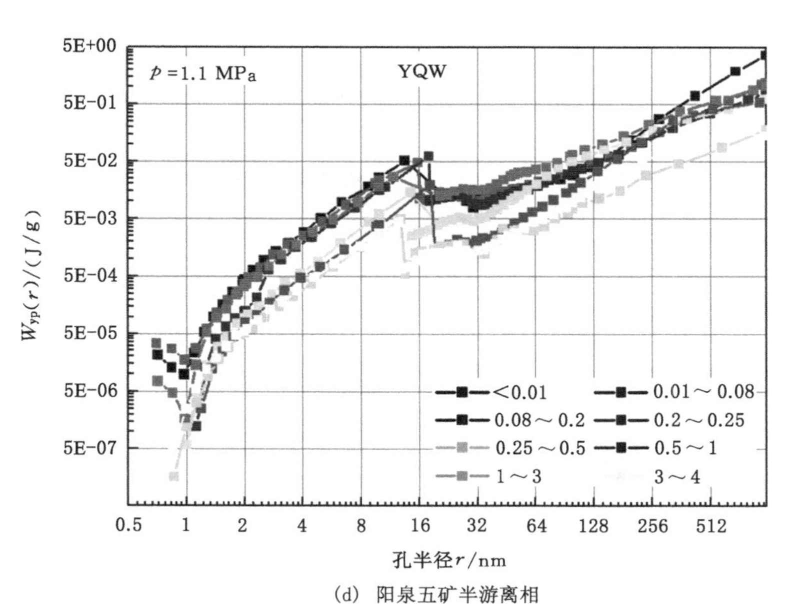

(d) 阳泉五矿半游离相

图 7-2(续)

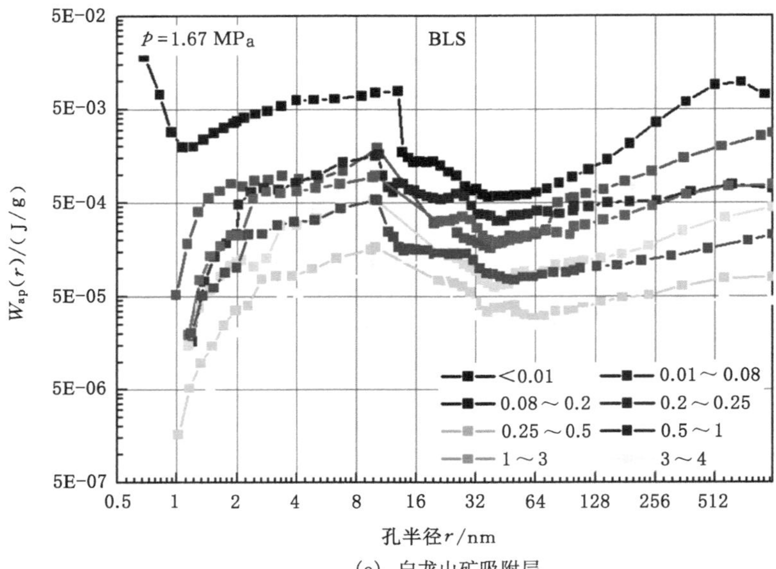

(e) 白龙山矿吸附层

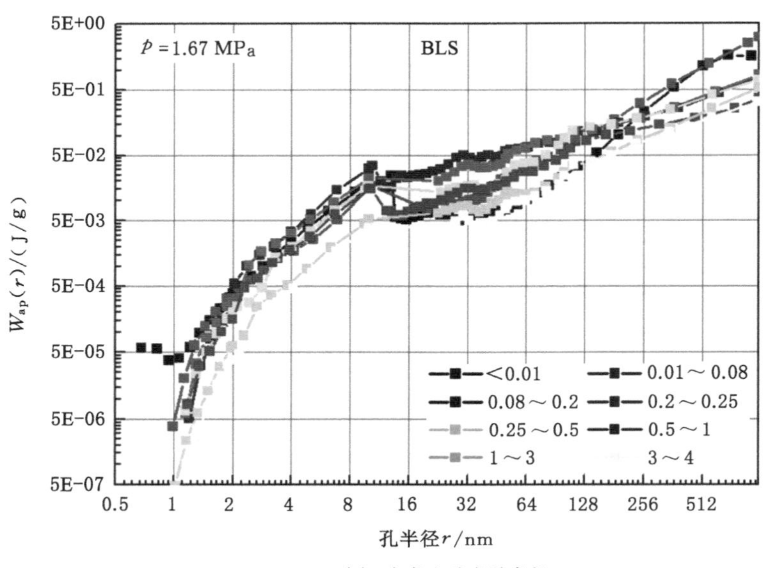

(f) 白龙山矿半游离相

图 7-2(续)

$$W_{ypt}=\sum_{i=1}^{n}W_{yp}(r_i) \tag{7-7}$$

$$W_{pt}=W_{ap}(r)+W_{yp}(r) \tag{7-8}$$

表 7-1 不同粒径煤样瓦斯膨胀能理论值

粒径 D /mm	MC 瓦斯膨胀能理论值 /(MJ/t)				YQW 瓦斯膨胀能理论值 /(MJ/t)				BLS 瓦斯膨胀能理论值 /(MJ/t)			
	W_{apt}	W_{ypt}	W_{pt}	倍数	W_{apt}	W_{ypt}	W_{pt}	倍数	W_{apt}	W_{ypt}	W_{pt}	倍数
<0.01	0.393	3.605	3.998	6.917	0.073	7.248	7.321	12.101	0.176	7.151	7.328	3.695
0.01～0.08	0.340	4.150	4.490	7.768	0.118	4.018	10.068	16.641	0.029	8.718	8.746	4.410
0.08～0.2	0.170	4.304	4.474	7.740	0.047	2.628	2.675	4.421	0.033	6.300	6.333	3.194
0.2～0.25	0.065	3.712	3.777	6.535	0.029	4.001	4.030	6.661	0.018	6.613	6.631	3.344
0.25～0.5	0.009	1.477	1.486	2.571	0.015	2.051	2.066	3.415	0.008	5.452	5.460	2.753
0.5～1	0.031	1.480	1.511	2.614	0.003	2.134	2.137	3.532	0.009	3.995	4.004	2.019
1～3	0.009	1.477	1.486	2.571	0.002	1.100	1.103	1.823	0.003	2.939	2.942	1.484
3～4	0.012	0.566	0.578	1.000	0.002	0.603	0.605	1.000	0.002	1.981	1.983	1.000

突出发生时，不同粒径煤样提供的理论瓦斯膨胀能为吸附层和半游离相内瓦斯膨胀能之和。由表 7-1 中数据可知，随粒径减小，不同粒径煤样的可提供理论瓦斯膨胀能基本呈增大趋势。马场矿的不同粒径煤样可提供理论瓦斯膨胀能介于 0.012～0.340 MJ/t 之间，最大值是最小值的 7.768 倍，增大倍数介于 2.571～7.768 之间。阳泉五矿的不同粒径煤样可提供理论瓦斯膨胀能介于 0.605～10.068 MJ/t之间，最大值是最小值的 16.641 倍，增大倍数介于 1.823～16.641 之间。白龙山矿的不同粒径煤样可提供理论瓦斯膨胀能介于 1.983～8.746 MJ/t 之间，最大值是最小值的 4.41 倍，增大倍数介于 1.484～4.41 之间。

7.4 突出“粉煤”存在必要性判定

假设在突出发动前一刻，煤样粒径是单一的，将表 7-1 中不同粒径煤样瓦斯膨胀能理论值与抛出煤(岩)样量相乘，则可得到突出发生时抛出煤(岩)样所能提供瓦斯膨胀能理论值：

$$W_{Lp}=W_{pt}\cdot m \tag{7-9}$$

式中 W_{Lp}——突出发生时，抛出煤(岩)样所能提供理论瓦斯总膨胀能，MJ；

m——抛出煤(岩)体质量，t。

突出孕育阶段，煤样孔隙中所含游离瓦斯体积 V_y 可用下式进行估算：

$$V_y = \frac{m\varphi}{\rho_g} \cdot \frac{p_b}{Z} \tag{7-10}$$

式中 m——突出发生时抛出煤(岩)量，t；

φ——煤孔隙率，%；

ρ_g——煤样假密度，g/cm^3；

Z——突出地点气体压缩因子。

将不同粒径煤粉孔隙中所含游离瓦斯体积 V_y、瓦斯膨胀能理论值计算结果及马场矿、阳泉五矿、白龙山矿 3 次煤与瓦斯突出现场相关资料列于表 7-2 中。

表 7-2 突出能量计算相关参数

i	粒径 D /mm	MC			YQW			BLS		
		抛出煤量	瓦斯膨胀能理论值	游离瓦斯	抛出煤量	瓦斯膨胀能理论值	游离瓦斯	抛出煤量	瓦斯膨胀能理论值	游离瓦斯
1	<0.01	2 051	8 199.898	14 296.735	325	2 379.325	1 597.170	868	6 360.704	7 680.572
2	0.01～0.08	2 051	9 208.99	9 943.052	325	3 272.1	1 118.076	868	7 591.528	2 726.693
3	0.08～0.2	2 051	9 176.174	3 245.782	325	869.375	399.778	868	5 497.044	1 202.826
4	0.2～0.25	2 051	7 746.627	2 439.889	325	659.75	356.811	868	5 755.708	1 122.459
5	0.25～0.5	2 051	3 047.786	1 193.267	325	671.45	293.955	868	4 739.28	724.621
6	0.5～1	2 051	3 099.061	870.932	325	694.525	117.824	868	3 475.472	683.664
7	1～3	2 051	3 047.786	783.425	325	358.475	112.998	868	2 553.656	664.673
8	3～4	2 051	1 185.478	532.403	325	196.625	89.144	868	1 721.244	633.510

由表 7-2 可知，不同粒径煤样提供的瓦斯膨胀能不同，瓦斯膨胀能随粒径减小整体呈增大趋势；突出孕育阶段，不同粒径煤样中所含游离瓦斯量不同，随粒径减小游离瓦斯量整体呈增大趋势。

假设突出发动时，煤颗粒所能提供瓦斯膨胀能理论值全部用来搬运煤体，则其值等于煤样抛出功，即满足：

$$W_{Lp} = E \tag{7-11}$$

假设突出激发瞬间，所有粒径煤样均具有相同的抛出速度，该抛出速度可采用平均速度表示：

$$\bar{v} = \frac{\sum_{i=1}^{8} \sqrt{2E_i/m}}{8} \tag{7-12}$$

式中 m——突出发生时抛出煤(岩)量,t;

E_i——第 i 种煤样的抛出功,MJ;

$\bar{v}$——突出激发瞬间,抛出煤体的平均运移速度,m/s。

将突出激发瞬间,抛出煤样平均运移速度 $\bar{v}$ 代入式(7-2)中,即可得到突出发生时所需平均抛出功 $\bar{E}$,因突出激发瞬间实际瓦斯膨胀能应至少等于平均抛出功,则由平均抛出功,结合式(7-13)即可得到突出发生时所需最小瓦斯量 $V_{\min}$,该瓦斯量由突出孕育阶段煤体孔隙中所含游离瓦斯体积 V_y 及部分解吸瓦斯 V_j 组成。

$$V_{\min}=\bar{E}(n-1)\Big/p_0\left[\left(\frac{p_b}{p_0}\right)^{\frac{n-1}{n}}-1\right] \tag{7-13}$$

$$V_j=V_{\min}-V_y \tag{7-14}$$

将突出过程中所需解吸瓦斯量转化为吨煤瓦斯解吸量 V'_j,可用式(7-15)进行:

$$V'_j=V_j/m \tag{7-15}$$

随粒径增大,瓦斯解吸速度逐渐降低,由于煤样粒径大于 3～4 mm 时,解吸速度随粒径增大的降幅有限。假设突出激发前一时刻,突出发生地点煤样粒径全部为 3～4 mm,则将该粒径下煤样抛出功 $\bar{E}$、突出发生时所需最小瓦斯量 $V_{\min}$、煤体孔隙中所含游离瓦斯体积 V_y、部分解吸瓦斯 V'_j 量及时间为 30 s 时该煤样实验可解吸瓦斯量 Q_{30} 列于表 7-3 中。

表 7-3 突出发展所需解吸瓦斯量计算结果

矿区名称	突出激发所需解吸瓦斯量计算结果				
	抛出功/MJ	突出发展所需最小瓦斯解吸量/(m³/t)	游离瓦斯解吸量/(m³/t)	突出发展所需瓦斯解吸量/(mL/g)	常规解吸量/(mL/g)
MC	5 091.492	10 453.181	532.403	4.837	0.245
YQW	948.434	2 581.771	89.144	7.670	2.270
BLS	4 500.883	9 697.226	633.510	10.442	1.900

由表 7-3 可知,马场矿的突出发展所需瓦斯解吸量为 4.837 mL/g,而其常规解吸量仅为 0.245 mL/g;阳泉五矿的突出发展所需瓦斯解吸量为 7.670 mL/g,而其常规解吸量仅为 2.270 mL/g;白龙山矿的突出发展所需瓦斯解吸量为 10.442 mL/g,而其常规解吸量仅为 1.900 mL/g。由此可知,三个矿区突出发动时所需瓦斯解吸量均大于常规解吸量,常规粒径煤样短时间内解吸量不足以推动突出的发生,即突出发生时必须存在小粒径煤样。这三个突出矿区突出地点均发生

在地质构造带，煤样在地质构造作用下发生破碎，具备“粉煤”形成的条件。因此，“粉煤”存在是大型突出发生的必备条件。

7.5 本章小结

（1）煤样中游离瓦斯的存在会降低煤样抵抗破坏的能力，增强煤样脆度；吸附瓦斯的存在会减小煤体表面张力，使煤样骨架发生相对膨胀，从而减弱了煤颗粒间的作用力，削弱了煤样破坏所需能量。突出激发条件为：高压瓦斯所产生的能量足以抛出煤样。

（2）结合孔结构分布特征及微观运移模型，运用突出瓦斯膨胀能公式，获得不同粒径煤样的瓦斯膨胀能随孔半径变化分布规律，结果表明，随着孔半径的增加，煤样孔吸附层和半游离相内瓦斯膨胀能分布基本呈增大趋势，表明突出发生时，瓦斯能来自于游离瓦斯和部分解吸瓦斯。随着粒径减小，不同粒径煤样可提供的理论瓦斯膨胀能基本呈增大趋势。

（3）根据突出发展能量条件计算获得，突出激发所需瓦斯解吸量均大于常规粒径煤样解吸量，由此推断，常规粒径煤样短时间内的解吸速度不能推动突出的发生，即突出发生时必须存在大量小粒径煤样。

参考文献

[1] 孙平.煤田地质与勘探[M].北京:煤炭工业出版社,1996.

[2] 张子敏.瓦斯地质基础[M].北京:煤炭工业出版社,2008.

[3] 曹长武.火电厂燃料质量检测与应用[M].北京:中国电力出版社,2013.

[4] 郑得文.煤层气资源储量评估方法与理论研究[D].杭州:浙江大学,2007.

[5] 司书芳,王向军.煤的粒径对肥煤和气煤孔隙结构的影响[J].煤矿安全,2012,43(12):26-29.

[6] 周少华.焦作矿区不同破坏类型煤的瓦斯吸附特性研究[D].焦作:河南理工大学,2011.

[7] 李相臣,康毅力.煤层气储层微观结构特征及研究方法进展[J].中国煤层气,2010,7(2):13-17.

[8] 宋播艺,宋党育,李春辉,等.基于压汞法探究岩浆侵入对煤孔隙的影响[J].煤田地质与勘探,2017,45(3):7-12.

[9] 郎伟伟,宋志敏,刘高峰,等.基于低温液氮吸附实验的变形煤孔隙分布及其分形特征[J].河南工程学院学报(自然科学版),2015,27(2):34-37.

[10] 宋晓夏,唐跃刚,李伟,等.基于小角X射线散射构造煤孔隙结构的研究[J].煤炭学报,2014,39(4):719-724.

[11] 王博文,李伟.基于小角X射线散射的灰分对煤孔隙结构的影响研究[J].煤矿安全,2017,48(1):144-148.

[12] 郝琦.煤的显微孔隙形态特征及其成因探讨[J].煤炭学报,1987,12(4):51-56.

[13] 张晓辉,康志勤,要惠芳,等.基于CT技术的不同煤体结构煤的孔隙结构分析[J].煤矿安全,2014,45(8):203-206.

[14] 高尚,王亮,高杰,等.基于分形理论的不同变质程度硬煤孔隙结构试验研究[J].煤炭科学技术,2018,46(8):93-100.

[15] 郑庆荣,刘鸿福,李伟,等.煤孔隙结构构造变形的压汞法和小角X射线散射表征[J].中国矿业,2015,24(1):149-154.

[16] 刘长江,张琨,宋播.CO_2 地质埋藏深度对高阶煤孔隙结构的影响[J].煤田

地质与勘探,2018,46(5):32-36.
[17] 赵兴龙,汤达祯,许浩,等.煤变质作用对煤储层孔隙系统发育的影响[J].煤炭学报,2010,35(9):1506-1511.
[18] 宋晓夏,唐跃刚,李伟,等.基于显微CT的构造煤渗流孔精细表征[J].煤炭学报,2013,38(3):435-440.
[19] 邓连学.扫描电镜-能谱分析技术在煤矿物组成研究中的应用[J].当代化工研究,2016(10):40-41.
[20] 邹涛,周素红,余方,等.压汞法和气体吸附法测定固体材料孔径分布和孔隙度:第3部分:气体吸附法分析微孔(送审稿)[C]//第七届全国颗粒测试学术会议、2008上海市颗粒学会年会论文集.张家界,2008:262-272.
[21] 李明.构造煤结构演化及成因机制[D].徐州:中国矿业大学,2013.
[22] 孟召平,刘珊珊,王保玉,等.不同煤体结构煤的吸附性能及其孔隙结构特征[J].煤炭学报,2015,40(8):1865-1870.
[23] 朱兴珊.煤层孔隙特征对抽放煤层气影响[J].中国煤层气,1996(1):37-39.
[24] 张慧.煤孔隙的成因类型及其研究[J].煤炭学报,2001,26(1):40-44.
[25] 霍多特.煤与瓦斯突出[M].宋士钊,王佑安,译.北京:中国工业出版社,1966.
[26] 吴俊,金奎励,童有德,等.煤孔隙理论及在瓦斯突出和抽放评价中的应用[J].煤炭学报,1991,16(3):86-95.
[27] 刘常洪.煤孔结构特征的试验研究[J].煤矿安全,1993,24(8):1-5.
[28] 琚宜文,姜波,侯泉林,等.华北南部构造煤纳米级孔隙结构演化特征及作用机理[J].地质学报,2005,79(2):269-285.
[29] 琚宜文,江波,王桂樑,等.构造煤结构及储层物性[M].徐州:中国矿业大学出版社,2005.
[30] 傅雪海,秦勇,张万红,等.基于煤层气运移的煤孔隙分形分类及自然分类研究[J].科学通报,2005,50(S1):51-55.
[31] 桑树勋,朱炎铭,张时音,等.煤吸附气体的固气作用机理(Ⅰ):煤孔隙结构与固气作用[J].天然气工业,2005,25(1):13-15.
[32] 陈萍,唐修义.低温氮吸附法与煤中微孔隙特征的研究[J].煤炭学报,2001,26(5):552-556.
[33] 赵志根,唐修义.低温氮吸附法测试煤中微孔隙及其意义[J].煤田地质与勘探,2001,29(5):28-30.
[34] 杨治国,董露钢,李占五.超化煤矿煤与瓦斯突出原因及防治对策[J].煤炭科学技术,2013,41(1):74-77.

[35] 赵文峰，熊建龙，张军，等.构造煤分布规律及对煤与瓦斯突出的影响[J].煤炭科学技术，2013，41(2)：52-55.

[36] 张建国.平顶山矿区构造环境对煤与瓦斯突出的控制作用[J].采矿与安全工程学报，2013，30(3)：432-436.

[37] 程云岗，刘程，窦仲四.软分层对煤层厚度及煤与瓦斯突出影响的研究[J].工业安全与环保，2013，39(6)：42-45.

[38] 程远平，张晓磊，王亮.地应力对瓦斯压力及突出灾害的控制作用研究[J].采矿与安全工程学报，2013，30(3)：408-414.

[39] 高魁，刘泽功，刘健，等.地质构造物理环境对煤与瓦斯突出的影响综合分析[J].煤矿安全，2012，43(8)：174-176.

[40] 张春华，刘泽功，刘健，等.封闭型地质构造诱发煤与瓦斯突出的力学特性模拟试验[J].中国矿业大学学报，2013，42(4)：554-559.

[41] 李云波，谭志宏.构造煤层位对煤与瓦斯突出的影响数值分析[J].煤矿安全，2011，42(4)：5-8.

[42] JIANG J Y，CHENG Y P，WANG L.The controlling effect of extremely thick igneous intrusions on coal and gas outburst[J].Journal of China University of Mining & Technology，2012(1)：42-47.

[43] 肖藏岩，韦重韬，郭立稳.中低煤阶煤对 CO 的吸附/解吸特性[J].煤炭科学技术，2016，44(11)：98-102.

[44] QIN Z H，HOU C L，ZHANG D，et al.Characteristics of micropore-inbuilt form of micromolecules in coal and their solubilization rules[J].Journal of China University of Mining & Technology，2007，36(5)：586-591.

[45] CHANG H Z，CAI X M，LI G X，et al.Characterization for the stacking structure of coal macerals with different type reductivity[J].Journal of Shanxi University(natural science edition)，2008(2)：223-227.

[46] CHANG H Z，WANG C G，ZENG F G，et al.XPS comparative analysis of coal macerals with different reducibility[J].Journal of fuel chemistry and technology，2006(4)：389-394.

[47] YU H G，FAN W T，SUN M Y，et al.Study on fitting models for methane isotherms adsorption of coals[J].Journal of China coal society，2004(4)：463-467.

[48] 蔺华林，李克健，章序文，等.神东上湾煤及其显微组分富集物结构特征研究[J].煤炭转化，2013，36(2)：1-5.

[49] 徐海飞，潘结南.中-高煤阶构造变形煤纳米级孔隙结构及其对甲烷吸附能

力的影响[J].煤矿安全,2015,46(12):27-30+34.

[50] BATTISTUTTA E,VAN HEMERT P,LUTYNSKI M,et al.Swelling and sorption experiments on methane,nitrogen and carbon dioxide on dry Selar Cornish coal[J].International journal of coal geology,2010,84(1):39-48.

[51] AN F H,CHENG Y P,WU D M,et al.The effect of small micropores on methane adsorption of coals from Northern China[J].Adsorption,2013,19(1):83-90.

[52] BUSCH A,GENSTERBLUM Y,KROOSS B M.High-pressure sorption of nitrogen,carbon dioxide,and their mixtures on Argonne premium coals[J].Energy & fuels,2007,21(3):1640-1645.

[53] BUSCH A,GENSTERBLUM Y,KROOSS B M.Methane and CO_2 sorption and desorption measurements on dry Argonne premium coals:pure components and mixtures[J].International journal of coal geology,2003,55(2/3/4):205-224.

[54] BUSCH A,GENSTERBLUM Y,KROOSS B M,et al.Investigation of high-pressure selective adsorption/desorption behaviour of CO_2 and CH_4 on coals:an experimental study[J].International journal of coal geology,2006,66(1/2):53-68.

[55] ASTASHOV A V,BELYI A A,BUNIN A V.Quasi-equilibrium swelling and structural parameters of coals[J].Fuel,2008,87(15/16):3455-3461.

[56] CAI Y D,LIU D M,PAN Z J,et al.Petrophysical characterization of Chinese coal cores with heat treatment by nuclear magnetic resonance[J].Fuel,2013,108:292-302.

[57] GAN H,NANDI S P,WALKER P L Jr.Nature of the porosity in American coals[J].Fuel,1972,51(4):272-277.

[58] NELSON J R,MAHAJAN O P,WALKER P L Jr.Measurement of swelling of coals in organic liquids:a new approach[J].Fuel,1980,59(12):831-837.

[59] MARECKA A,MIANOWSKI A.Kinetics of CO_2 and CH_4 sorption on high rank coal at ambient temperatures[J].Fuel,1998,77(14):1691-1696.

[60] DAY S,FRY R,SAKUROVS R.Swelling of moist coal in carbon dioxide and methane[J].International journal of coal geology,2011,86(2/3):197-203.

[61] HE M C, WANG C G, FENG J L, et al. Experimental investigations on gas desorption and transport in stressed coal under isothermal conditions [J]. International journal of coal geology, 2010, 83(4): 377-386.

[62] LE GAL N, LAGNEAU V, CHARMOILLE A. Experimental characterization of CH_4 release from coal at high hydrostatic pressure[J]. International journal of coal geology, 2012(96/97): 82-92.

[63] RADLIŃSKI A P, BUSBRIDGE T L, GRAY E M A, et al. Small angle X-ray scattering mapping and kinetics study of sub-critical CO_2 sorption by two Australian coals[J]. International journal of coal geology, 2009, 77(1/2): 80-89.

[64] SAKUROVS R. Relationships between CO_2 sorption capacity by coals as measured at low and high pressure and their swelling[J]. International journal of coal geology, 2012(90/91): 156-161.

[65] SIEMONS N, WOLF K H A A, BRUINING J. Interpretation of carbon dioxide diffusion behavior in coals[J]. International journal of coal geology, 2007, 72(3/4): 315-324.

[66] GIULIANI J D, WANG P R, DYRKACZ G R, et al. The characterisation of two Australian bituminous coals and isolated maceral fractions by sequential pyrolysis-gas chromatography/mass spectrometry[J]. Journal of analytical and applied pyrolysis, 1991, 20: 151-159.

[67] PONE J D N, HALLECK P M, MATHEWS J P. Sorption capacity and sorption kinetic measurements of CO_2 and CH_4 in confined and unconfined bituminous coal[J]. Energy & Fuels, 2009, 23(9): 4688-4695.

[68] MAPHALA T, WAGNER N J. Effects of CO_2 storage in coal on coal properties[J]. Energy procedia, 2012, 23: 426-438.

[69] YU H G, YUAN J, GUO W J, et al. A preliminary laboratory experiment on coalbed methane displacement with carbon dioxide injection[J]. International journal of coal geology, 2008, 73(2): 156-166.

[70] KIM H J, SHI Y, HE J W, et al. Adsorption characteristics of CO_2 and CH_4 on dry and wet coal from subcritical to supercritical conditions[J]. Chemical engineering journal, 2011, 171(1): 45-53.

[71] DUTKA B, KUDASIK M, POKRYSZKA Z, et al. Balance of CO_2/CH_4 exchange sorption in a coal briquette[J]. Fuel processing technology, 2013, 106: 95-101.

[72] MAJEWSKA Z,CEGLARSKA-STEFAŃSKA G,MAJEWSKI S,et al.Binary gas sorption/desorption experiments on a bituminous coal:simultaneous measurements on sorption kinetics,volumetric strain and acoustic emission[J].International journal of coal geology,2009,77(1/2):90-102.

[73] MASTALERZ M, GLUSKOTER H, RUPP J. Carbon dioxide and methane sorption in high volatile bituminous coals from Indiana,USA[J]. International journal of coal geology,2004,60(1):43-55.

[74] MAJEWSKA Z,ZIETEK J.Changes of acoustic emission and strain in hard coal during gas sorption-desorption cycles[J].International journal of coal geology,2007,70(4):305-312.

[75] CROSDALE P J,BEAMISH B B,VALIX M.Coalbed methane sorption related to coal composition[J].International journal of coal geology,1998,35(1/2/3/4):147-158.

[76] PETER C L.Controls on methane sorption capacity of Indian coals[J]. AAPG bulletin,2002,86(2):201-212.

[77] MAZUMDER S, WOLF K H. Differential swelling and permeability change of coal in response to CO_2 injection for ECBM[J]. International journal of coal geology,2008,74(2):123-138.

[78] DAY S,DUFFY G,SAKUROVS R,et al.Effect of coal properties on CO_2 sorption capacity under supercritical conditions[J].International journal of greenhouse gas control,2008,2(3):342-352.

[79] GENSTERBLUM Y,VAN HEMERT P,BILLEMONT P,et al.European inter-laboratory comparison of high pressure CO_2 sorption isotherms Ⅱ: natural coals[J]. International journal of coal geology, 2010, 84(2): 115-124.

[80] HILDENBRAND A, KROOSS B M, BUSCH A, et al. Evolution of methane sorption capacity of coal seams as a function of burial history:a case study from the Campine Basin,NE Belgium[J].International journal of coal geology,2006,66(3):179-203.

[81] FAIZ M, SAGHAFI A, SHERWOOD N, et al. The influence of petrological properties and burial history on coal seam methane reservoir characterisation,Sydney Basin,Australia[J].International journal of coal geology,2007,70(1/2/3):193-208.

[82] BUSTIN R M,CLARKSON C R.Geological controls on coalbed methane

reservoir capacity and gas content [J]. International journal of coal geology, 1998, 38(1/2): 3-26.

[83] YU H G, ZHOU L L, GUO W J, et al. Predictions of the adsorption equilibrium of methane/carbon dioxide binary gas on coals using Langmuir and ideal adsorbed solution theory under feed gas conditions[J]. International journal of coal geology, 2008, 73(2): 115-129.

[84] CAI Y D, LIU D M, PAN Z J, et al. Pore structure and its impact on CH_4 adsorption capacity and flow capability of bituminous and subbituminous coals from Northeast China[J]. Fuel, 2013, 103: 258-268.

[85] YU Y J, WANG Y H, YANG Q, et al. Adsorption characteristics of low-rank coal reservoirs and coalbed methane development potential, Junggar Basin[J]. Petroleum exploration & development, 2008, 35: 410-416.

[86] CEGLARSKA-STEFAŃSKA G, BRZÓSKA K. The effect of coal metamorphism on methane desorption[J]. Fuel, 1998, 77(6): 645-648.

[87] QIN Z H, JIANG C, HOU C L, et al. Solubilization of small molecules from coal and the resulting effects on the pore structure distribution[J]. Mining science and technology(China), 2009, 19(6): 761-768.

[88] YANG Y L, LIU X, JING X X, et al. Effect of drying time on the change of pore structure and re-adsorption behavior of lignite [J]. Journal of Taiyuan University of Technology, 2013(4): 417-421.

[89] BAE J S, BHATIA S K. High-pressure adsorption of methane and carbon dioxide on coal[J]. Energy & fuels, 2006, 20(6): 2599-2607.

[90] DAI S F, HAN D X, CHOU C L. Petrography and geochemistry of the middle Devonian coal from Luquan, Yunnan Province, China [J]. Fuel, 2006, 85(4): 456-464.

[91] ALLARDICE D J, EVANS D G. The-brown coal/water system (Part 2): Water sorption isotherms on bed-moist Yallourn brown coal [J]. Fuel, 1971, 50(3): 236-253.

[92] BANERJEE B D. Spacing of fissuring network and rate of desorption of methane from coals[J]. Fuel, 1988, 67(11): 1584-1586.

[93] BHATTACHARYYA K K. The role of desorption of moisture from coal in its spontaneous heating[J]. Fuel, 1972, 51(3): 214-220.

[94] CIEMBRONIEWICZ A, MARECKA A. Kinetics of CO_2 sorption for two

Polish hard coals[J].Fuel,1993,72(3):405-408.

[95] FRIESEN W I,MIKULA R J.Mercury porosimetry of coals:pore volume distribution and compressibility[J].Fuel,1988,67(11):1516-1520.

[96] REUCROFT P J,PATEL H.Gas-induced swelling in coal[J].Fuel,1986,65(6):816-820.

[97] MARTYNIUK H,WIECKOWSKA J.The effect of coal rank and carbonization temperature on SO_2 adsorption properties of coal chars[J].Fuel,1997,76(7):563-565.

[98] MAJEWSKA Z,MAJEWSKI S,ZIETEK J.Swelling of coal induced by cyclic sorption/desorption of gas: experimental observations indicating changes in coal structure due to sorption of CO_2 and CH_4[J].International journal of coal geology,2010,83(4):475-483.

[99] XU L J,ZHANG D J,XIAN X F.Fractal dimensions of coals and cokes [J].Journal of colloid and interface science,1997,190(2):357-359.

[100] HAO S X,WEN J,YU X P,et al.Effect of the surface oxygen groups on methane adsorption on coals[J]. Applied surface science, 2013, 264: 433-442.

[101] FITZGERALD J E,PAN Z,SUDIBANDRIYO M,et al.Adsorption of methane,nitrogen,carbon dioxide and their mixtures on wet tiffany coal [J].Fuel,2005,84(18):2351-2363.

[102] MILEWSKA-DUDA J, CEGLARSKA-STEFAŃ SKA G, DUDA J. A comparison of theoretical and empirical expansion of coals in the high pressure sorption of methane[J].Fuel,1994,73(6):975-979.

[103] KEDZIOR S.Accumulation of coal-bed methane in the south-west part of the Upper Silesian Coal Basin(Southern Poland)[J]. International journal of coal geology,2009,80(1):20-34.

[104] NANDI S P,WALKER P L Jr.Activated diffusion of methane from coals at elevated pressures[J].Fuel,1975,54(2):81-86.

[105] YANG R T,SAUNDERS J T.Adsorption of gases on coals and heat-treated coals at elevated temperature and pressure[J].Fuel,1985,64(5):616-620.

[106] WANG J,TAKARADA T.Characterization of high-temperature coal tar and supercritical-water extracts of coal by laser desorption ionization-

mass spectrometry[J].Fuel processing technology,2003,81(3):247-258.
[107] JOUBERT J I,GREIN C T,BIENSTOCK D.Effect of moisture on the methane capacity of American coals[J].Fuel,1974,53(3):186-191.
[108] TARABA B.Flow calorimetric insight to competitive sorption of carbon dioxide and methane on coal[J]. Thermochimica acta,2011,523(1/2):250-252.
[109] JOUBERT J I,GREIN C T,BIENSTOCK D.Sorption of methane in moist coal[J].Fuel,1973,52(3):181-185.
[110] DEGANCE A E,MORGAN W D,YEE D.High pressure adsorption of methane,nitrogen and carbon dioxide on coal substrates[J].Fluid phase equilibria,1993,82:215-224.
[111] CHABACK J J,MORGAN W D,YEE D.Sorption of nitrogen,methane, carbon dioxide and their mixtures on bituminous coals at in situ conditions[J].Fluid phase equilibria,1996,117(1/2):289-296.
[112] NODZEŃSKI A.Sorption and desorption of gases (CH_4,CO_2) on hard coal and active carbon at elevated pressures[J]. Fuel, 1998, 77(11):1243-1246.
[113] WHITE D. The effect of oxygen in coal [M]. Simulation in computational finance and economics: Business Science Reference, 1909.
[114] HAO S X,WANG C Y,JIANG C F.Influence of fixed carbon on coal textural character and methane adsorption capacity[J].Journal of China coal society,2012,37(9):1477-1482.
[115] LI Y B,ZHANG Y G,ZHANG Z M,et al.Experimental study on gas desorption of tectonic coal at inital stage[J].Jounal of China coal society,2013,38:15-20.
[116] 李树刚,赵鹏翔,潘宏宇,等.不同含水量对煤吸附甲烷的影响[J].西安科技大学学报,2011,31(4):379-382.
[117] 郑贵强.不同煤阶煤的吸附、扩散及渗流特征实验和模拟研究[D].北京:中国地质大学(北京),2012.
[118] 高然超.基于吸附势理论的构造煤甲烷吸附/解吸规律研究[D].焦作:河南理工大学,2012.
[119] YALCIN E,DURUCAN S.Methane capacities of Zonguldak coals and the factors affecting methane adsorption[J].Mining science and technol-

ogy,1991,13(2):215-222.

[120] 王付强.阿刀亥煤矿瓦斯赋存规律研究[D].包头:内蒙古科技大学,2012.

[121] MAHAJAN O P,WALKER P L Jr.Water adsorption on coals[J].Fuel,1971,50(3):308-317.

[122] BARKER-READ G R,RADCHENKO S A.Methane emission from coal and associated strata samples[J].International journal of mining and geological engineering,1989,7(2):101-126.

[123] DUTTA P,HARPALANI S,PRUSTY B.Modeling of CO_2 sorption on coal[J].Fuel,2008,87(10/11):2023-2036.

[124] KUTCHKO B G,GOODMAN A L,ROSENBAUM E,et al.Characterization of coal before and after supercritical CO_2 exposure via feature relocation using field-emission scanning electron microscopy[J]. Fuel,2013,107:777-786.

[125] JIN H,SCHIMMELMANN A,MASTALERZ M,et al.Coalbed gas desorption in canisters: consumption of trapped atmospheric oxygen and implications for measured gas quality[J].International journal of coal geology,2010,81(1):64-72.

[126] ZHANG Q L.Adsorption mechanism of different coal ranks under variable temperature and pressure conditions[J].Journal of China University of Mining and Technology,2008,18(3):395-400.

[127] PINI R,OTTIGER S,STORTI G,et al.Pure and competitive adsorption of CO_2,CH_4 and N_2 on coal for ECBM[J].Energy procedia,2009,1(1):1705-1710.

[128] CLARKSON C R,BUSTIN R M,LEVY J H.Application of the mono/multilayer and adsorption potential theories to coal methane adsorption isotherms at elevated temperature and pressure[J]. Carbon, 1997, 35(12):1689-1705.

[129] ÖZGEN KARACAN C,OKANDAN E.Assessment of energetic heterogeneity of coals for gas adsorption and its effect on mixture predictions for coalbed methane studies[J].Fuel,2000,79(15):1963-1974.

[130] WEISHAUPTOVÁZ,MEDEK J,KOVÁŘ L.Bond forms of methane in porous system of coal Ⅱ[J].Fuel,2004,83(13):1759-1764.

[131] SAGHAFI A, FAIZ M, ROBERTS D. CO_2 storage and gas diffusivity properties of coals from Sydney Basin,Australia[J].International journal

of coal geology,2007,70(1/2/3):240-254.

[132] PAN Z J,CONNELL L D,CAMILLERI M,et al.Effects of matrix moisture on gas diffusion and flow in coal[J].Fuel,2010,89(11):3207-3217.

[133] FAIZ M M,SAGHAFI A,BARCLAY S A,et al.Evaluating geological sequestration of CO_2 in bituminous coals:the southern Sydney Basin,Australia as a natural analogue[J].International journal of greenhouse gas control,2007,1(2):223-235.

[134] MILEWSKA-DUDA J,DUDA J,NODZEÑSKI A,et al.Absorption and adsorption of methane and carbon dioxide in hard coal and active carbon [J].Langmuir,2000,16(12):5458-5466.

[135] SAKUROVS R, DAY S, WEIR S, et al. Application of a modified dubinin-radushkevich equation to adsorption of gases by coals under supercritical conditions[J].Energy & fuels,2007,21(2):992-997.

[136] CLARKSON C R,BUSTIN R M.Binary gas adsorption/desorption isotherms:effect of moisture and coal composition upon carbon dioxide selectivity over methane[J].International journal of coal geology,2000,42 (4):241-271.

[137] CAO Y X,DAVIS A,LIU R,et al.The influence of tectonic deformation on some geochemical properties of coals:a possible indicator of outburst potential[J].International journal of coal geology,2003,53(2):69-79.

[138] KÜCÜK A, KADIOGLU Y, GÜLABOGLU M S. A study of spontaneous combustion characteristics of a Turkish lignite: particle size,moisture of coal,humidity of air[J].Combustion and flame,2003, 133(3):255-261.

[139] 姜秀民,李巨斌,邱健荣.煤粉颗粒粒度对煤质分析特性与燃烧特性的影响[J].煤炭学报,1999,24(6):643-647.

[140] 张骁博,赵虹,杨建国.不同粒径煤粉煤质变化及燃烧特性研究[J].煤炭学报,2011,36(6):999-1003.

[141] 杜玉娥.煤的孔隙特征对煤层气解吸的影响[D].西安:西安科技大学,2010.

[142] 李明,姜波,兰凤娟,等.黔西-滇东地区不同变形程度煤的孔隙结构及其构造控制效应[J].高校地质学报,2012,18(3):533-538.

[143] 陈玮胤,姜波,屈争辉,等.碎裂煤显微裂隙分形结构及其孔渗特征[J].煤田地质与勘探,2012,40(2):31-34.

[144] 么玉鹏，叶明海.淮北祁南矿构造煤孔隙结构分析[J].河南科技，2014(12)：187-189.
[145] 杨晓娜，宋志敏，张子戌.平煤十二矿构造煤煤层气特征研究[J].煤，2013，22(6)：12-14.
[146] 宋晓夏，唐跃刚，李伟，等.中梁山南矿构造煤吸附孔分形特征[J].煤炭学报，2013，38(1)：134-139.
[147] 王向浩，王延斌，高莎莎，等.构造煤与原生结构煤的孔隙结构及吸附性差异[J].高校地质学报，2012，18(3)：528-532.
[148] 琚宜文，李小诗.构造煤超微结构研究新进展[J].自然科学进展，2009，19(2)：131-140.
[149] 张慧，王晓刚.煤的显微构造及其储集性能[J].煤田地质与勘探，1998，26(6)：34-37.
[150] 吴俊.突出煤和非突出煤的孔隙性研究[J].煤炭工程师，1987，14(5)：1-6.
[151] 吴俊.突出煤的显微结构及表面特征研究[J].煤炭学报，1987，12(2)：40-46.
[152] 张妙逢，贾茜.构造变形对煤储层孔隙结构与比表面积的影响研究[J].中国煤炭地质，2013，25(7)：1-4.
[153] 张红日.下花园煤矿构造煤的成因探讨[J].矿业安全与环保，1999，26(5)：31-34.
[154] 张红日.下花园矿构造煤的特征及成因探讨[J].煤，1995，4(1)：47-51.
[155] 张红日，刘常洪.吸附回线与煤的孔结构分析[J].煤炭工程师，1993，20(2)：23-27.
[156] 张红日，王传云.突出煤的微观特征[J].煤田地质与勘探，2000，28(4)：31-33.
[157] 张红日，杨思敬.煤的低温氮吸附试验研究[J].山东矿业学院学报，1993，12(3)：245-249.
[158] 张红日，张文泉.构造煤特征及其与瓦斯突出的关系[J].山东矿业学院学报，1995，14(4)：343-348.
[159] 张红日.构造煤的孔隙特征：河北下花园矿Ⅰ$_3$及Ⅲ$_3$煤层分析[J].山东矿业学院学报(自然科学版)，1999，18(1)：14-18.
[160] 姜波，秦勇，琚宜文，等.构造煤化学结构演化与瓦斯特性耦合机理[J].地学前缘，2009，16(2)：262-271.
[161] 郭品坤，程远平，卢守青，等.基于分形维数的原生煤与构造煤孔隙结构特征分析[J].中国煤炭，2013，39(6)：73-77.

[162] 屈争辉.构造煤结构及其对瓦斯特性的控制机理研究[J].煤炭学报,2011,36(3):533-534.

[163] 梁红侠.淮南煤田煤的孔隙特征研究[D].淮南:安徽理工大学,2011.

[164] 王佑安,杨思敬.煤和瓦斯突出危险煤层的某些特征[J].煤炭学报,1980,5(1):47-53.

[165] 刘常洪,李德洋.煤低温氮吸附等温线的试验研究[J].煤矿安全,1992,23(7):19-21.

[166] 张晓东,桑树勋,秦勇,等.不同粒度的煤样等温吸附研究[J].中国矿业大学学报,2005,34(4):427-432.

[167] 薛光武,刘鸿福,要惠芳,等.韩城地区构造煤类型与孔隙特征[J].煤炭学报,2011,36(11):1845-1851.

[168] 降文萍,宋孝忠,钟玲文.基于低温液氮实验的不同煤体结构煤的孔隙特征及其对瓦斯突出影响[J].煤炭学报,2011,36(4):609-614.

[169] 张小东,苗书雷,王勃,等.煤体结构差异的孔隙响应及其控制机理[J].河南理工大学学报(自然科学版),2013,32(2):125-130.

[170] 张晓辉,要惠芳,李伟.韩城矿区构造煤储层物性差异特征[J].煤矿安全,2014,45(4):176-179.

[171] 姜秀民,杨海平,闫澈,等.超细化煤粉表面形态分形特征[J].中国电机工程学报,2003,23(12):168-172.

[172] 任庚坡,张超群,姜秀民,等.大同煤的表面微观结构分析[J].燃烧科学与技术,2007,13(3):265-268.

[173] 高魁,刘泽功,刘健,等.构造软煤的物理力学特性及其对煤与瓦斯突出的影响[J].中国安全科学学报,2013,23(2):129-133.

[174] 于敦喜,徐明厚.煤焦破碎的模拟研究[J].中国电机工程学报,2005,25(9):90-93.

[175] 蔺亚兵,贾雪梅,马东民.不同变质成因无烟煤孔隙特征及其对瓦斯突出的影响[J].煤炭工程,2013,45(5):99-102.

[176] 张占涛,王黎,张睿,等.煤的孔隙结构与反应性关系的研究进展[J].煤炭转化,2005,28(4):66-72.

[177] 戚灵灵,王兆丰,杨宏民,等.基于低温氮吸附法和压汞法的煤样孔隙研究[J].煤炭科学技术,2012,40(8):36-39.

[178] 黄琳,刘皓.煤孔隙结构的测量[J].煤炭分析及利用,1995,10(3):26-28.

[179] LI M, JIANG B, LIN S F, et al. Tectonically deformed coal types and pore structures in Puhe and Shanchahe coal mines in western Guizhou

[J].Mining science and technology(China),2011,21(3):353-357.
[180] 徐远纲,张成,夏季,等.不同粒度煤粉的表面结构与燃烧特性研究[J].热能动力工程,2010,25(1):47-50.
[181] 石军太,李相方,徐兵祥,等.煤层气解吸扩散渗流模型研究进展[J].中国科学:物理学力学天文学,2013,43(12):1548-1557.
[182] 刘曰武,苏中良,方虹斌,等.煤层气的解吸/吸附机理研究综述[J].油气井测试,2010,19(6):37-44.
[183] 何学秋,聂百胜.孔隙气体在煤层中扩散的机理[J].中国矿业大学学报,2001,30(1):3-6.
[184] 陈强,康毅力,游利军,等.页岩微孔结构及其对气体传质方式影响[J].天然气地球科学,2013,24(6):1298-1304.
[185] 王大曾.瓦斯地质讲座 第三讲 控制瓦斯含量的主要地质因素[J].煤田地质与勘探,1985,13(3):60-64.
[186] 赵志根,唐修义.对煤吸附甲烷的 Langmuir 方程的讨论[J].焦作工学院学报(自然科学版),2002,21(1):1-4.
[187] 于洪观,范维唐,孙茂远,等.煤中甲烷等温吸附模型的研究[J].煤炭学报,2004,29(4):463-467.
[188] 顾惕人.BET 多分子层吸附理论在混合气体吸附中的推广[J].化学通报,1984,47(9):1-7.
[189] 杨华平.煤体甲烷吸附解吸机理研究[D].西安:西安科技大学,2014.
[190] 杨华平,李明.煤表面分子对甲烷吸附力场研究[J].西安科技大学学报,2015,35(1):96-99.
[191] 严荣林,钱国胤.煤的分子结构与煤氧化自燃的气体产物[J].煤炭学报,1995,20(S1):58-64.
[192] 祝立群,涂晋林,施亚钧.吸附势理论推算混合气在载铜活性炭上的吸附平衡[J].化工学报,1991,42(6):746-749.
[193] BARRER R M. Diffusion in and through solids[M].Cambridge:Cambridge University Press,1951.
[194] 杨其銮,王佑安.煤屑瓦斯扩散理论及其应用[J].煤炭学报,1986,11(3):87-94.
[195] 史广山,魏风清.基于煤粒扩散理论的吸附态瓦斯解吸膨胀能研究[J].安全与环境学报,2013,13(4):196-199.
[196] 李育辉,崔永君,钟玲文,等.煤基质中甲烷扩散动力学特性研究[J].煤田地质与勘探,2005,33(6):31-34.

[197] 聂百胜,杨涛,李祥春,等.煤粒瓦斯解吸扩散规律实验[J].中国矿业大学学报,2013,42(6):975-981.

[198] 张时音,桑树勋.不同煤级煤层气吸附扩散系数分析[J].中国煤炭地质,2009,21(3):24-27.

[199] 张力,郭勇义,吴世跃.块煤瓦斯吸附动力过程的实验研究[J].煤矿安全,2000,31(9):17-18.

[200] 张飞燕,韩颖.煤屑瓦斯扩散规律研究[J].煤炭学报,2013,38(9):1589-1596.

[201] 孙重旭.矿井煤与瓦斯突出危险的连续预测技术及系统[J].煤矿设计,1996,28(10):26-30.

[202] 安丰华,程远平,吴冬梅,等.基于瓦斯解吸特性推算煤层瓦斯压力的方法[J].采矿与安全工程学报,2011,28(1):81-85.

[203] 王恩元,何学秋.瓦斯气体在煤体中的吸附过程及其动力学机理[J].江苏煤炭,1996,21(3):17-19.

[204] 陈向军,程远平,王林.外加水分对煤中瓦斯解吸抑制作用试验研究[J].采矿与安全工程学报,2013,30(2):296-301.

[205] DENTZ M,LE BORGNE T,ENGLERT A,et al.Mixing,spreading and reaction in heterogeneous media: a brief review [J]. Journal of contaminant hydrology,2011(120/121):1-17.

[206] LE BORGNE T, DENTZ M, BOLSTER D, et al. Non-Fickian mixing: temporal evolution of the scalar dissipation rate in heterogeneous porous media[J].Advances in water resources,2010,33(12):1468-1475.

[207] SRINIVASAN G,SEEHRA M S.Effect of pyrite and pyrrhotite on free radical formation in coal[J].Fuel,1983,62(7):792-794.

[208] SRINIVASAN G, TARTAKOVSKY D M, DENTZ M, et al. Random walk particle tracking simulations of non-Fickian transport in heterogeneous media [J]. Journal of computational physics, 2010, 229 (11): 4304-4314.

[209] O′ SHAUGHNESSY B, PROCACCIA I. Analytical solutions for diffusion on fractal objects[J].Physical review letters,1985,54(5):455.

[210] RANDRIAMAHAZAKA H,NOËL V,CHEVROT C.Fractal dimension of the active zone for a p-doped poly(3,4-ethylenedioxythiophene) modified electrode towards a ferrocene probe[J].Journal of electroanalytical chemistry,2002,521(1/2):107-116.

[211] GIONA M, EDUARDO ROMAN H. Fractional diffusion equation for transport phenomena in random media [J]. Physica a: statistical mechanics and its applications, 1992, 185(1/2/3/4): 87-97.
[212] ZENG Q H, LI H Q, LIU D. Anomalous fractional diffusion equation for transport phenomena[J]. Communications in nonlinear science and numerical simulation, 1999, 4(2): 99-104.
[213] LEITH J R. Fractal scaling of fractional diffusion processes[J]. Signal processing, 2003, 83(11): 2397-2409.
[214] ZENG Q H, LI H Q. Diffusion equation for disordered fractal media[J]. Fractals, 2000, 8(1): 117-121.
[215] FRIESEN W I, MIKULA R J. Fractal dimensions of coal particles[J]. Journal of colloid and interface science, 1987, 120(1): 263-271.
[216] 吴冬梅,程远平,安丰华.由残存瓦斯量确定煤层瓦斯压力及含量的方法[J].采矿与安全工程学报,2011,28(2):315-318.
[217] 李一波,郑万成,王凤双.煤样粒径对煤吸附常数及瓦斯放散初速度的影响[J].煤矿安全,2013,44(1):5-8.
[218] JIANG H N, CHENG Y P, YUAN L, et al. A fractal theory based fractional diffusion model used for the fast desorption process of methane in coal[J]. Chaos(Woodbury, N Y), 2013, 23(3): 033111.
[219] PAN J N, HOU Q L, JU Y W, et al. Coalbed methane sorption related to coal deformation structures at different temperatures and pressures[J]. Fuel, 2012, 102: 760-765.
[220] JU Y W, JIANG B, HOU Q L, et al. Behavior and mechanism of the adsorption/desorption of tectonically deformed coals[J]. Chinese science bulletin, 2009, 54(1): 88-94.
[221] 许江,刘东,彭守建,等.煤样粒径对煤与瓦斯突出影响的试验研究[J].岩石力学与工程学报,2010,29(6):1231-1237.
[222] 许满贵,马正恒,陈甲,等.煤对甲烷吸附性能影响因素的实验研究[J].矿业工程研究,2009,24(2):51-54.
[223] 张天军,许鸿杰,李树刚,等.粒径大小对煤吸附甲烷的影响[J].湖南科技大学学报(自然科学版),2009,24(1):9-12.
[224] 温志辉.构造煤瓦斯解吸规律的实验研究[D].焦作:河南理工大学,2008.
[225] 魏建平,陈永超,温志辉.构造煤瓦斯解吸规律研究[J].煤矿安全,2008,39(8):1-3.

[226] 何志刚.温度对构造煤瓦斯解吸规律的影响研究[D].焦作:河南理工大学,2010.

[227] 陈攀.水分对构造煤瓦斯解吸规律影响的实验研究[D].焦作:河南理工大学,2010.

[228] 伊向艺,吴红军,卢渊,等.寺河煤矿煤岩颗粒解吸-扩散特征实验研究[J].煤炭工程,2013,45(3):111-112.

[229] 潘红宇,李树刚,李志梁,等.瓦斯放散初速度影响因素实验研究[J].煤矿安全,2013,44(6):15-17.

[230] 李青松,李晓华,张书金,等.突出煤层瓦斯解吸初期影响因素的实验研究[J].煤,2014,23(3):1-3.

[231] 李云波,张玉贵,张子敏,等.构造煤瓦斯解吸初期特征实验研究[J].煤炭学报,2013,38(1):15-20.

[232] YAO Y B, LIU D M, TANG D Z, et al. Fractal characterization of adsorption-pores of coals from North China: an investigation on CH_4 adsorption capacity of coals[J]. International journal of coal geology, 2008, 73(1):27-42.

[233] CHALMERS G R L, MARC BUSTIN R. On the effects of petrographic composition on coalbed methane sorption[J]. International journal of coal geology, 2007, 69(4):288-304.

[234] HAN F S, BUSCH A, KROOSS B M, et al. CH_4 and CO_2 sorption isotherms and kinetics for different size fractions of two coals[J]. Fuel, 2013, 108:137-142.

[235] ZHANG S H, TANG S H, TANG D Z, et al. The characteristics of coal reservoir pores and coal facies in Liulin district, Hedong coal field of China[J]. International journal of coal geology, 2010, 81(2):117-127.

[236] ZHANG S T. Experiment on small size coal sample's methane desorption law based on Sun Chong-Xu Formula[J]. Procedia engineering, 2011, 26:243-251.

[237] ZHOU L, FENG Q Y, CHEN Z W, et al. Modeling and upscaling of binary gas coal interactions in CO_2 enhanced coalbed methane recovery[J]. Procedia environmental sciences, 2012, 12:926-939.

[238] MARES T E, RADLIŃSKI A P, MOORE T A, et al. Assessing the potential for CO_2 adsorption in a subbituminous coal, Huntly Coalfield,

New Zealand, using small angle scattering techniques[J]. International journal of coal geology, 2009, 77(1/2): 54-68.

[239] 李相臣，康毅力，尹中山，等.川南煤层甲烷解吸动力学影响因素实验研究[J].煤田地质与勘探，2013，41(4)：31-34.

[240] 史广山，魏风清.钻屑瓦斯解吸指标 K_1 影响因素理论分析[J].安全与环境学报，2014，14(5)：8-10.

[241] 贾彦楠，温志辉，魏建平.不同粒度煤样的瓦斯解吸规律实验研究[J].煤矿安全，2013，44(7)：1-3.

[242] 曹垚林，仇海生.碎屑状煤芯瓦斯解吸规律研究[C]//2008 年全国煤矿安全学术年会论文集，北海，2008：111-118.

[243] 王占立，刘丹.煤样粒度与煤层瓦斯吸附解吸之间关系实验研究[J].温州职业技术学院学报，2014，14(3)：53-55.

[244] 刘贺.解吸法测定煤层瓦斯含量的影响因素研究[D].焦作：河南理工大学，2009.

[245] 刘彦伟.煤粒瓦斯放散规律、机理与动力学模型研究[D].焦作：河南理工大学，2011.

[246] BEAMISH B B, O'DONNELL G. Microbalance applications to sorption testing of coal[R]. Townsville: Coalbed Methane Symposium, 1992.

[247] 李小彦，解光新.煤储层吸附时间特征及影响因素[J].天然气地球科学，2003，14(6)：502-505.

[248] 张向阳，郭孟志，宋传杨，等.解吸法测定煤层瓦斯含量过程中瓦斯损失量3种推算方法对比分析[J].煤矿安全，2012，43(8)：177-179.

[249] WEN Z H, WEI J P, WANG D K, et al. Experimental study of gas desorption law of deformed coal[J]. Procedia engineering, 2011, 26: 1083-1088.

[250] 骆祖江，付延玲，王增辉.煤层气解吸时间的确定[J].煤田地质与勘探，1999，27(4)：28-29.

[251] LEI D J, LI C W, ZHANG Z M, et al. Coal and gas outburst mechanism of the "Three Soft" coal seam in western Henan[J]. Mining science and technology (China), 2010, 20(5): 712-717.

[252] PENG S J, XU J, YANG H W, et al. Experimental study on the influence mechanism of gas seepage on coal and gas outburst disaster[J]. Safety science, 2012, 50(4): 816-821.

[253] WU S Y, GUO Y Y, LI Y X, et al. Research on the mechanism of coal

and gas outburst and the screening of prediction indices[J]. Procedia earth and planetary science,2009,1(1):173-179.

[254] HUANG W, CHEN Z Q, YUE J H, et al. Failure modes of coal containing gas and mechanism of gas outbursts[J]. Mining science and technology(China),2010,20(4):504-509.

[255] JIN H W,HU Q T,LIU Y B.Failure mechanism of coal and gas outburst initiation[J].Procedia engineering,2011,26:1352-1360.

[256] NIE B S,LI X C.Mechanism research on coal and gas outburst during vibration blasting[J].Safety science,2012,50(4):741-744.

[257] SOBCZYK J.The influence of sorption processes on gas stresses leading to the coal and gas outburst in the laboratory conditions[J].Fuel,2011,90(3):1018-1023.

[258] CAO Y X, MITCHELL G D, DAVIS A, et al. Deformation metamorphism of bituminous and anthracite coals from China[J].International journal of coal geology,2000,43(1/2/3/4):227-242.

[259] WU D M,ZHAO Y M,CHENG Y P,et al.ΔP index with different gas compositions for instantaneous outburst prediction in coal mines[J]. Mining science and technology(China),2010,20(5):723-726.

[260] WANG L,CHENG Y P,GE C G,et al.Safety technologies for the excavation of coal and gas outburst-prone coal seams in deep shafts[J].International journal of rock mechanics and mining sciences,2013,57:24-33.

[261] JIANG C L,CHEN S L,LI X W,et al.Fast prediction for outburst risk before coal un-covering in shaft and cross-cut[J]. Procedia earth and planetary science,2009,1(1):106-113.

[262] 赵志刚,谭云亮.瓦斯压力作用下煤岩裂纹扩展机理研究[J].矿业研究与开发,2008,28(6):37-39.

[263] 景国勋,张强.煤与瓦斯突出过程中瓦斯作用的研究[J].煤炭学报,2005,30(2):169-171.

[264] 胡千庭.煤与瓦斯突出的力学作用机理及应用研究[D].徐州:中国矿业大学,2007.

[265] 四川矿业学院.国外煤和瓦斯突出机理综述[J].川煤科技,1976,3(S1):1-19.

[266] 李中锋.煤与瓦斯突出机理及其发生条件评述[J].煤炭科学技术,1997,25(11):44-48.

[267] 于不凡.煤和瓦斯突出机理[M].北京:煤炭工业出版社,1985.
[268] 何学秋,周世宁.煤和瓦斯突出机理的流变假说[J].煤矿安全,1991,22(10):1-7.
[269] 蒋承林,俞启香.煤与瓦斯突出的球壳失稳机理及防治技术[M].徐州:中国矿业大学出版社,1998.
[270] 郑哲敏,陈力,丁雁生.一维瓦斯突出破碎阵面的恒稳推进[J].中国科学(A辑 数学 物理学 天文学 技术科学),1993,23(4):377-384.
[271] 郑哲敏.从数量级和量纲分析看煤与瓦斯突出的机理[C]//文集.2004:416-426.
[272] 丁晓良,俞善炳,丁雁生,等.煤在瓦斯渗流作用下持续破坏的机制[J].中国科学(A辑 数学 物理学 天文学 技术科学),1989,19(6):600-607.
[273] 丁晓良.煤在瓦斯渗流作用下破坏及其持续扩展的机制[D].北京:中国科学院力学研究所,1988.
[274] 文光才.煤与瓦斯突出能量的研究[J].矿业安全与环保,2003,30(6):1-3.
[275] 文光才,周俊,刘胜.对突出做功的瓦斯内能的研究[J].矿业安全与环保,2002,29(1):1-3.
[276] 郭德勇,韩德馨.煤与瓦斯突出粘滑机理研究[J].煤炭学报,2003,28(6):598-602.
[277] 梁冰,章梦涛,潘一山,等.煤和瓦斯突出的固流耦合失稳理论[J].煤炭学报,1995,20(5):492-496.
[278] 李萍丰.浅谈煤与瓦斯突出机理的假说:二相流体假说[J].煤矿安全,1989,20(11):29-35.
[279] 徐涛,杨天鸿,唐春安,等.含瓦斯煤岩破裂过程固气耦合数值模拟[J].东北大学学报,2005,26(3):293-296.